普通高等教育"十一五"国家级规划教材

普通高等教育
建筑环境与能源应用工程系列教材

建筑设备 工程管理（第3版）

U0190663

总主编／付祥钊

主　编／王　勇

参　编／刘　勇　龙莉莉　臧子璇

主　审／龙惟定　吴祥生

重庆大学出版社

内 容 提 要

　　本书以工程管理为基础,全面介绍了公用设备工程中的过程管理和运行管理,共分8章,主要内容包括:工程管理基础,暖通空调、燃气系统,建筑水电系统,建筑安装工程招投标,建筑能源管理,建筑设备安装工程管理,建筑安装工程监理及质量监控,建筑设备的运行维护管理。本书还编写了完整的工程管理案例作为附录,方便读者参考。

　　本书结构合理,理论联系实际,经多次修订,取得了较好的教学反馈,可作为建筑环境与能源应用工程专业本科教学用书,也可作为全国公用注册设备工程师执业考试参考用书。

图书在版编目(CIP)数据

建筑设备工程管理/王勇主编 . —3 版.—重庆:
重庆大学出版社,2018.5
普通高等教育建筑环境与能源应用工程系列教材
ISBN 978-7-5624-9022-7

Ⅰ.①建… Ⅱ.①王… Ⅲ.①房屋建筑设备—建筑安装—施工管理—高等学校—教材 Ⅳ.①TU8

中国版本图书馆 CIP 数据核字(2015)第 093061 号

普通高等教育建筑环境与能源应用工程系列教材

建筑设备工程管理

第 3 版

主　编　王　勇
参　编　刘　勇　龙莉莉　臧子璇
主　审　龙惟定　吴祥生
策划编辑:张　婷　林青山

责任编辑:张　婷　　版式设计:张　婷
责任校对:关德强　　责任印制:张　策

*

重庆大学出版社出版发行
出版人:易树平
社址:重庆市沙坪坝区大学城西路 21 号
邮编:401331
电话:(023) 88617190　88617185(中小学)
传真:(023) 88617186　88617166
网址:http://www.cqup.com.cn
邮箱:fxk@ cqup.com.cn(营销中心)
全国新华书店经销
重庆升光电力印务有限公司印刷

*

开本:787mm×1092mm　1/16　印张:20.5　字数:506 千　插页:8 开 1 页
2018 年 5 月第 3 版　　2018 年 5 月第 3 次印刷
印数:6 001—8 000
ISBN 978-7-5624-9022-7　定价:49.00 元

编审委员会

序（第 3 版）

20 世纪 50 年代初期，为了满足北方采暖和工业厂房通风等迫切需要，全国在八所高校设立"暖通"专业，随即增加了"空调"内容，培养以保障工业建筑生产环境、民用建筑生活与工作环境的本科专业人才。70 年代末，又设立了"燃气"专业。1998 年二者整合为"建筑环境与设备工程"。随后 15 年，全球能源环境形势日益严峻，而本专业在保障建筑环境上的能源消耗更是显著加大。保障建筑环境、高效应用能源成为当今社会对本专业的两大基本要求。2013 年，国家再次扩展本专业范围，将建筑节能技术与工程、建筑智能设施二专业纳入，更名为"建筑环境与能源应用工程"。

本专业在内涵扩展的同时，规模也在加速发展。第一阶段，暖通燃气与空调工程阶段：近 50 年，本科招生院校由 8 所发展为 68 所；第二阶段，建筑环境与设备工程阶段：15 年来，本科招生院校由 68 所发展到 180 多所，年招生规模达到 1 万人左右；第三阶段，建筑环境与能源应用工程阶段：这一阶段有多长，难以预见，但是本专业由配套工种向工程中坚发展是必然的。第三阶段较之第二阶段，社会背景也有较大变化，建筑环境与能源应用工程必须面对全社会、全国和全世界的多样化人才需求。过去有利于学生就业和发展的行业与地方特色，现已露出约束毕业生人生发展的端倪。针对某个行业或地方培养人才的模式需要作出改变，本专业要实现的培养目标是建筑环境与能源应用工程专业的复合型工程技术应用人才。这样的人才是服务于全社会的。

本专业科学技术的新内容主要在能源应用上：重点不是传统化石能源的应用，而是太阳辐射和存在于空气、水体、岩土等环境中的可再生能源的应用；应用的基本方式不再局限于化石燃料燃烧产生的热能，将是依靠动力从环境中采集与调整热能；应用的核心设备不再是锅炉，将是热泵。专业工程实践方面：传统领域即设计与施工仍需进一步提高；新增的工作将是从城市、城区、园区到建筑四个层次的能源需求的预测与保障、规划与实施，从工程项目的策划立项、方案制订、设计施工到运行使用全过程提高能源应用效率，从单纯的能源应用技术到综合的能源管理等。这些急需开拓的成片的新领域，也是本专业与热能动力专业在能源应用上的主要区别。本专业将在能源环境的强约束下，满足全社会对人居建筑环境和生产工艺环境提出的新需求。

本专业将不断扩展视野，改进教育理念，更新教学内容和教学方法，提升专业教学水平；将在建筑环境与设备工程专业的基础上，创建特色课程，完善专业知识体系。专业基础部分包括建筑环境学、流体力学、工程热力学、传热学、热质交换原理与设备、流体输配管网等理论知识；专业部分包括室内环境控制系统、燃气储存与输配、冷热源工程、城市燃气工程、城市能源规划、建筑能源管理、工程施工与管理、建筑设备自动化、建筑环境测试技术等系统的工程技术知识。各校需要结合自己的条件，设置相应的课程体系，使学生建立起有自身特色的专业知识体系。

　　本专业知识体系由知识领域、知识单元以及知识点三个层次组成,每个知识领域包含若干个知识单元,每个知识单元包含若干知识点,知识点是本专业知识体系的最小集合。课程设置不能割裂知识单元,并要在知识领域上加强关联,进而形成专业的课程体系。重庆大学出版社积极学习了解本专业的知识体系,针对重庆大学和其他高校设置的本专业课程体系,规划出版建筑环境与能源应用工程专业系列教材,组织专业水平高、教学经验丰富的教师编写。

　　这套专业系列教材口径宽阔、核心内容紧凑,与课程体系密切衔接,便于教学计划安排,有助于提高学时利用效率。学生通过这套系列教材的学习,能够掌握建筑环境与能源应用领域的专业理论、设计和施工方法。结合实践教学,还能帮助学生熟悉本专业施工安装、调试与试验的基本方法,形成基本技能;熟悉工程经济、项目管理的基本原理与方法;了解与本专业有关的法规、规范和标准,了解本专业领域的现状和发展趋势。

　　这套系列教材,还可用于暖通、燃气工程技术人员的继续教育;对那些希望进入建筑环境与能源应用工程领域发展的其他专业毕业生,也是很好的自学课本。

　　这是对建筑环境与能源应用工程系列教材的期待!

2013 年 5 月于重庆大学虎溪校区

前 言（第3版）

"建筑设备工程管理"是建筑环境与能源应用工程专业的一门主要专业课程。本书讲述了公用设备工程中的常用工程管理基础，同时对常用暖通空调、电气、给排水、燃气工程的系统集成和设备进行了阐述，对安装工程的招标、投标、施工与监理直到竣工验收的整个阶段管理以及安装工程的概、预算方法和常用公用设备的运行管理进行了详细介绍。

本书是根据重庆大学出版社组织的建筑环境与能源应用工程专业系列教材修订会会议精神以及"十三五"教材建设的需要而完成的第三版教材。在第二版基础上，第三版教材对第5章"建筑能源管理"以及第8章"建筑设备的运行维护管理"进行了大幅度的修改以期适应专业发展的需要，同时针对全书招投标部分的核心内容，对部分章节的内容也进行了相应调整。

本书主要特色是理论联系实际，注重学生就业后可能面临的主要知识点，使学生在教材中能够尽可能地拓展本专业的实际应用知识。本书的编写思路是按照学生就业后的工程流程主线进行。

在学习本课程的过程中，读者必须具备一定的专业知识。由于书中涉及的招投标及概预算，以及设备安装管理、运行管理等内容和实际工程结合紧密，在平时的学习过程中必须加强实践类环节的训练，阅读大量相关书籍、资料。本书可以作为建筑环境与能源应用工程专业本科教学用书，也可以用作本专业工程技术人员的参考书。

建筑工程管理类的实践教材，暖通空调、电气、给排水、燃气工程的常用设计手册以及近几年与本书相关的研究成果等是编写本书的主要参考文献。正是上述内容形成了本书的体系和核心。在此编写组表示真诚的敬意和衷心的感谢。

本书由重庆大学王勇主编，同济大学龙惟定教授、原解放军后勤工程学院吴祥生教授主审。本书中第2章、第3章电气部分的内容由龙莉莉编写，第2章、第3章燃气部分的内容由臧子璇编写，第5章由刘勇进行了重新编写，第4章、第6章、第7章由刘勇完成了部分内容的修改和调整。其余章节由王勇编写与修订。全书由王勇完成统稿工作。

建筑设备管理工程涉及面广，由于编者水平有限，书中难免有所差错，恳请大家指正。

编 者

2017年3月

前　言

前　言（第2版）

　　"建筑设备管理工程"是建筑设备与环境工程专业的一门主要专业课程。全书讲述了公用设备工程中的常用工程管理基础，同时对常用暖通空调、电气、给排水、燃气工程的系统集成和设备进行了阐述，对安装工程的招标、投标、施工与监理，直到竣工验收的整个阶段管理及安装工程的概、预算方法、常用公用设备的运行管理等也进行了系统介绍。

　　随着教学改革的不断深入和教学的迫切需求，本书在第一版基础上进行了全面改版。根据"建筑环境与设备工程系列教材修订、扩展会议"精神及"普通高等教育'十一五'国家级规划教材"建设指标，第二版主要增加了燃气方向的设备及系统介绍，同时针对本书建筑设备和工程管理的核心内容，对部分章节的内容进行了相应调整，增加了与建筑设备相关的建筑能源管理章节，并配套了适当的"思考题"和丰富的学习资源。

　　本书按照学生就业后的工程流程主线进行编写，理论联系实际，注重学生就业后可能面临的主要知识点，通过学习使学生能够尽可能地拓展本专业的应用知识。

　　在学习本课程的过程中，读者应具备一定的专业知识。由于书中涉及的招（投）标及概（预）算、设备安装管理、运行管理等内容和实际工程结合紧密，在平时的学习过程中必须加强实践类环节的训练，应注意阅读大量相关书籍、资料。本书可以作为建筑环境与设备工程专业本科教学用书，也可以作为相关工程技术人员参考用书。

　　本书由重庆大学王勇主编，并承担全书的统稿工作。同济大学龙维定教授、中国人民解放军后勤工程学院吴祥生教授共同担任本书主审。

　　参与本书编写工作的有：重庆大学龙莉莉（第3.2,3.3,8.3节）、重庆大学臧子璇（第2.5节）、华东交通大学周智勇（第1章和第4章的修订工作，以及第5章的编写工作）、重庆大学王勇（其余章节）。在本书出版中，重庆大学研究生吴艳菊同学协助完成了全书统稿工作，重庆大学研究生冯俊同学协助并完成了部分插图的修正工作。

　　建筑工程管理类的实践教材，暖通空调、电气、给排水、燃气工程的常用设计手册，以及近几年与本书相关的研究成果等是编写本教材的主要参考文献，形成了本教材的体系与核心。在此，编写组对这些作品的原作者表示真诚的敬意和衷心的感谢！

　　在本书再版过程中，清华大学、同济大学、南京工业大学、中国人民解放军后勤工程学院等院校的专家、同仁提出了宝贵建议，才使本书更臻完善。在此，编写组表示衷心的感谢！

　　本书得到重庆大学教材建设基金资助，特此感谢！

　　建筑设备管理工程涉及面广，书中不足在所难免，恳请广大读者指正。

编　者

2008 年 4 月

目　录

1

工程管理基础

1.1 项目管理

1.1.1 项目管理的产生和发展

理论上的不断突破,管理技术方法的开发和运用,以及生产实践的需要,为项目管理概念的产生提供了条件,进而发展成为一门学科。

项目管理是古老的人类生产实践活动,然而成为一门学科却是在 20 世纪 60 年代以后。当时,大型建设项目、复杂的科研项目、军事项目(尤其是北极星导弹研制项目)和航天项目(如阿波罗登月火箭等)大量出现,国际承包事业得到很大的发展,竞争非常激烈,这使得人们认识到:由于项目的一次性和约束条件的不确定性,要取得成功就必须加强管理和引进科学的管理方法,于是项目管理学科作为一种客观需求被提出来了。

随着项目管理从美国最初的军事项目和宇航项目很快扩展到各种类型的民用项目,项目管理迅速传遍世界各国。此时项目管理的特点是面向市场、迎接竞争,除了计划和协调外,对采购、合同、进度、费用、质量、风险等给予了更多重视,初步形成了现代项目管理的框架。同时,科学管理方法大量出现,逐渐形成了管理科学体系,并被广泛应用于生产和管理实践。

基于项目管理实践的需要,人们把成功的管理理论和方法引入项目管理,使项目管理越来越具有科学性,最终成为一门学科迅速发展起来并跻身于管理科学的殿堂。项目管理学科是一门综合学科,应用性强,很有发展潜力。20 世纪 70 年代在美国出现了 CM(Construction Management),被国际广泛承认。CM 可以提供进度控制、预算、价值分析、质量和投资优化估价、材料和劳动力估价、项目财务、决算跟踪等系列服务。在英国发展起来的 QS(Quantity Surveying)可以进行多种项目管理咨询服务,如投资估算、投资规划、价值分析、合同管理咨询、索赔处理、编制招标文件、评标咨询、投资控制、竣工决算审核、付款审核等。随着投资方式的变化,项目管理方式也在发展变化。例如,20世纪80年代中期首先在土耳其产生的BOT方式,这是一种新的项目融资方式。BOT是Build Operate Transfer的缩写,即建设、经营、转让的意思,建设项目由承包商和银行投资团体发起,并筹集资金、组织实施及经营管理,这种方式的实质是将国家的基础设施建设和经营私有化。项目建设成功以后,由建设者经营,通过向用户收取费用来回收投资、还贷和盈利,达到特许权期限时再把项目无偿转交给政府经营管理。

进入20世纪90年代以后,随着知识经济时代的来临和高新技术成为支柱产业,项目的特点发生了巨大变化,传统的管理原则已不能适应飞速发展的知识经济时代。为了能在全球化以及激烈的国际市场竞争中保持竞争优势,人们在实施项目管理的过程中更加注重人的因素、注重顾客需求、注重柔性管理,同时应用当今最先进的科学技术手段最大限度地利用内外部资源。此期间项目管理理论和方法得到了快速发展,进一步拓展了应用领域,极大地提高了工作效率,成为企业重要和更加有效的管理手段,并得到了广泛的应用。

建筑设备工程管理是项目管理中建筑项目管理的一个分支,项目管理的相关理论均适合在建筑设备工程管理中应用。

1.1.2 项目管理的概念

项目管理是为了使项目取得成功(即实现所要求的质量、规定的时限、批准的费用预算)所进行的全过程及全方位的规划、组织、控制与协调。因此,项目管理的对象是项目,其职能和所有管理的职能是相同的。需要特别指出,项目的一次性不仅要求项目管理的程序性和全面性,也需要具有科学性,主要是用系统工程的观念、理论和方法进行管理。项目管理的目标即项目的目标,该目标界定了项目管理的主要内容,也就是"三控制、二管理、一协调",即进度控制、质量控制、费用控制、合同管理、信息管理和组织协调。

1.1.3 项目管理的分类

随着社会技术经济水平的发展,建设工程业主的需求也在不断变化和发展,总的趋势是希望简化自身的管理工作,得到更全面、更高效率的服务,更好地实现建设工程预定的目标。与此相适应,建设项目管理模式也在不断发展,目前主要有7种项目管理模式。

(1)DBB模式

即设计—招标—建造(Design-Bid-Build)模式,这是最传统的一种工程项目管理模式。该管理模式在国际上最为通用,世界银行、亚洲银行贷款项目及以国际咨询工程师联合会(FIDIC)合同条件为依据的项目多采用这种模式。其最突出的特点是强调工程项目的实施必须按照"设计—招标—建造"的顺序方式进行,只有一个阶段结束后另一个阶段才能开始。我国第一个利用世界银行贷款项目——鲁布革水电站工程实行的就是这种模式。

该模式的优点是通用性强,可自由选择咨询、设计、监理方,各方均熟悉使用标准的合同文本,有利于合同管理、风险管理和减少投资。其缺点是工程项目要经过规划、设计、施工三个环节之后才移交给业主,项目周期长;业主管理费用较高,前期投入大;变更时容易引起较多的索赔。

（2）CM 模式

即建设—管理（Construction-Management）模式，又称阶段发包方式，就是在采用快速路径法进行施工时，从开始阶段就雇用具有施工经验的 CM 单位参与到建设工程实施过程中来，以便为设计人员提供施工方面的建议且随后负责管理施工过程。这种模式改变了过去那种设计完成后才进行招标的传统模式，采取分阶段发包，由业主、CM 单位和设计单位组成一个联合小组，共同负责组织和管理工程的规划、设计和施工，CM 单位负责工程的监督、协调及管理工作，在施工阶段定期与承包商会晤，对成本、质量和进度进行监督，并预测和监控成本和进度的变化。CM 模式于 20 世纪 60 年代发源于美国，进入 80 年代以来在国外广泛流行，它的最大优点就是可以缩短工程从规划、设计到竣工的周期，节约建设投资，减少投资风险，可以比较早地取得收益。

（3）DBM 模式

即设计—建造（Design-Build）模式，就是在项目原则确定后，业主只选定唯一的实体负责项目的设计与施工，设计—建造承包商不但对设计阶段的成本负责，而且可用竞争性招标的方式选择分包商或使用本公司的专业人员自行完成工程，包括设计和施工等。在这种模式下，业主首先选择一家专业咨询机构代替业主研究、拟定拟建项目的基本要求，授权一个具有足够专业知识和管理能力的业主代表与设计—建造承包商联系。

（4）BOT 模式

即建造—运营—移交（Build-Operate-Transfer）模式。BOT 模式是 20 世纪 80 年代在国外兴起的一种将政府基础设施建设项目依靠私人资本进行融资、建造的项目管理方式，或者说是基础设施国有项目民营化。政府开放本国基础设施建设和运营市场，授权项目公司负责筹资和组织建设，建成后负责运营及偿还贷款，协议期满后，再无偿移交给政府。BOT 方式不增加东道主国家外债负担，又可解决基础设施不足和建设资金不足的问题。项目发起人必须具备很强的经济实力（大财团），其资格预审及招投标程序复杂。

（5）PMC 模式

即项目承包（Project Management Contractor）模式，就是业主聘请专业的项目管理公司，代表业主对工程项目的组织实施进行全过程或若干阶段的管理和服务。由于 PMC 承包商在项目的设计、采购、施工、调试等阶段的参与程度和职责范围不同，因此 PMC 模式具有较大的灵活性。总之，PMC 有三种基本应用模式：

①业主选择设计单位、施工承包商、供货商，并与之签订设计合同、施工合同和供货合同，委托 PMC 承包商进行工程项目管理。

②业主与 PMC 承包商签订项目管理合同，业主通过指定或招标方式选择设计单位、施工承包商、供货商（或其中的部分），但不签合同，由 PMC 承包商与之分别签订设计合同、施工合同和供货合同。

③业主与 PMC 承包商签订项目管理合同，由 PMC 承包商自主选择施工承包商和供货商并签订施工合同和供货合同，但不负责设计工作。

（6）EPC 模式

即设计—采购—建造（Engineering-Procurement-Construction）模式，在我国又称为工程总承

包模式。在 EPC 模式中,Engineering 不仅包括具体的设计工作,而且可能包括整个建设工程内容的总体策划以及整个建设工程实施组织管理的策划和具体工作。在 EPC 模式下,业主只要大致说明一下投资意图和要求,其余工作均由 EPC 承包单位来完成;业主不聘请监理工程师来管理工程,而是自己或委派业主代表来管理工程;承包商承担设计风险、自然力风险、不可预见的困难等大部分风险;一般采用总价合同。传统承包模式中,材料与工程设备通常是由项目总承包单位采购,但业主可保留对部分重要工程设备和特殊材料的采购在工程实施过程中的风险。在 EPC 标准合同条件中规定由承包商负责全部设计,并承担工程全部责任,故业主不能过多地干预承包商的工作。EPC 合同条件的基本出发点是业主参与工程管理工作很少,因承包商已承担了工程建设的大部分风险,业主重点进行竣工验收。

(7)Partnering 模式

即合伙(Partnering)模式,是在充分考虑建设各方利益的基础上确定建设工程共同目标的一种管理模式。它一般要求业主与参建各方在相互信任、资源共享的基础上达成一种短期或长期的协议,通过建立工作小组相互合作,及时沟通以避免争议和诉讼的产生,共同解决建设工程实施过程中出现的问题,共同分担工程风险和有关费用,以保证参与各方目标和利益的实现。合伙协议并不仅是业主与施工单位双方之间的协议,而需要建设工程参与各方共同签署,包括业主、总包商、分包商、设计单位、咨询单位、主要的材料设备供应单位等。合伙协议一般都是围绕建设工程的三大目标及工程变更管理、争议和索赔管理、安全管理、信息沟通和管理、公共关系等问题做出相应的规定。

1.1.4 建设项目管理

建设项目管理是项目管理之一,其管理对象是建设项目,可定义为:在建设项目的生命周期内,用系统工程的理论、观点和方法,进行有效的规划、决策、组织、协调、控制等系统性的、科学的管理活动,从而按项目既定的质量要求、限定的时间、投资总额、资源限制和环境条件,圆满地实现项目建设目标。其具体职能如下:

①决策职能 建设项目的建设过程是一个系统的决策过程,每一建设阶段的启动都需要决策。前期决策对设计阶段、施工阶段及项目建成后的运行,均产生重要的影响。

②计划职能 这一职能可以把项目的全过程、全部目标和全部活动都纳入计划轨道,用动态的计划系统协调与控制整个项目,使建设活动协调有序地实现预期目标。正因为有了计划职能,各项工作都是可预见的、可控制的。

③组织职能 这一职能是通过建立以项目经理为中心的组织保证系统来实现的,通过给该系统确定职责、授予权力、实行合同制、健全规章制度等进行有效的运转,确保项目目标实现。

④协调职能 由于项目建设实施的各阶段、相关的层次、相关的部门之间,存在着大量的结合部,在结合部内存在着复杂的关系和矛盾,若处理不好,将会形成协作配合的障碍,影响项目目标的实现。故应通过项目管理的协调职能进行沟通,排除障碍,确保系统的正常运转。

⑤控制职能 项目建设主要目标的实现,是以控制职能为保证手段的。由于偏离预定目标的可能性经常存在,必须通过决策、计划、协调、信息反馈等手段,采用科学的管理方法,纠正

偏差,确保目标的实现。目标有总体目标,也有分目标和阶段目标,各项目标组成一个体系,因而目标的控制也必须是系统的、连续的。建设项目管理的主要任务是进行目标控制,而主要目标是投资、进度和质量。

建设项目的管理者应是建设活动的参与各方组织,包括业主单位、设计单位和施工单位,一般由业主单位进行工程项目的总管理,即全过程的管理。该管理包括从编制项目建议书至项目竣工验收交付使用的全过程。

1.1.5 施工项目管理

施工项目管理是由建筑施工企业对建设项目施工阶段进行的管理。

(1)施工项目的管理者

施工项目的管理者是建筑施工企业,建设单位和设计单位都不进行施工项目管理。一般地,建筑施工企业不委托咨询公司进行施工项目管理。由业主单位或监理单位进行的工程项目管理中涉及的施工阶段管理仍属建设项目管理,不能作为施工项目管理。监理单位把施工单位作为监督对象,虽与施工项目管理有关,但不能作为施工项目管理。

(2)施工项目的管理对象

施工项目的管理对象是施工项目。施工项目管理的周期(即施工项目的生命周期)包括工程投标、签订工程项目承包合同、施工准备、施工以及交工验收等。施工项目具有多样性、固定性和庞大性的特点,其管理的主要特殊性是生产活动与市场交易活动同时进行,先有交易活动,后有"产成品"(工程项目),买卖双方都投入生产管理,生产活动和交易活动很难分开。因此,施工项目管理是对特殊的商品和生产活动,在特殊市场上进行的特殊交易活动的管理,其复杂性和艰难性都是其他生产管理所不能比拟的。

(3)施工项目的管理内容

施工项目管理的内容是在一个长时间进行的有序过程中按阶段变化的。每个工程项目都按建设程序及施工程序进行,从开始到竣工要经过几年乃至十几年的时间。随着施工项目管理时间的推移带来了施工内容的变化,因而也要求管理内容随之发生变化,如准备阶段、基础施工阶段、结构施工阶段、装修施工阶段、安装施工阶段、验收交工阶段等的管理内容差异很大。因此,管理者必须做出规划、签订合同、提出措施,进行有针对性的动态管理,并使资源优化组合,以提高施工效率和施工效益。

(4)施工项目的管理要求

由于施工项目生产活动的单一性,因此,产生的问题难以补救或虽可补救但后果严重。参与项目的施工人员在不断流动,需要采取特殊的流水方式进行,其组织工作量很大。露天施工工期长,需要的资源多。施工活动涉及复杂的经济关系、技术关系、法律关系、行政关系和人际关系等,导致施工项目管理中的组织协调工作最为艰难、复杂和多变,必须通过强化组织协调办法才能保证施工顺利进行。其主要强化方法包括:优选项目经理,建立调度机构,配备称职的调度人员,使调度工作科学化、信息化,建立起的动态控制体系。

(5)施工项目管理与建设项目管理的不同(见表 1.1)

表 1.1　施工项目管理与建设项目管理的区别

区别特征	施工项目管理	建设项目管理
管理任务	生产出建筑安装产品,取得利润	取得符合要求的、能发挥应有效益的固定资产
管理内容	涉及从投标开始到交工为止的全部生产组织与管理维修	涉及投资周转和建设的全过程的管理
管理范围	由工程承包合同规定的承包范围,是建设项目、单项工程或单位工程的施工	由可行性研究报告确定的所有工程,是一个建设项目
管理的主体	施工企业	建设单位或其委托的咨询监理单位

1.1.6　项目建设程序

建设项目的建设程序也称作基本建设程序。建设项目按照建设程序进行建设是社会经济规律的要求,是建设项目技术经济规律的要求,也是建设项目复杂性(环境复杂、涉及面广、相关环节多、多行业多部门配合)的要求。我国的建设程序分为 6 个阶段,具体介绍如下:

1)项目建议书阶段

项目建议书是业主单位向国家提出建设某一建设项目的建议文件,是对建设项目的轮廓设想,是从拟建项目的必要性及宏观的可能性加以考虑的。在客观上,建设项目要符合国民经济长远规划,以及部门、行业和地区规划的要求。

一个项目的成功是从策划开始的,在项目的立项建议书中就已经明确了项目的用途、规模、投资。

2)可行性研究阶段

项目建议书经国家有关部门批准后,紧接着应进行可行性研究。可行性研究是对建设项目在技术上和经济上(包括微观效益和宏观效益)是否可行所进行的科学分析和论证工作,是技术经济的深入论证阶段,为项目决策提供依据。

此阶段是一个工程的关键环节,因为涉及项目的深入研究(尤其是方案比选),在功能策划、选址及建筑方案设计上可能出现风险,因此可行性研究阶段是必需的。

①可行性研究的主要任务是通过多方案比较,提出评价意见,推荐最佳方案。

②可行性研究的内容可概括为市场(供需)研究、技术研究和经济研究三项。具体来说,工业项目的可行性研究的内容包括:项目提出的背景、必要性、经济意义、工作依据与范围,需要预测和拟建的规模,资源材料和公用设施情况,建厂条件和厂址方案,环境保护,企业组织定员及培训,实际进度建议,投资估算金额和资金筹措,社会效益及经济效益等。在可行性研究的基础上,编制可行性研究报告。

③可行性研究报告经批准后,项目决策便完成,可立项进入实施阶段。可行性研究报告是

初步设计的依据,不得随意修改和变更。如果在建设规模、产品方案、建设地区、主要协作关系等方面有变动,以及突破投资控制金额时,应经原批准机关同意。

按照现行规定,大中型和限额以上项目可行性研究报告经批准后,项目可根据实际需要组成筹建机构,即组织建设单位。但一般改、扩建项目不单独设筹建机构,仍由原企业负责筹建。

3)设计工作阶段

在完成方案设计后,项目一般要进行初步设计和施工图设计。对于技术比较复杂而又缺乏设计经验的项目,在初步设计阶段后可增加技术设计或扩大初步设计。

（1）初步设计

根据可行性研究报告的要求,做具体的实施方案,目的是为了阐明在指定的地点、时间和投资控制金额内,拟建项目在技术上的可能性和经济上的合理性,并通过对工程项目所做出的基本技术经济规定编制项目总概算。

初步设计不得随意改变被批准的可行性研究报告所确定的建设规模、产品方案、工程标准、建设地址和总投资等控制指标。如果初步设计提出的总概算超过可行性研究报告总投资的10%以上或其他主要指标需要变更时,应说明其原因和计算依据,并报可行性研究报告原审批单位同意。

（2）技术设计

根据初步设计和更详细的调查研究资料,需要进一步解决初步设计中的重大技术问题,如工艺流程、建筑结构、设备选型及数量确定等,使建设项目的设计更具体、更完善,技术经济指标更好。

（3）施工图设计

施工图设计完整地表现了建筑物外形、内部空间分割、结构体系、构造状况,以及建筑群的组成和周围环境的配合,具有详细的构造尺寸。它还包括各种运输、通信、管道系统、建筑设备的设计。在工艺方面,应具体确定各种设备的型号、规格及各种非标准设备的制造加工图。同时,在施工图设计阶段应编制施工图预算。

4)建设准备阶段

（1）预备项目

初步设计已经批准的项目可列为预备项目。国家的预备项目计划是对列入部门、地方编报的年度建设预备项目计划中的大、中型和限额以上项目,经过从建设总规模、生产力总布局、资源优化配置及外部协作条件等方面的综合平衡后安排和下达的。预备项目在进行建设准备过程中的投资活动,不计算建设工期,统计上单独反映。

（2）建设准备的内容

建设准备的主要工作内容包括:

①征地、拆迁和场地平整。

②完成施工用水、电、路等工程。

③组织设备、材料订货。

④准备必要的施工图纸。

⑤组织施工招标投标,择优选定施工单位。

（3）报批开工报告

按规定进行了建设准备和具备了开工条件以后,建设单位要求批准新开工需经国家计委统一审核,然后编制年度大、中型和限额以上建设项目新开工计划并报国务院批准。部门和地方政府无权自行审批大、中型和限额以上建设项目的开工报告。

5) 建设实施阶段

建设项目经批准新开工建设,项目便进入建设实施阶段,这是项目决策的实施、建成投产发挥投资效益的关键环节。新开工建设的时间是指建设项目设计文件中规定的任一项永久性工程第一次破土开槽开始施工的日期;不需要开槽的,正式开始打桩的日期即开工日期。铁道、公路、水库等需要进行大量土、石方工程的,以开始进行土、石方工程日期作为正式开工日期。分期建设的项目可分别按各期工程开工的日期计算。施工活动应按设计要求、合同条款、投资预算、施工程序和顺序、施工组织设计,在保证质量、工期、成本计划等目标的前提下进行,达到竣工标准要求,经过验收后移交给建设单位。

在实施阶段还要进行生产准备,这是项目投产前由建设单位进行的一项重要工作,也是衔接建设和生产的桥梁,以及建设阶段转入生产经营的必要条件。建设单位应适时组成专门班子或机构做好生产准备工作。

生产准备工作的内容根据企业的不同而异,一般包括下列内容:

①组织管理机构,制订管理制度和有关规定。

②招收并培训生产人员,组织生产人员参加设备的安装、调试和工程验收。

③签订原料、材料、协作产品、燃料、水、电等供应及运输的协议。

④进行工具、器具、备品、备件等的制造或订货。

⑤其他必需的生产准备。

6) 竣工验收交付使用阶段

当建设项目按设计文件的规定内容全部施工完成后,便可组织验收。它是建设全过程的最后一道程序,是投资成果转入生产或作用的标志,也是建设单位、设计单位和施工单位向国家汇报建设项目的生产能力或效益、质量、成本、收益等全面情况及交付新增固定资产的过程。竣工验收对促进建设项目及时投产,发挥投资效益及总结建设经验,都有重要作用。通过竣工验收,可以检查建设项目实际形成的生产能力或效益,也可避免项目建成后继续消耗建设费用。竣工验收后,建设项目便可交付使用,完成建设单位和使用单位的交易过程。

1.2　施工组织管理

1.2.1　建设项目施工与管理的概念

施工项目管理组织与企业管理组织不同,二者是局部与整体的关系。施工项目组织机构设置的目的是为了充分发挥项目管理职能,提高项目整体管理效率,从而达到项目管理的目标。因此,企业在推行项目管理的过程中,应合理地设置项目管理组织机构,这是施工项目管理成功的前提和保证。

1)组织的概念

组织是按照一定的宗旨和系统建立起来的集体,它是构成整个社会经济系统的基本单位。在管理学中组织有两层含义:一是作为名词出现的,指组织机构(组织机构是按一定领导体制、部门设置、层次划分、职责分工、规章制度和信息系统等构成的有机整体,是社会、人的结合体,可以完成一定的任务,并为此而处理人和人、人和事、人和物关系的有机整体);二是指组织行为(活动),即通过一定权力和影响力,为达到一定目标,对所需资源进行合理配置,处理人和人、人和事、人和物关系的行为(活动)。组织的管理职能是通过这两层含义的有机结合而产生和起作用的。

2)建设项目施工组织与管理

建设项目施工阶段的活动也称为建筑施工或工程施工,建设项目施工阶段的组织与管理也可称为工程管理或施工组织与管理。建设项目的实施结果是形成建筑产品,即各种建筑物和构筑物。进行这种生产需要有建筑材料、施工机具和具有一定生产经验和劳动技能的劳动者,并且需要把所有这些生产要素按照建筑施工的技术规律与组织规律,以及设计文件的要求在空间上按照一定的位置、在时间上按照先后的顺序、在数量上按照不同的比例合理地组织起来,让劳动者在统一的指挥下劳动,也就是由不同的劳动者运用不同的机具以不同的方式对不同的建筑材料进行加工。只有通过施工活动,才能建造出各种建筑产品,以满足人们生产和生活的需要。本书中所讲的建筑施工组织工作是指施工前对生产诸要素的计划安排,其中包括施工条件的调查研究、施工方案的制订与选择,等等。这里所讲的建筑施工管理工作是就狭义而言的,仅指组织实施和具体施工过程中进行的指挥调度活动,其中也包括施工过程中对各项工作的检查、监督、控制、调节,等等。若就广义而言,通常建筑施工管理既包括上述的施工管理,还包括施工组织所组成的全部建筑施工活动的内容。

为了教学和研究的方便,从理论上将建设项目管理过程从时间上划分为施工组织与施工管理两大部分。但在实践中一般不加区分,而统称为建筑管理或施工管理,甚至还可以直接称为项目管理。

1.2.2 建筑设备安装工程组织机构管理

目前,我国建筑设备安装工程管理的组织形式都是项目管理形式,其组织机构实质是指工程项目的组织机构。

工程项目管理组织是指为进行项目管理、实现组织职能而进行的项目组织系统的设计与建立、组织运行和组织调整三方面工作的总称。

①工程项目组织系统的设计与建立,是指经过筹划、设计,建成一个可以完成项目管理任务的组织机构,建立必要的规章制度,划分并明确岗位、层次、部门的责任和权力,建立和形成管理信息系统及责任分工系统,并通过一定岗位和部门内人员的规范化的活动和信息流通实现组织目标。

②工程项目组织运行是指在组织系统形成后,按照组织要求各岗位和部门实施组织行为的过程。

③工程项目组织调整是指在组织运行过程中,对照组织目标检验组织系统的各个环节,对不适合组织运行和发展的各方面进行改进和完善。

1.2.3 建筑设备安装工程项目组织的形式

1)职能式

职能式也称部门控制式项目组织形式,是按职能原则建立项目组织的。它是在不打乱企业现行建制的条件下,通过企业常设的不同职能部门组织完成项目,其他部门边发挥各自的职能边协助项目组织实现项目目标。这种组织形式如图1.1所示。

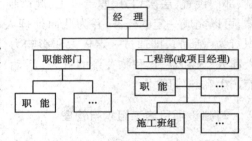

图 1.1 职能式项目组织形式

①这种组织形式的主要优点是:由于将项目委托给企业某一部门组织,不需要设立专门的组织机构,所以项目的运转启动时间短,职责明确,职能专一,关系简单,便于协调;由于组织成员有长期的合作关系,人际关系协调容易,可以充分发挥人才的作用,项目经理无须专门培训即可进入状态。

②其主要缺点是:不能适应大型复杂项目或涉及多个部门的项目,局限性较大;原组织职能和项目工作要求差别较大时,需要较长的熟悉时间,不利于精简机构。这种组织形式一般适用于小型或单一的、专业性较强、不需要涉及许多部门的项目。

2)纯项目式

这种组织形式也称工作队式组织形式,是从现有组织中选拔项目所需要的各种人员,以组成项目组织。首先,由公司任命项目经理,再由项目经理负责从企业内部招聘或抽调人员组成项目管理班子,然后抽调施工队,组成工程队。所有项目组织成员在项目建设期间,中断与原部门组织的领导和被领导关系。原单位负责人只负责业务指导及考察,不得随意干预其工作或调回人员。项目结束后撤销项目组织,所有人员仍回到原部门和岗位,如图1.2所示。

①这种组织形式的主要优点是:

a.项目经理权力集中,可及时决策,指挥方便,有利于提高工作效率。

b.项目经理从各个部门抽调或招聘的是项目所需要的各类专家,他们在项目管理中可以相互配合、相互学习、取长补短,有利于培养一专多能的人才并充分发挥其作用。

c.各种专业人才集中在一起,减少了等待或

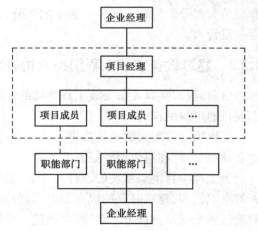

图 1.2 纯项目式组织形式

协调的时间,解决问题快、办事效率高。

d.由于减少了项目组织与企业职能部门结合部,使协调关系减少,同时弱化了项目组织与企业组织部门的关系,减少或避免了本位主义和行政干预,有利于项目经理顺利开展工作。

②其主要缺点是:

a.各类人员来自不同的部门,具有不同的专业背景,缺乏合作经验,难免配合不当。

b.各类人员集聚一起,在同一时期内他们的工作量可能有很大的差别,这样很容易造成忙闲不均,从而导致人才的浪费。对专业人才,企业难以在企业内进行调剂,导致企业的整体工作效率降低。

c.项目管理人员长期离开原单位,离开他们所熟悉的工作环境,容易产生临时观念和不满情绪,影响工作积极性。

d.专业职能部门的优势无法发挥,由于同一专业人员分散在不同的项目上,相互交流困难,职能部门无法对他们进行有效的培训和指导,因此影响了各部门的数据、经验和技术积累,难以形成专业优势。

这种组织形式适用于大型项目、工期要求紧迫的项目,要求多工种多部门密切配合的项目。

3) 矩阵式

矩阵式是现代大型工程项目广泛应用的一种新型组织形式,它把职能原则和对象原则结合起来,既发挥了职能部门的纵向优势,又发挥了项目组织的横向优势,形成了独特的组织形式。从组织职能上看,以实施企业目标为宗旨的企业组织要求专业化分工,并且保持长期稳定,而一次性项目组织则具有较强的综合性和临时性。矩阵式组织形式能将企业组织职能与项目组织职能进行有机结合,形成一种纵向职能机构和横向项目机构相互交叉的"矩阵"形式,如图 1.3 所示。

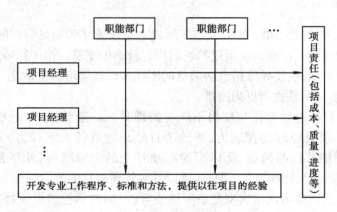

图 1.3 矩阵式组织形式

在矩阵式组织形式中,永久性专业职能部门和临时性项目组织同时交互起作用。纵向表示不同的职能部门是永久性的,横向表示不同的项目是临时性的。职能部门的负责人对本部门参与项目组织的人员有组织调配、业务指导和管理考核的责任。项目经理将参加本项目的各种专业人员按项目实施的要求有效地组织协调在一起,为实现项目目标而共同配合工作,并对他们负有领导责任。矩阵式组织中的每个成员都应接受原职能部门负责人和项目经理的双重领导,因为从某种意义上说他们参加项目,只是"借"到项目上。一般情况下,部门负责人的控制力大于项目经理的控制力。部门负责人有权根据不同项目的需要和工作强度,将本部门专业人员在项目之间进行适当调配,使专业人员可以同时为几个项目服务,避免某种专业人才在一个项目上闲置而在另一个项目上又奇缺的现象,大大提高了人才的利用率。项目经理对参加本项目的专业人员有控制和使用的权力,当感到人力不足或某些成员不得力时,可以向职能部门请求支持或要求调换。在这种体制下,项目经理可以得到多个职能部门的支持,但为了实现这些合作和支持,要求在纵向和横向有良好的沟通与协调配合能力,以便对整个企业组织和项目组织的管理水平和工作效率提出更高的要求。

①其主要优点有:

a.兼有职能部门制和工作队式两种组织形式的优点。它将职能原则和对象原则有机地结合起来,既发挥了纵向职能部门的优势,又发挥了横向项目组织的优势,解决了传统组织模式中企业组织和项目组织相互矛盾的难题,增强了企业长期例行性管理和项目一次性管理的统一性。

b.能有效地利用人力资源。它可以通过职能部门的协调,将一些项目上闲置的人才及时转到急需项目上去,实现以尽可能少的人力实施多个项目管理的高效率,使有限的人力资源得到最佳的利用。

c.有利于人才的全面培养。它既可以使不同知识背景的人在项目组织的合作中相互取长补短,在实践中拓宽知识面,有利于培养一专多能的人才,又可以充分发挥纵向专业职能集中的优势,使人才有深厚的专业训练基础。

②其主要缺点有:

a.双重领导。矩阵式组织形式中的成员要接受来自横向、纵向领导的双重指令。当双方目标不一致或有矛盾时,会使当事人无所适从;当出现问题时,往往会出现相互推诿、无人负责的现象。

b.管理要求高,协调较困难。矩阵式组织形式对企业管理和项目管理的水平、领导者的素质、组织机构的办事效率、信息沟通渠道的畅通均有较高的要求。由于矩阵式组织形式的复杂性和项目结合部的增加,往往导致信息沟通量的膨胀和沟通渠道的复杂化,致使信息梗阻和信息失真的增加,使组织关系协调更为困难。

c.经常出现项目经理的责任与权力不统一的现象。一般情况下,职能部门对项目组织成员的控制力大于项目经理的控制力,导致项目经理的责任大于权力,工作难以开展。项目组织成员受到职能部门的控制,所以凝聚在项目上的力量减弱,使项目组织的作用发挥受到影响。同时,管理人员兼管多个项目,难以界定管理项目的前后顺序,会顾此失彼。

矩阵式组织形式主要适用于大型复杂项目公司(可同时承担多个项目);当公司对人工利用率要求高时,同样可适用。

1.2.4　建设项目施工组织与管理的任务

建设项目的施工过程包括十分复杂的工作内容,施工管理的根本目的就是在现有的条件下,合理组织施工,完成合同目标,为企业创造效益,为国家创造财富。

建设项目施工管理的基本任务包括：

①合理地安排施工进度,保证按期完成各项施工任务。

②有效地进行施工成本控制,降低生产费用,争取更多的盈利。

③采取严格的质量与安全措施,保证工程符合规定的标准与使用要求,保证生产人员的生命安全,杜绝各种质量事故和安全事故。

这三项任务是密切相关的,同时也是合同目标的要求。一般说来,合同目标要求往往表现为建设项目的短工期、低成本和高质量,同时达到三个目标的最佳要求,实际上只能是一种理想。项目管理追求的是系统的优化,而不是局部的最优。这三项要求之间存在着相互制约的关系。要提高质量就可能会增加成本,延长工期;要缩短工期又可能会增加成本,影响质量;要降低成本就可能会降低质量,影响工期。

事实上,只有工程质量合乎标准并能充分发挥效益,才能满足要求。如果质量不符合要求,就必然降低使用效率,增加维修费,缩短使用寿命。所以,必须在保证质量的前提下缩短工期,在保证质量的前提下降低成本,用价值工程的理论去指导施工。同样,必须合理地组织施工,采取新的施工技术和科学的管理方法,尽量加快施工进度,千方百计地

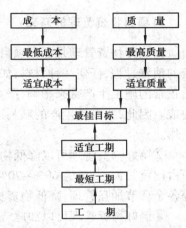

图 1.4　工期、成本、质量相互关系

缩短工期,保证按期或提前交付使用,尽早发挥投资效益。而努力降低成本是任何经济活动所追求的目标,只有在施工中提高了劳动生产率,杜绝浪费,施工企业才能获得更多的盈利。综上所述,在施工中质量、工期、成本这三个目标统筹考虑,综合平衡,其关系如图1.4所示。

1.3　工程项目的物资与劳动管理

工程项目的物资管理主要内容包括物资的采购与供应管理。在设备安装工程中,物资是工程总投资的主要构成。做好物资管理是保证安装质量和最大限度降低成本的主要途径。工程项目的劳动管理主要是指以劳动定额为基础的各种劳动人事关系和组织基础,劳动管理决定了工程的成本和工程进度。

1.3.1　项目物资采购与供应管理

1)物资与项目物资管理的概念

(1)物资

物资是物质资料的简称,包括生产资料和消费资料。项目的物资主要指用于项目生产性消耗的生产资料,如原料、燃料、设备配件等,是属于流动资金管理范畴内的物资,不包括土地、森林、矿藏等自然资源,以及列入固定资产的设备、房屋等。

（2）项目物资管理

对项目生产经营活动中所需的各种物资在流通及使用过程中进行计划、组织、指挥、监督和调节等一系列活动的总称，称为项目物资管理。因此，物资管理是随着商品交换和商品流通的产生而产生的，是社会再生产的客观需要。施工企业为了保证工程项目生产的需要，必须搞好物资管理工作。

2）项目物资管理的意义

①搞好物资管理是保证项目生产正常进行的物质前提。项目的生产施工过程同时也是物资的消费过程，任何一种材料，如不能在适当的时间，以适当的质量、数量、价格保证供应，都会给正常的施工生产带来影响，严重的可以导致施工生产中断、停工待料，直接影响施工计划的完成。因此，要保证生产的顺利进行，就必须做好物资采购、储存、保管供应等一系列组织管理工作。

②搞好物资管理可以降低物资材料费用，降低工程成本。因为建筑产品成本中物资材料所占比重很大，一般为 60% ~ 70%。因此，要从物资材料的采购、运输、储存、保管、供应、使用等各个环节加强管理，降低物资材料的费用，降低工程成本。

③搞好物资管理可以加速流动资金的周转，减少流动资金的占用。由于建筑产品生产周期长，物资储备大，储备资金占流动资金的 50% ~ 60%。加速这部分资金的周转，就可用同样数量的流动资金完成更多的施工任务，或者用较少流动资金完成同样多的生产任务，从而充分发挥流动资金的经济效果。因此，物资供应部门要在保证生产正常进行的前提下，尽量减少物资储备，加速物资的周转。

④搞好物资材料管理有利于保证工程质量和提高劳动生产率。材质不合格、运输保管不善使材质降低都会影响工程质量。由于管理不善造成二次搬运及材料不符引起改制代用都会浪费物力和人力，降低劳动生产率。所以，加强物资管理，通过正确组织订货、验收、保管等途径来保证材料的质量和规格，具有重要意义。

3）项目物资供应管理的任务

在项目物资管理中，其重要内容之一是搞好项目物资供应管理。项目物资供应管理的任务是保证适时、适地、按质、按量、成套齐备地供应所需的材料。

①适时是指按规定的时间供应材料。供应时间不宜过早或过晚，过早会多占用仓库和施工场地，甚至造成材质损耗，增加费用；过晚则会造成停工待料，影响工程进度和工期。

②适地是指按规定的地点供应材料。卸货地点不适当，就可能造成二次搬运，从而增加费用，有时还会干扰施工生产。

③按质是指按规定的质量标准供应物资材料。若材质低于标准要求，势必降低工程质量；若高于质量标准要求则会增加成本。

④按量是指应按规定的数量供应。量多会造成超储积压，多占流动资金；量少则造成停工待料，影响进度，延误工期。

⑤成套齐备地供应是指供应材料品种规格要齐全配套，要符合工程需要。

物资材料的供应管理既要保证生产的需要，又要注意经济效果，从各方面采取有效措施以降低物资费用。若就近采购,应力争直达供应,减少中间环节,组织好物资调运,节约物资运费;要改善运输装卸、包装、保管工作,降低物资损耗,严格做好物资验收,控制规格和质量,避免大材小用,优质劣用和不合理的代用等。要合理地建立物资储备,严格进行库存控制,在保证生产正常进行的情况下,使得库存量最小,避免物资积压和减少资金占用,加速资金周转,降低成本。

物资供应管理工作还包括监督其合理使用和节约使用。为此,物资供应部门要加强物资材料消耗定额的管理,控制用料,搞好清仓利库,修旧利废,做好废旧物资的回收利用。

总之,项目物资管理的任务,一方面是保证物资供应,及时保质保量地满足项目施工生产的需要;另一方面加快周转可以降低消耗、节约费用,以提高经济效益。物资管理的目的在于用最少的资金发挥最大供应效力。

4)物资的分类

施工企业生产所需要的物资种类繁多,这些物资在定额制订、经营使用、计划管理等方面各有不同特点,必须按照不同的标志,对各种物资进行分类。常用的分类方法有以下三种:

(1)按物资的自然属性和特点划分

①金属材料:包括黑色金属(钢材、生铁)及有色金属(铜管、镀锌钢板)等。

②非金属材料:包括木材、水泥、电工材料等。

③机电设备(产品):包括运输设备、机械设备等。

④配件:包括设备配件及各种安装机具配件。

(2)按物资的使用方向划分

①施工生产用和经营维修用。

②工艺准备用和技术改造用。

③科研试制用和基本建设用。

(3)按物资在生产中的地位和作用划分

其包括主要材料、辅助材料等。

1.3.2　进度管理

进度管理是项目管理中的一个重要环节。项目计划的编制在工程项目的招投标阶段以及中标授标之后的合同条件都要求承包商编制切实可行的"细化的施工进度计划"对工程进行详细的剖析。对于建设项目施工包括机电设备的施工,均要求制定出合理的进度计划,而进度的制定和管理有多种方式。其目的就是让项目组成员明确了谁该做什么工作和什么时间要完成工作。

编制合理的进度计划是进度管理的重要内容。目前,进度计划的编制主要靠人工进行编制,随着时代的发展及项目的复杂性,利用计算机软件进行进度计划的编制成为必然途径。利用软件对一个工程项目的所有任务做出精确的时间安排,同时还对完成任务所需要的原材料、劳动力、设计和投资进行分析和比较,在千头万绪的任务中找出关键要紧的任务(关键线路)以及对任务做出合理的工期、人力、物力、机具等资源的安排。这些信息通常通过计算机的进度软件主要有 ABT Project Workbench、Microsoft Project,Porject Scheduler 等。如使用 Microsoft

Project 软件可以方便快捷地显示项目运行情况,可以输出进度横道图、逻辑网络图、资源直方图、费用曲线图及各种专项报告,同时可以用不同的色彩反映不同的进度,清楚地反映工程进度特征。对非关键线路上各项作业时差的变化及关键线路的变化等都可以一目了然,可以准确判断出工程进展是否达到预期目标。Project 提供了 Chart/graph views,Sheet views 和 Forms 三类视图,在项目运行期间,通过在视图间切换就可以有选择地显示需要的信息,从不同侧面查看项目进度。对于作业数量大的复杂项目,可以应用过滤器只显示项目特定方面的信息。

1.3.3　项目的劳动管理

1）劳动管理及其内容

在社会化的生产条件下,社会产品不再依靠个体劳动者单独完成,而是许多工人和管理人员协作劳动的共同产品。因此,凡在社会化生产过程中所必需的人员,包括直接从事生产的工人和从事脑力劳动的工程技术人员、管理人员等,都是生产性劳动者,他们的劳动活动都是生产性劳动,而所有这些都是劳动管理的对象。

劳动管理包括有关劳动力和劳动的计划、决策、组织、指挥、监督、协调等项工作。这些工作的总和称为劳动管理,其核心问题是最合理地、有效地组织劳动力和劳动。

劳动管理的主要内容包括编制劳动定额、编制定员、改善劳动组织、加强劳动纪律和劳动保护等。广义的劳动管理还应包括工资和奖金管理、职工培训的内容,这些统称为劳动人事(工资)管理。

2）劳动管理的任务和目的

劳动管理的任务,一般概括为三大项:

①充分发掘劳动资源,提高职工队伍的思想文化水平,合理配备和使用劳动力。

②不断调整劳动组织和生产中的分工协作关系,降低劳动消耗,提高劳动生产率。

③正确贯彻社会主义物质利益原则和按劳分配原则,恰当处理国家、企业、项目经理部和劳动者的利益关系,充分调动全体职工的劳动积极性和创造性。

通过劳动管理工作所要达到的主要目的是不断提高劳动生产率。所谓劳动生产率,是指完成一定的建筑安装工程量所消耗的劳动量即劳动时间,或者在一定劳动时间内完成的建筑安装工作量。

3）劳动定额及其在施工项目管理中的作用

（1）劳动定额的含义

在正常生产条件下,为完成单位产品(或工作)所规定的劳动消耗数量标准即劳动定额。劳动定额包括时间定额和产量定额。

生产单位合格产品(或完成一项工作)所必需的标准时间称为时间定额。单位时间内完成的合格产品的标准数量称为产量定额。时间定额和产量定额互为倒数关系。

（2）劳动定额的作用

劳动定额是标准的劳动生产率,是衡量劳动效率高低的尺度,是劳动管理工作的基础。劳动定额的作用表现在以下几个方面：

①劳动定额是企业制订计划的基础。施工企业编制生产计划、财务计划、工资计划，以及项目作业计划都要以劳动定额为依据。

②劳动定额是合理地、科学地组织生产劳动的依据。例如，安排施工力量、施工进度、签发工程任务、进行班组核算等，都要以劳动定额为依据。要组织施工生产，首先要按照劳动定额计算出用工量和所需劳动力人数，然后才能对所需劳动力和施工进度做出合理部署和调整。合理确定劳动定额，还可以挖掘生产潜力。

③劳动定额是考核评判工人劳动贡献的标准，也是实行按劳分配的标准。一个工人完成生产任务情况如何，首先要把实际完成的工作量与定额相比较，按照完成定额的情况计算劳动报酬。

④劳动定额是项目成本管理和经济核算的基础。

4) 劳动定员

劳动定员是指为了保证生产活动的正常进行，必须配备的各类人员的数量和比例。它是一种科学用人的数量与质量的标准。

（1）劳动定员的作用

①劳动定员的作用是项目生产能力的决定性要素之一。对于工程项目的施工，多是劳动密集型生产，机械水平低，手工操作比重大，所以项目的定员数量，决定项目的工期和进度。

②劳动定员是组织项目均衡生产，合理用人的依据之一。要根据定员合理地安排施工进度及其他工作，防止人浮于事和窝工浪费。

（2）劳动定员的构成

按劳动分工和工作岗位不同，项目施工生产可由下列人员构成：

①生产工人：直接从事项目施工活动的人员。

②学徒工：在熟练工人指导下，在生产劳动中学习技术，享受学徒待遇的人员。

③工程技术人员：从事工程技术工作，有工程技术能力和职称的人员。

④管理人员：从事行政、组织、财务、事务等一般管理工作和政治工作的人员。

⑤服务人员：服务于职工生活或间接服务于生产的人员。

⑥其他人员：由项目经理部发给工资，但与项目生产基本无关系的人员。

（3）定员计算方法

定员水平取决于多种因素，由于各类人员工作性质不同，因而对各类人员必须分别采取不同的计算方法。

①按劳动定额定员：适用于有定额的工作。其计算方法为：

$$定员人数 = \sum \frac{各工种每一个工作班所需完成的工程量}{相应工程一个工作班工人产量定额 \times 正常出勤率}$$

②按施工机械设备定员。计算方法为：

$$定员人数 = \sum \frac{必需的设备台数 \times 每台设备开动班次}{工人看管定额 \times 正常出勤率}$$

③按岗位定员。按生产设备本身所必需的操作看管岗位和工作岗位的数目，来确定定员人数。

④按比例定员。根据职工总数,或按照某一类人员数量的一定比例确定定员人数。例如,普通员工可按技术工人比例定员。

⑤按组织机构职责分工定员。根据各个机构承担的任务以及内部分工需要,考虑职工业务能力,来确定定员人数。这适用于工程技术人员和管理人员的定员。

编制定员时,应注意各类职工的合理搭配比例,防止比例失调,以免影响施工生产的正常进度。

5) 项目工资管理

（1）分配原则

工资和奖金是职工物质利益的体现,其分配原则是按劳分配,正确处理企业、项目经理部和职工三者的关系,实行多劳多得,奖勤罚懒,不劳不得。具体有以下几个方面:

①在发展生产和提高劳动生产率的基础上,逐步增加职工收入,改善职工生活。

②统筹兼顾,全面安排企业、项目、个人三者利益。

③坚持按劳分配,反对平均主义。

④坚持与工作效果、劳动成果挂钩。

⑤注意按劳分配与精神奖励相结合。

（2）工资形式

①项目岗位职务工资:由项目经理对不同职务和岗位的劳动者根据其职责大小,工作技能和复杂性的不同,所自行确定工资等级标准的工资形式。

②奖励和津贴:奖励和津贴在职工收入中的比例较大,是项目职工工资的补充。

③计时工资加奖金:按劳动者的技术熟练程度、劳动繁重程度和工作时间长短来计算劳动报酬。

④计件工资:按完成合格产品或作业量,用预先规定的计件单位来计算劳动报酬。

⑤浮动工资:与企业的经营成果和个人的劳动贡献挂钩,并随之上下浮动的工资形式。

思考题

1.1 在实际工程中,工期成本,质量应进行如何协调? 试举例说明。

1.2 在工程项目管理中,应如何做好物资供应?

1.3 试分析劳动定额在施工管理过程中的作用。

2

暖通空调、燃气系统

2.1　概　述

对于不同功能的现代建筑,所对应的建筑设备系统则不一样。但不管任何建筑,均是以下系统的组合:

①供电配电系统:包括高压配电系统、低压配电系统、变压器、应急发电机组、直流电源、不停电电源设备。

②照明系统:包括公共照明、室外照明、广告照明、泛光照明、工作照明、事故照明。

③环境控制系统:包括创造室内环境的通风空调系统以及给排水系统。

④消防监控系统:包括火灾自动报警、自动灭火控制、消防联动控制、防排烟系统、紧急广播。

⑤安全防范系统:包括入侵报警、电视监控、出入口控制、巡更管理、停车场管理。

⑥交通运输系统:包括电梯、扶梯、停车、车辆管理。

⑦广播系统:包括背景音乐、事故音乐、紧急广播。

以上系统按照建筑设备工程系统进行分类,可以分为四大类:暖通空调系统、建筑燃气输配系统、建筑电气系统、建筑给排水系统。本章主要讲述暖通空调、燃气系统。

在现代建筑中,以上功能并非全部具备。在建筑设备管理中,只有充分了解建筑的功能,才能对建筑设备系统进行更好的设计、安装、运行管理。

2.2　空调系统

空气调节的目的在于创造一个良好的空气环境,即根据季节变化提供合适的空气温度、相对湿度、气流速度、空气洁净度和新鲜度,以满足建筑物内人员的舒适性要求和生产科研的工艺性要求。现代建筑的空调方式,中央空调系统越来越得到普及。根据室内要求的不同,夏季供冷、冬季供热。在空调设备中,能够进行供冷的冷源有水冷机、溴化锂机组、风冷机组。能够进行供热的热源设备有锅炉、溴化锂吸收式机组、风冷热泵机组。由于建筑使用功能不同,其末端形式可以分为半集中式系统和全空气系统。

2.2.1 冷热源系统

不管是何种末端系统,其冷热源系统均可以进行不同方式的组合。如果是仅要求夏季供冷,则可以选用普通水冷机;如果需要冬夏空调,则应考虑多种冷热源方案的组合。

对于普通的冷水机组,其功能是为末端空调设备提供冷冻水。按照压缩机的不同,可以分为三种类型:活塞式、螺杆式和离心式冷水机组。一般来说,冷水机组将压缩机、蒸发器、冷凝器和节流机构及辅助设备组装在一起,安装在一个机座上。因此,用户只需在现场连接电气线路和外接水管,即可投入使用。下面就三种类型的机组进行介绍。

1)按压缩机类型分类

(1)活塞式冷水机组

冷水机组中以活塞式压缩机为主机的称为活塞式冷水机组。活塞式冷水机组根据所配压缩机组的数量不同,有单机头和多机头活塞式冷水机组两种形式。活塞式冷水机组具有结构紧凑、占地面积小、安装快、操作简单和管理方便等优点。

活塞式冷水机组主要以氟利昂系列制冷剂为制冷工质,也有采用氨作为制冷剂的。制冷量范围为 35 ~ 580 kW。图 2.1 为活塞式冷水机组外形。图 2.2 为活塞式冷水机组流程系统图。

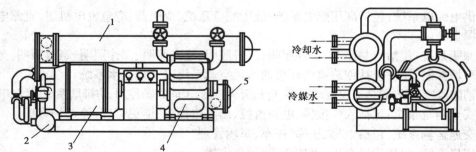

图 2.1 活塞式冷水机组外形图
1—冷凝器;2—汽-液热交换器;3—电动机;4—压缩机;5—蒸发器

(2)螺杆式冷水机组

以各种类型的螺杆式压缩机为主机的冷水机组,称为螺杆式冷水机组。它是由螺杆式制冷压缩机、冷凝器、蒸发器、节流装置、油泵、电气控制箱及其他控制元件等组成的组装式制冷系统。螺杆式冷水机组具有结构紧凑、运转平稳、操作简便、冷量无级调节、体积小、重量轻及占地面积小等优点,近年来已在一些工厂、医院、宾馆等单位的环境降温、空气调节系统中使用,尤其是负荷不大的高层建筑物进行制冷空调,更能显示其独特的优越性。图 2.3 为螺杆式冷水机组外形。

(3)离心式冷水机组

以离心式制冷压缩机为主机的冷水机组,称为离心式冷水机组。根据离心压缩机的级数,目前使用的有单级压缩离心式冷水机组和双级压缩离心式冷水机组。部分生产厂家研究开发了磁悬浮离心冷水机组,其效率高于不同的离心式冷水机组,已投入了部分工程的使用。

离心式冷水机组适用于大中型建筑物,如宾馆、剧院、办公楼等舒适性空调制冷,以及纺织、化工、仪表、电子等工业所需的生产性空调制冷,也可为某些工业生产提供工艺用冷水。图2.4 为离心式冷水机组外形。

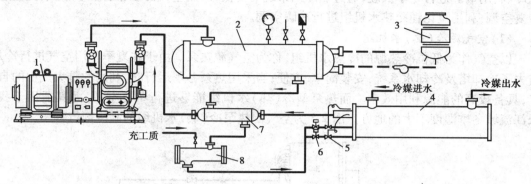

图 2.2　活塞式冷水机组系统图

1—压缩机组;2—冷凝器;3—冷却水塔;4—干式蒸发器;5—热力膨胀阀;
6—电磁阀;7—汽-液热交换器;8—干燥过滤器

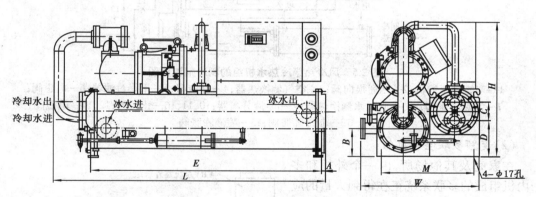

图 2.3　螺杆式冷水机组外形图

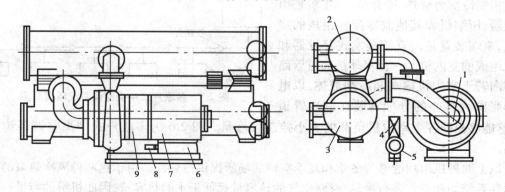

图 2.4　离心式冷水机组外形

1—压缩机;2—冷凝器;3—蒸发器;4—滤油器;
5—油冷却器;6—油箱;7—电动机;8—油泵;9—增速箱

2)冷热源一体化设备

对于需要冬季供暖和夏季供冷的工程中,其冷热源的搭配方式有多种:利用冷水机组夏季供冷、利用锅炉进行冬季供暖;通过制冷剂系统的转换,采用空气源和水源(环)热泵机组进行冬夏空调;利用溴化锂冷热水机组进行冷暖空调。

(1)空气源冷(热)水机组

以空气作为低位冷热源的冷热水机组,称为空气源热泵。由于在夏季采用空气进行冷却,省去了冷却塔及冷却水系统,安装简单、方便;当采用热泵冬季运行时,利用的是大气中的自然能,具备较高的能源利用效率。而热泵型冷(热)水机组能够进行冬夏空调,尤其适用于我国长江流域冬季湿度不大的地方。图2.5为空气源热泵冷(热)水机组的制冷剂流程图。

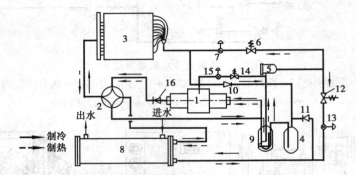

图2.5 风冷热泵冷热水机组的制冷剂流程图

1—双螺杆压缩机;2—四通换向阀;3—空气侧换热器;4—储液器;5—干燥过滤器;6—电磁阀;
7—制热膨胀阀;8—壳管式水侧换热器;9—汽-液分离器;10,11,16—止回阀;12,14—电磁阀;
13—制冷膨胀阀;15—喷液膨胀阀

(2)变频多联空调机组

在家庭及其他场所,由一个外机和多个内机组成的多联系统正在得到大量的应用,但它仍然是空气源热泵的一种形式。多联机制冷剂为载热/冷介质,其主机是由冷凝器、压缩机和其他制冷配件组成的室外机,末端装置是由直接蒸发式蒸发器和风机组成的室内机。一台室外机通过管路能够向若干室内机输送制冷剂液体,以电子膨胀阀为核心的分配器装在制冷管道

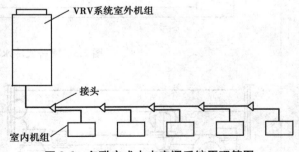

图2.6 多联户式中央空调系统原理简图

上,它能够根据各个室内机负荷的大小控制供液量。图2.6为多联户式中央空调系统原理简图。

以上两种机组均能够为冬季和夏季空调的场所提供冷热源。由于这两种风冷热泵的制冷剂循环系统均和空气进行冷热交换,空气的热容量远低于水的热容量,因此机组的容量一般不大,在供冷条件下其效率要低于水冷机组。

（3）水源（环）热泵机组

水源（环）热泵机组可以分为两种方式：利用冷却塔进行辅助供冷和锅炉进行辅助供热，系统采用水-空气热泵机组，其形式通常称为水环热泵系统；利用地下水或地表水作为低位冷热源的形式，称为水源热泵机组。

水环热泵空调器正在得到越来越多的应用，而分体式水环热泵空调器是近年来出现的一种形式，其结构采用了分体式结构，即外机组（含压缩机、换热器、控制器）和空气处理机组（含风机、空气侧盘管、空气过滤器、控制器）。安装时可将空气处理机组直接安装在使用空调的房间内，而外机组则放在卫生间等其他房间，从而降低了使用房间的噪声水平，如图2.7所示。而机组内侧换热器采用高效换热技术，外机组水侧换热器为套管式，水侧及制冷剂侧均设有干扰环，冷剂侧为锯齿型肋或多孔表面复合，内机组换热器铜管外侧套直缝式铝片，压缩机选用高效旋转式或涡旋式，机组制冷能效比（EER）可达5.54，具有较高的节能效果。图2.8为分体式水源热泵外形图。

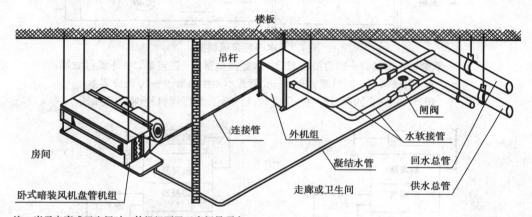

注：当无走廊或卫生间时，外机组可置于房间吊顶内

图2.7　分体水源热泵机组安装图

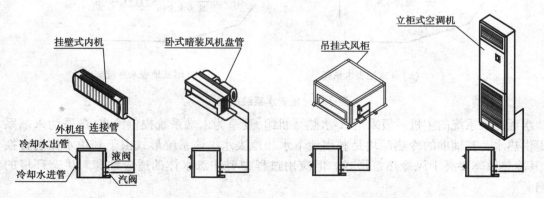

（a）水冷分离式挂壁机　（b）水冷分离式风机盘管机组　（c）水冷分离吊挂式风柜　（d）水冷分离立柜机

图2.8　分体式水源热泵外形图

利用地下水或地表水作为系统的低位冷热源的水源热泵系统是一种能源效率高的热泵系统,如图2.9所示。目前,地源热泵机组通常采用该机组形式。根据利用地表水系统形式的不同,可以分为开式地表水系统和闭式地表水系统,如图2.10所示。

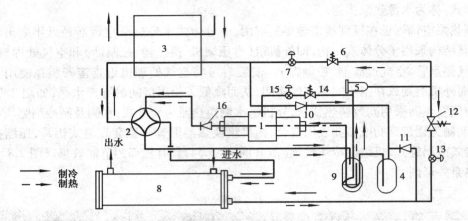

图2.9　水源热泵流程图

1—双螺杆压缩机;2—四通换向阀;3—水侧换热器;4—贮液器;5—干燥过滤器;
6—电磁阀;7—制热膨胀阀;8—壳管式水侧换热器;9—汽-液分离器;
10,11,16—止回阀;12,14—电磁阀;13—制冷膨胀阀;15—喷液膨胀阀

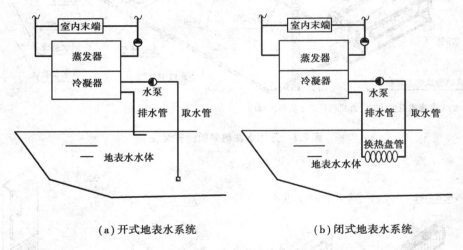

（a）开式地表水系统　　　　　　（b）闭式地表水系统

图2.10　地表水系统简图

水源热泵系统的主机一般采用水-水热泵机组,夏季为末端系统提供冷水、冬季为末端系统提供热水。其辅助的冷热源均是利用地下水和地表水。该系统形式由于利用水体进行换热,其冷热效率要高于风冷热泵形式。但应用过程中要注意水体的适应性和对生态环境的影响。

（4）吸收式冷热水机组

吸收式冷热水机组主要靠消耗热能完成制冷和制热功能,如图2.11所示。在空调制冷中,常用的工质对为溴化锂-水工质对(其中水为制冷剂,溴化锂为吸收剂)。吸收式冷热水机组的主要热源为蒸汽、天然气、油等。在大型余热排放且需要空调的场所可以采用蒸汽型溴化锂吸收式冷水机组,而有天然气、油等能源的区域可以采用直燃型溴化锂吸收式冷水机组。吸收式冷热水机组由高压发生器、低压发生器、冷凝器、蒸发器、吸收器、溶液泵、溶剂泵等组成,如图2.11所示。

直燃型溴化锂吸收式冷水机组能同时或单独实现制冷、制热并提供卫生热水三种功能。但是,使用过程中要注意三种负荷的匹配。溴化锂吸收式冷水机组是一种节电但并不一定节能的设备,在缺电而其他能源充足的地区采用该设备是一种可行的技术方案。

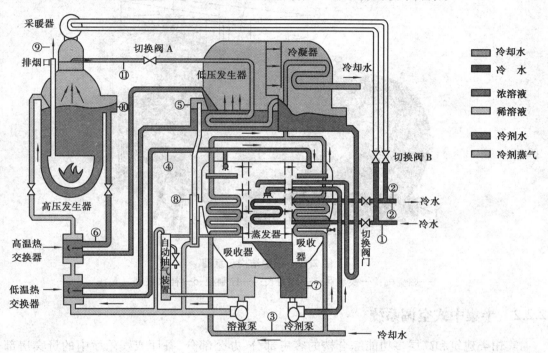

图 2.11　吸收式冷热水机组

1—冷水进口温度(C,I);2—冷水出口温度(C,I,t);3—冷却水进口温度(C,I,A);
4—浓溶液喷淋温度(C,I);5—低发浓溶液温度(C,I);6—高发中间浓度溶液温度(C,A,I);
7—蒸发温度(I,A);8—溶晶管温度(I,A);9—排烟温度(I,A);10—高发液位(C,I);
11—高发压力(A,I);12—冷水流量(A)
(C)—控制;(A)—报警;(I)—显示

3) 独立热源设备——锅炉

采用普通的冷水机组,冬季不能进行供热,这时可以考虑采用锅炉(锅炉是常见的热源)。

在民用建筑中,主要的热源设备为燃油、燃气型热水锅炉。由于环保以及管理等因素的制约,燃煤锅炉逐渐被上述两种燃料的锅炉替代。在具备天然气条件下的地区应优先选用燃气锅炉,这主要基于环保、安全以及安装运行管理方便等原因。

燃油和燃气型锅炉按照提供出口介质状态的不同,可以分为蒸汽锅炉、热水锅炉、汽-水两用锅炉。蒸汽锅炉可以直接提供蒸汽,同时也能够利用汽-水换热器提供热水。因此,在功能复杂的建筑中(如宾馆),既要为厨房提供蒸汽,又必须为客房提供空调热水,使用蒸汽锅炉较为方便。按照锅炉提供工作方法的不同,可以分为常压热水锅炉和真空热水锅炉。其中,常压锅炉按照换热原理不同,可以分为直接式常压锅炉和间接式常压锅炉。由于间接式常压锅炉相比直接式常压锅炉可以承受系统压力而不受位置的限制,其使用条件更为广泛。图 2.12 为锅炉结构示意图。

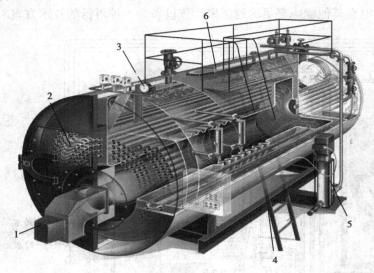

图 2.12　锅炉结构示意图

1—燃烧机;2—换热器;3—压力表;4—控制柜;5—补水泵;6—人孔

2.2.2　半集中式空调系统

宾馆类建筑和高层多功能综合楼的客房部分、办公部分、餐厅或娱乐厅中的贵宾房部分等,由于空调房间较多,且各房间要求单独调节,故大多采用半集中式空调系统,即风机盘管加独立新风系统。风机盘管空调器不仅布置灵活,而且每台可单独控制,较易适应建筑物内显热负荷波动时的调节作用,如图 2.13 所示。

1)风机盘管加独立新风系统的组成

(1)空气处理设备

风机盘管和新风机属于非独立式空调器,主要由风机、肋片管式水-空气换热器和接水盘组成。新风机还设有粗效空气过滤器。

风机盘管是空调系统中使用最广泛的末端设备之一,风机盘管安装图举例如图 2.14 所示。

风机盘管是风机盘管空调机组的简称。其电动机多为单相电容调速电动机,可以通过调节电动机的输入电压使风量分为高、中、低 3 挡,因而可以相应地调节风机盘管的供冷(热)量。从结构形式看,风机盘管有立式、卧式、柱式和天花板式(卡式)等;从外表形式来看,可分为明装和暗装两大类;从风机压头大小来看,风机盘管分为普通型和高静压型两种。随着技术

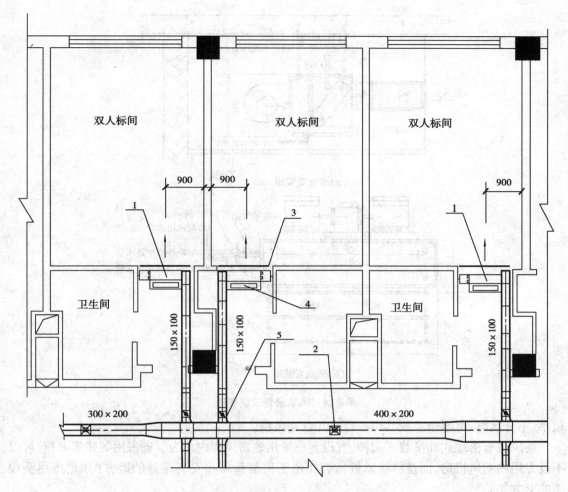

图 2.13 宾馆标准层空调布置示意图

1—风机盘管;2—散流器;3—双层百叶送风口;4—单层百叶回风口;5—新风调节阀

的进步和人们对空调要求的提高,风机盘管的形式仍在不断发展,功能也不断丰富,如兼有净化与消毒功能的风机盘管,自身能产生负离子的风机盘管,等等。

风机盘管分散设置在各空调房间中,根据房间大小可设一至多台。明装的多为立式,暗装的多为卧式,便于和建筑结构配合。暗装的风机盘管通常吊装在房间顶棚上方。风机盘管机组的压头一般很小,通常出风口不接风管。若由于布置安装上的需要必须接风管时,也只能接一段短管,否则应选用高静压型风机盘管。风机盘管侧送风的水平射程一般小于 6 m。风机盘管也可以通过水平设置的散流器送风口送风。

新风机一般是集中设置的,它专门用于处理并向各房间输送新风。经新风处理的新风,通常设计为相对湿度 $\varphi=90\%\sim95\%$,焓与室内空气设计状态焓相等的状态。新风是经管道送到各空调房间去的,要求新风机具备一定的压头。

系统规模较大时,为了调节控制、管道布置和安装及管理维修的方便,可将整个系统分区处理。例如,按楼层水平分区或按朝向垂直分区等。有分区时,新风机宜分区设置;系统规模

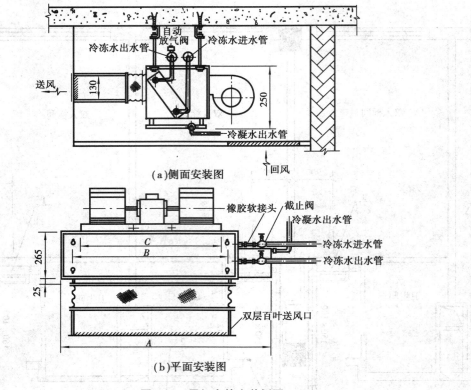

图 2.14　风机盘管安装例图

较小、不分区时,可整个系统共用一台或几台新风机。

　　新风机有落地式和吊装式两种,宜设置在专用的新风房内。为节省占用的建筑面积,可以不设专用的新风机房,而是将新风机吊装在便于采集新风和安装维修的地方(如走廊尽头顶棚的上方等)。

　　房间新风的供给方式有两种:一种是通过新风送风干管和支管将新风机处理后的新风直接送入房间内,风机盘管只处理和送出回风,吸收室内余热余湿,让两种风在房间内混合。这种方式称为新风直入式,如图 2.15(a)所示;另一种是新风支管将新风送入风机盘管回风箱,让经过新风机处理后的新风和回风先混合,在经风机盘管处理送入房间,如图 2.15(b)所示。这种方式称为新风串接式。若新风处理后的焓值已等于室内空气设计状态的焓,这两种方式的风机盘管均不承担新风负荷,但串接式应考虑较大的送风量。

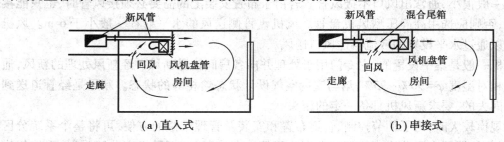

图 2.15　房间新风的供给方式

（2）回风设施

明装的风机盘管可直接从机组自身的回风口吸入回风。暗装的风机盘管，由于通常吊装在房间顶棚上方，所以应在风机盘管的顶棚上开设百叶回风口加过滤网采集回风。

（3）排风设施

若房间大多设有卫生间，可在卫生间顶棚装顶棚式排风扇，各房间排风汇集于排风干管后用排风机排至室外。对不设卫生间的空调房间（如普通小间办公室），应在空调房间的适当位置开设排风口并用和排风管相连的排风机向室外排风。

（4）冷热源设施

风机盘管和新风机都是非独立式的空调器，其换热器必须通过冷水或热水才能使空气冷却去湿或加热加湿。因此，风机盘管加新风机加新风系统必须有供应冷水和热水的设备，如冷（热）水机组和蒸汽/热水式锅炉或电加热器。

冷热源设备通常设置在专用的中央机房内。对有地下室的高层建筑，中央机房一般位于地下层内；若无地下层时，中央机房可设在建筑物内首层或与建筑物临近的适当位置。

采用水冷的冷水机组与冷却水泵、冷却塔通过管道连接成为冷却水系统，冷却水泵置于中央机房内的水泵间；冷却塔置于室外的合适地方并应尽可能临近中央机房；采用风冷的冷水机组则应置于室外，当条件不允许、必须置于靠窗的室内时，则必须做好通风系统，以满足风冷冷水机组的运行条件。

采用锅炉供热时，所需蒸汽或高温热水由锅炉产生。锅炉、换热器、输送管路与末端连接成闭式循环系统。

（5）冷热水输送设施

冷水机组的壳管式蒸发器中生产的冷水或热水器中生产的热水，必须经冷（热）水泵加压后，由供水管送至风机盘管和新风机。流经各种非独立式空调器的换热盘管的冷（热）水，在使空气冷却去湿（或加热加湿）后，水温将升高或降低，应再经回水管流回冷水机组的蒸发器被重新冷却降温至所需的冷水供水温度（或流回热水器被重新加热升温至所需的供水温度），以使冷（热）水可循环使用，并减少能耗。因此，冷水机组蒸发器或热水器、需用供回水管和冷（热）水泵、非独立式空调器的换热器盘管串接组成闭式的冷（热）水系统。对夏季只用冷水、冬季只用热水的空调系统，水泵及供、回水管是通过季节切换交换使用的，即双水管系统，这是目前广泛应用的空调水循环系统。

（6）排放冷凝水设施

风机盘管加新风机通常都是在湿工况下工作，它们的接水盘都应连接坡向朝下的凝结水管，以便将表冷器上的凝结的水及时排放。

（7）控制系统

中央机房内应分隔出专用的控制室，在控制室内设配电屏及总控制台，以对各种电动设备进行遥测和遥控。总控制台应设各设备开关及灯光显示。

空调制冷系统通常由冷水机组、冷水泵、冷却水泵和冷却塔组成两套以上的、既独立运行又相互切换的系统。各设备既可手动运行，又可自动整套投入运行。在任一设备发生故障时，整套设备应能联锁，并可通过手动切换组成新的系统。

新风机回水管路上设电动二通阀（比例调节），由新风感温器根据新风温度自动控制阀门的开度,调节流经新风机换热器盘管的水量。

风机盘管控制器设在每个房间内,它包括控制风机转速的 3 挡开关和感温器。风机盘管回水管上设电动二通阀(双位调节),由室温变化自动控制阀的开闭。

此外,各子系统或分区的供、回水干管上都应设手动截止阀,以便控制和检修。

2)风机盘管加独立新风系统的分区

当建筑物的规模较大时,视调节控制、管道布置和安装及管理维修是否方便,可分区设置风机盘管加独立新风系统。

风机盘管加独立新风系统,既可按楼层水平分区,又可按朝向垂直分区。按楼层分区时,视一层空调规模大小,可将一层分为一个区或几个区。每一分区的供水和回水干管是水平布置的,并与竖向的供回水总管相连。

按朝向垂直分区时,每一分区的供水和回水干管是竖向布置的,并与水平的供水和回水总管相连接。高层建筑的层数较多时,往往每隔约 20 层有一设备层,这时常以相邻的两设备层之间的楼层(或设备层上下各 10 层)为一段,按朝向垂直分区。每段的供水和回水总管水平布置在设备层中。

2.2.3　集中式空调系统

我国民用建筑中舒适性中央空调所采用的集中式空调系统一般为一次回风集中式空调系统。一次回风集中式空调系统是指单风管、低速、一次回风与新风混合、无再热的定风量集中式空调系统。

面积很大的单个房间,或者室内空气设计状态相同、热湿比和使用时间也大致相同,且不要求单独调节的多个房间(如办公大楼、写字楼等),通常多采用一次回风集中式空调系统。

一次回风集中式空调系统的特点:一是设有专用的空调机房,集中处理空气(包括取自室外的新风和室内的回风);二是设有送风管道,将集中处理后的空气输送到各送风口,送入空调房间。这种系统的规模可大可小,高层或大型建筑可采用,中小建筑也可采用。当建筑中空调面积很大,或适于采用集中式系统的不同区域(如不同楼层或同一楼层的不同房间)的使用功能不同时,常需要分区设置集中式系统。

1)一次回风集中式空调系统的组成

(1)空气设备

凡没有或不需设置冷水机组和热水器的建筑物中的集中式空调系统,应采用独立式空调机。凡已设有冷水机组和热水器的建筑物中的集中式空调系统,则采用非独立式空调机。

非独立式空调的主要空气设备分为柜式空调器和组合式空调器。柜式空调器的使用场所非常广泛,如商场、大型餐厅等。对于空气品质有严格要求的场所,如电子车间、纺织车间等,则应该采用组合式空调器。

将风机、换热盘管及过滤网组装在一个箱体内,构成柜式空调器,主要有落地式和吊顶式等形式。其出风量在 2 000~30 000 m³/h,可承担某一空调区的负荷及空气处理,也可作为新风机使用。图 2.16 为柜式空调器外形图。

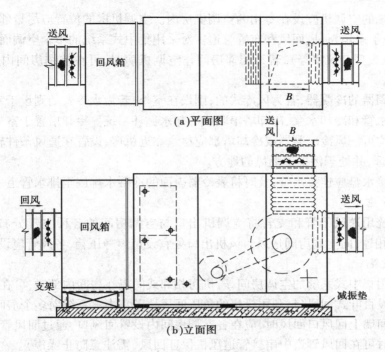

(a)平面图

(b)立面图

图 2.16 柜式空调器外形图

组合式空调器是一种由制造厂家提供预制单元、可以完成对空气的多种处理功能的并可在使用场合进行组装的大型空调设备。组合空调器使用冷热水或蒸汽为媒质,通过设在机组内的过滤器、热交换器、喷水室、消声器、加湿器、除湿器热回收器和风机等设备,完成对空气的过滤、加热、冷却、加湿、去湿、消声、热回收、喷水、新风处理和新风混合等,具有这些功能的箱体所组成的工业或民用空气调节机组称为装配式空气调节机组。图 2.17 为组合式空调器各处理段的组成。

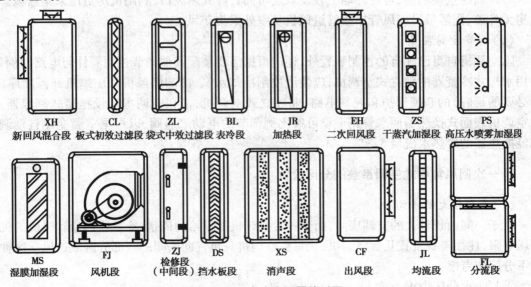

| XH | CL | ZL | BL | JR | EH | ZS | PS |
| 新回风混合段 | 板式初效过滤段 | 袋式中效过滤段 | 表冷段 | 加热段 | 二次回风段 | 干蒸汽加湿段 | 高压水喷雾加湿段 |

| MS | FJ | ZJ | DS | XS | CF | JL | FL |
| 湿膜加湿段 | 风机段 | 检修段（中间段） | 挡水板段 | 消声段 | 出风段 | 均流段 | 分流段 |

图 2.17 组合式空调器外形图

集中式系统的空调机应设在专用的空调机房内。空调机房的位置应尽量邻近由它承担送风的空调,并便于采集新风、回风和布置管道。对采用集中式系统的单个空调面积较大的房间(如餐厅、商场、大型会议室等),若无相邻房间作空调机房时,可在空调房间内部合适的地方设置空调机房。

独立式空调器的冷凝器,若为风冷式的,则设在室外;若为水冷式的则设于室内,并用管道将冷凝器冷却水管和冷却水泵、冷却塔串联成冷却水循环系统。冷却塔置于室外,冷却水泵置于室内和室外均可。风冷冷凝器或冷却塔都应尽量靠近机房,设置在通风条件较好、距离污染源(如烟囱)较远,并处于污染源上风的地方。

空调机的接水盘应连接水管,及时将表冷器表面的冷凝水排放至排水管道中。

(2)送风设施

集中式系统用送风干管和支管将空调机出口与空调房间的各种空气分布器(如侧送风口、散流器等)相连,向空调房间送风。风机出口处宜设消声静压箱,各风管应设风量调节阀。

(3)回风设施

对单个采用集中式系统的空调房间,若机房相邻或间隔在房间内部时,可在空调房间与机房的间墙上开设百叶式回风口,利用机房的负压回风。若集中式系统向多个房间送风,或不便直接利用机房间墙上回风口回风时,应在各空调房间内设置回风口,通过回风管与机房相连采集回风。必要时可在回风管道中串接管道风机保证回风(需注意防止噪声)。

(4)排风设施

空调房间一般保持不大于 50 Pa 的正压。若门窗密封性差,或开门次数多,门上又不设风幕机时,可利用门窗缝隙渗漏排风。空调房间的门窗一般要求具有较好的密封性,需要在房间外墙上部设带有活动百叶的挂墙式排风扇排风;或者开设排风口连接排风管,用管道式风机向室外集中排风。

(5)采集新风设施

有外墙的空调机房,可在外墙上开设双层可调百叶式新风口,利用机房负压采集新风。若机房无外墙,则需敷设新风管串接管道风机从室外采集新风。

(6)调节控制装置

除空调机自身已配有的控制装置外,还应根据需要装配其他调节控制器件与电路。例如,采用水冷式冷凝器的独立式空调机,应装设控制冷却水泵、冷却塔风机和压缩机开停顺序(包括必要的延时)的联锁保护和控制电路;非独立式空调机,需在空调房间设挂墙式感温器,并在空调机表面式换热器回水管路上设可按比例调节的电动二通阀,以根据室温变化自动调节流经换热器的冷热水流量。

2)一次回风集中式空调系统的分区设置

(1)面积较大的房间

对于一间面积较大的空调房间,由于一台空调机能供给的风量、冷量或热量和风机的机外余压有限,往往需要设置几台空调机,让每台空调机只负责向房间的一部分区域送风。这种情况下分区应考虑:

①与防火分区力求一致。

②管道布置方便。

③采集新风和回风方便。

值得注意的是,中等风量的空调机市场较大,供货较及时,相对也较便宜,而大风量的空调机往往需要定制。一台大风量空调机的价款甚至可能比两台约50%风量的造价还要高;另一方面,大风量的空调机噪声较大,风管截面积也较大,影响吊顶安装高度。因此,设计者从方便和经济角度考虑,可以采用多台空调机,并且进行分区设置系统。

(2)同一楼层有几个不同功能的大面积房间

若同一楼层有餐厅、商场、展览厅和大堂等,它们的室内空气设计状态、热湿比和使用时间不尽相同,所以应按房间的使用功能分区设置集中空调系统。宾馆式建筑和大型多功能综合楼,其大堂往往是24 h开放的,最好能独立设置空调系统。

(3)按楼层分区设置系统

当使用功能不同的大面积房间分别布置在不同楼层时,如果能够采用集中式空调系统,则可按楼层分区设置集中式空调系统。对于高层建筑,新风空调机组或新风风机通常设置在专用的设备层内。如果某层的空调面积太大,还可再划分小区设置系统;如果每层采集新风有困难,可在屋面设置新风空调机组或新风风机统一采集新风,再通过竖向布置的新风管道分送至各层空调机房。

2.3 供暖系统

在暖通空调系统中,供热是指向建筑提供热量,包括向房间提供暖气和卫生热水,而供暖特指向房间提供暖气。本节所涉及的供暖系统具体是指除末端设备为空调设备的其他供暖系统。在严寒地区、寒冷地区及夏热冬冷地区,冬季为房间提供热量的主要是供暖系统。按照供暖方式的不同,可以分为热媒介质供暖系统、电供暖系统、燃气供暖系统。

2.3.1 热媒系统供暖

热媒系统供暖的常用热源为锅炉。在采用区域集中供暖的地区,目前的主要设备仍然是燃煤锅炉(小型燃煤锅炉逐渐被其他清洁能源方式代替)。不管是何种热源方式,在供暖系统中的末端设备主要为散热器、辐射板及暖风机等,其热媒一般为蒸汽或热水。

散热器通过其壁面,主要以对流传热的方式向房间传热。散热器的主要类型有:按其材质分,主要有铸铁、钢制散热器两大类;按其结构形式分,主要有柱型、翼型、管型、平板型等。散热器的优点主要是安装价廉,维护工作量少。

钢制辐射板是利用钢管或铸铁管的水路连接到辐射表面,板的背面隔热以减少后面的辐射。其优点是无移动部件,需要很少的维护工作,可装在温度较高或较低的地方。其缺点是必须安装在一定的高度以上,以避免强烈的辐射,如高于头部许多。所以,钢制辐射板主要应用于高大工业厂房,也用于大空间的民用建筑,如商场、体育馆、展览馆、车站等。

暖风机是由通风机、电动机及空气加热介质组成的联合机组。加热介质可利用蒸汽或热水。风机可采用轴流式或离心式。其优点有:100%的对流换热,是比较经济的供暖方式之一,反应

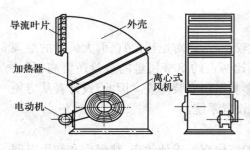

图 2.18　离心式暖风机示意图

快,入口可设新风过滤。其缺点是必须对每台暖风机单独供电。图 2.18 为离心式暖风机示意图。

目前,低温辐射采暖是一种舒适度高的采暖方式。将采暖管道安装在辐射表面的里面,如顶棚、墙面或地板内。其主要形式为地板辐射采暖或墙面、顶板辐射采暖。由于低温辐射采暖的介质温度要求在 30~60 ℃,比散热器规定的高温热水低 35~65 ℃,因此既可以利用城市集中供热系统,又可以利用可再生能源实现供暖、供冷的技术优势。低温辐射采暖不需要传统散热器,使供暖房间整洁,同时低温辐射采暖给人以脚暖头凉的感觉,这种感觉与对流传热形成的头热脚凉的感觉相比,控制人体的舒适感受度可以低 1~3 ℃。因此,在采用低温辐射采暖的室内,较低的温度即可达到对流采暖的人体舒适度效果。低温辐射采暖的辐射传热方式与对流方式加热室内空间相比,可降低热损耗,提高热效率,热稳定性好,缺点是初次达到供暖要求的时间较长。低温辐射采暖系统的结构一般包括以下几个部分:支撑体(混凝土地板或墙面)、保温层、采暖管道、保护层和覆盖层,如图 2.19 所示。

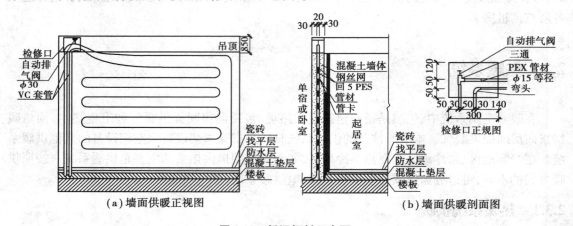

（a）墙面供暖正视图　　　　　　　　　　　　（b）墙面供暖剖面图

图 2.19　低温辐射示意图

2.3.2　电供暖系统

电供热设备被安装在需要加热的空间,输入电功率按照一定效率转化成室内热量。目前,在我国应用较多的主要有高温辐射加热系统和低温辐射加热系统。

高温辐射加热系统利用高温状态下发射红外线进行供暖,其辐射表面温度在 500 ℃ 以上。由设在抛光反射器前面的高温元件组成,元件可以是石英或金属护皮电热丝(高达 900 ℃)或石英晶体灯(高达 2 000 ℃)。其优点是反应迅速,很少维护。其缺点是必须安装在一定的高度以免局部高强度辐射,如高过头部等。

低温辐射加热系统的加热元件通常有电热膜、加热电缆、电热板等。电暖铺设非常灵活,可单独安装局部区域。通过科学的采暖设计和精确的温控器调节,可使电暖的实际运行成本大幅度降低。

低温辐射电热膜供暖系统以电热膜为加热体,配以独立的恒温控制器组成。电热膜是一种电阻式电热片,可安装在顶棚上、墙壁中、地板下的绝热层和装饰板之间。它可以卷曲,并可以长期工作在130 ℃以下。

加热电缆供暖系统主要由碳纤维加热电缆线、温控器、电缆等组成。加热电缆的使用范围非常广泛,除可作为民用建筑的辐射供暖外,还可用作蔬菜水果仓库等的恒温、农业大棚和花房内的土壤加温、草坪加热、机场跑道、路面除冰、管道伴热等。

电热板由纯电阻电路构成的电热元件与特制的材料所组成,使用时配以温控器,可以顶棚安装、地板安装、墙壁或墙裙安装、蓄热式地下敷设安装等。

以上方式均是以红外线直接为人、地板和其他物质表面进行供暖。当红外线辐射一个物体表面或地板时,红外线能量能被转化成热量,地板变成一个巨大的低温辐射发射器。辐射温差决定辐射能量传递的速率。在许多安装应用中,地板温度将会比环境温度高出5~10 ℃。在房间供暖过程中,冷空气流过地板表面,增加暖空气的对流,同时暖空气在室内上升。暖空气在一个持续的循环中被冷空气所取代,在建筑内冷空气温度逐渐升高,最终形成舒适的环境。

2.3.3 燃气红外线辐射供暖系统

燃气红外线辐射供暖的工作原理为燃烧天然气、液化天然气或液化石油气,加热辐射金属管、板或陶瓷板,使其产生辐射为采暖区供暖。燃气辐射器金属管中平均温度为180~550 ℃,其辐射供暖效率可达90%以上。

在敞开或半敞开的场地供暖,燃气辐射器有较好的优越性,能实现完全自动化工作,具有调节灵活,热惰性小,无效热损失少,减少灰尘和其他有害物在房间里飞扬,工作无噪声,安装工期短等优点。

2.4 通风、防排烟系统

严格意义上的通风系统是一个广义的概念。空调系统中的风系统实际也是一种通风系统。一般情况下,将无温度湿度调节设备的机械送排风系统称为通风系统。通风系统具备满足卫生条件以及建筑安全两种服务功能。一个完整的通风系统由风机、管道、阀门、送风口、排烟口、隔烟装置及风机、阀门与送风口或排风口的联动装置等组成。本节重点介绍通风系统的主要设备。

2.4.1 风机

风机是通风系统中的主要设备。送、排风系统中,主要采用轴流风机、混流风机、离心风机等通风机;排烟系统中采用的排烟风机则宜采用能保证在280 ℃时连续工作30 min 的离心风机。近年生产的轴流式高温排烟专用风机,在应用上具有更多的灵活性。

1) 离心式通风机

离心式通风机主要由叶轮、机壳、进风口、出风口及电机等组成。如图2.20 所示,叶轮上有一定数量的叶片,叶片可以根据气流出口的角度不同,分为向前弯、向后弯或径向的叶片,叶轮固定在轴上由电机带动旋转;风机的机壳为一个对数螺旋线形蜗壳。

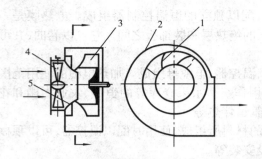

图 2.20　离心通风机简图
1—叶片;2—机壳;3—叶轮;
4—导流器;5—集流器

如图 2.20 所示,气体经过进气口轴向吸入,然后气体约折转 90°流经叶轮叶片构成的流道间,而蜗壳将叶轮甩出的气体集中、导流,从通风机出口或出口扩压器排出。当叶轮旋转时,气体在离心风机中先为轴向运动,后转变为垂直于风机轴的径向运动,当气体通过旋转叶轮的叶片间时,由于叶片的作用,气体随叶轮旋转而获得离心力。在离心力的作用下,气体不断地流过叶片,叶片将外力传递给气体而做功,气体则获得动能和压力能。

离心式通风机按压力来分,分为低压($H \leqslant 1\ 000$ Pa)、中压($1\ 000 < H \leqslant 3\ 000$ Pa)、高压($H > 3\ 000$ Pa)。

2)轴流式通风机

在轴流式通风机中,空气是沿轴向流过风机的,装有叶片的叶轮安装在圆风筒内,另有一个钟罩形入口,用来避免进风的突然收缩。当叶轮由电机带动旋转时,空气由钟罩形入口(集流器)进入叶轮,在叶片的作用下空气压力增加并沿轴向流动,至排出口排出。

轴流风机的叶片通常采用机翼型的,也有圆弧薄板型的。有些风机叶片的安装角度是可以调整的,调整叶片安装角度能改变风机的性能。

轴流式通风机产生的风压没有离心通风机那样高,但可以在低压下输送大量的空气。轴流通风机产生的噪声通常比离心通风机要高。

轴流式通风机按压力分,可分为低压($H \leqslant 500$ Pa)、高压($H > 500$ Pa)。

3)混流式通风机

这种通风机的叶轮轮毂和主体风筒之间的气流通道的子午截面尺寸为圆锥形(见图2.21,混流式通风机气流通道),气流在子午面中获得加速。因此,混流式通风机又称为子午加速轴流通风机。混流式通风机兼有轴流式和离心式通风机的优点。

4)筒形离心风机

筒形离心风机(又称管道离心风机,见图 2.22)是采用具有后弯式叶片的离心风机叶轮,将排

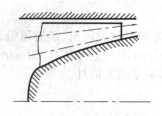

图 2.21　混流式通风机气流通道

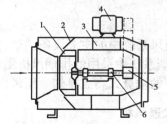

图 2.22　筒形离心风机
1—叶轮;2—挡板;3—导叶;
4—电机;5—皮带轮;6—轴承

出的气流通过轴向出口输出。这种风机的特点如下:结构简单,无蜗壳。气流方向与叶轮轴心相同,装置所占空间较小。性能曲线平坦,风压比轴流风机和多叶前向离心风机高,其噪声较低。

2.4.2 附属配件

在通风系统中,阀门是通风系统中起到调节风量、排烟过程中关断风路的作用;风口起到分配风量的作用。常用的风阀有对开多叶调节阀、插板阀、防火阀等。常用的风口有单、双层百叶风口,自垂百叶,电动排烟风口等。其中,防火阀和电动排烟风口是防排烟系统中重要的配件。

1)防火阀

典型的防火阀工作原理是利用易熔合金的温度控制,利用重力作用和弹簧机构的作用关闭阀门的。新型产品中亦有利用记忆合金产生形变使阀门关闭的。防火阀门按其功能可分为:排烟阀、排烟防火阀、防火调节阀、防烟防火调节阀等多种结构。图 2.23 为重力式防火阀构造图。

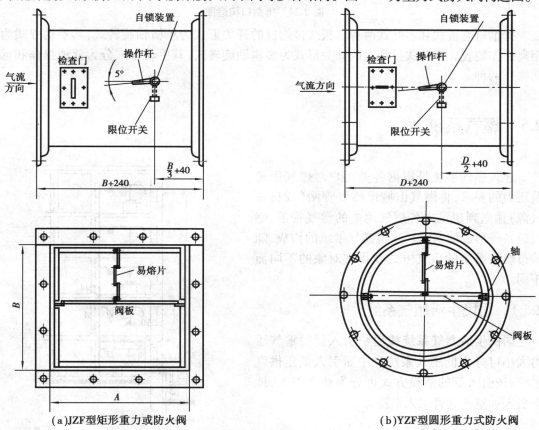

(a)JZF型矩形重力或防火阀   (b)YZF型圆形重力式防火阀

图 2.23 重力式防火阀构造图

2)排烟风口

排烟风口主要由排烟阀和风口面板组成,排烟风口装于烟气吸入口处,平时处于关闭状态,只有在发生火灾时才根据火灾烟气扩散蔓延状态予以开启。开启动作可手动或自动,手动又分为就地操作和远距离操作两种。自动也可分为烟(温)感电信号联动(烟感器作用半径不大于 10 m)和温度熔断器动作两种。温度熔断器动作温度通常用 280 ℃。排烟口动作后,可通过手动复位装置或更换温度熔断器予以复位,以便重复使用。图 2.24 为排烟口构造图。

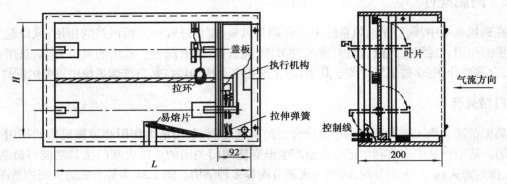

图 2.24　排烟口构造图

排烟口有板式和多叶式两种。板式排烟口的开关形式为单横轴旋转式,其手动方式为远距离操作装置。多叶式排烟口的开关形式为多横轴旋转式,其手动方式分为就地操作和远距离操作两种。

2.5　燃气系统

建筑燃气系统是根据各类用户对燃气用量及压力的要求,将燃气由城市燃气管网(或自备气源)输送到建筑内各燃气用具的燃气管道、燃气设备等形成的系统。建筑燃气系统的构成,随城市燃气系统的供气方式及供气对象的不同而不同。

2.5.1　居民生活燃气系统

居民生活燃气系统按用户引入管的输气压力大小可分为低压入系统和中压引入低压供气系统;按引入管的敷设方式可分为地上引入,地下引入和室外立管引入系统。

1)低压引入系统

低压引入系统是指庭院内的低压燃气管道直接进入楼栋内,经室内燃气管道系统将低压燃气供应居民生活用户。如图 2.25 所示,用户引入管 1 从楼前低压燃气管道将燃气引入室内,再

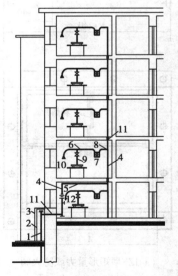

图 2.25　低压引入系统管道系统
1—用户引入管;2—砖台;3—保温层;4—立管;
5—小平干管;6—用户支管;7—燃气计量表;
8—表前阀门;9—燃气灶具连接管;10—燃气灶;
11—套管;12—燃气热水器接头

经立管 4，水平干管 5 和用户支管 6 将燃气输送到各楼层的居民厨房，通过灶具连接管 9 将燃气输入燃气灶具。用户支管上安装燃气表 7 对燃气用量进行计量。引入管末端应安装总控制阀对管道系统的供气进行控制。此外，还应设用户控制阀和灶具控制阀。室内燃气管道系统的控制阀一般采用球阀，也可采用旋塞阀。图 2.25 所示的引入管敷设方式为地上引入，即引入管在建筑物外墙垂直伸出地面，在距室内地面一定高度的位置引入室内，北方冰冻地区，冰冻线以上的引入管应做保温处理。

2）中压引入低压供气系统

中压引入低压供气系统是指庭院内的中压燃气管道敷设至楼前或直接引入楼栋内，经调压箱，(或调压器)调至低压，再经室内燃气管道输送至居民生活用户。根据调压箱(调压器)的安装位置，又分楼栋调压箱式和中压直接引入式。

（1）楼栋调压箱式

楼栋调压箱式的中压引入低压供气系统，如图 2.26 所示。埋地敷设的中压庭院支管 1 与设在楼栋前或悬挂固定在楼栋外墙上的调压箱 2 入口侧相连接，燃气经调压箱内的调压器 3 调至低压后，经调压箱出口侧的低压燃气管道系统 4，引入管 5 将低压燃气引入室内，由燃气立管 6 输送到各楼层的居民生活用户。图中 7 为安全阀，8 为放散管。一般情况下，一个用户引入管上设置一个调压箱，也可以 2~3 栋楼设置一个调压箱，调压箱的供气能力应视用户数量而选定。

（2）中压直接引入式

中压直接引入式的中压引入低压供气系统，如图2.27所示。中压庭院支管的燃气经引入管 1 直接引入室(楼)内，在中压引入管末端设置用户调压器(或调压箱)4，低压燃气经室内低压燃气管道系统 5 输送至楼栋内各居民生活用户。图中 2 为总控制阀，3 为活接头，引入管敷设方式为地下引入，即引入管在地下穿建筑物外墙后垂直伸出室内地面。该系统的中压燃气已经进入楼栋内，必须加强安全管理。

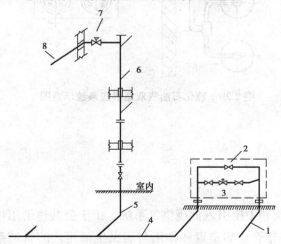

图 2.26　楼栋调压箱式管道系统

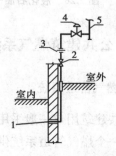

图 2.27　中压直接引入式管道系统

1—支管；2—调压箱；3—调压器；4—燃气管道；
5—引入管；6—立管；7—安全阀；8—放散管；

3) 室外立管引入供气系统

这种燃气管道系统是将立管沿楼栋外墙垂直布置,从立管上接出水平支管穿外墙直接进入各楼层的居民厨房,即用户引入管代替用户支管。这种燃气管道系统构造简单,便于施工维修,供气安全,但对北方具有冰冻期的地区,不适于输送含有冷凝水或其他冷凝液的城市燃气。

4) 液化石油气的钢瓶供应系统

对于具有区域性集中汽化站的液化石油气供应,可以采用上述燃气管道系统。液化石油气的主要供气方式是采用钢瓶向居民生活用户供气,有单瓶供应和双瓶供应两种方式。

(1) 单瓶供应

如图 2.28 所示,燃气灶具置于厨房内,钢瓶可放在厨房内,也可置于紧邻厨房的阳台或室外,但燃具和钢瓶等不允许安装在卧室内,没有通风设备的走廊,以及地下室或半地下室内。耐油胶管长度不得大于 2 m。用户使用时应密切注视胶皮管是否损伤以及调压器、燃具、钢瓶等接头的严密性。钢瓶应与燃具、采暖炉等保持 1 m 以上的距离。

(2) 双瓶供应

如图 2.29 所示,一个钢瓶供气,另一个钢瓶备用。若两个钢瓶中间的调压器具有自动切换功能,一个钢瓶的液化石油气用完后能自动接通备用钢瓶。室外钢瓶最好置于不可燃材料制作的柜(箱)内。双瓶供应方便用户,提高了液化石油气利用率。

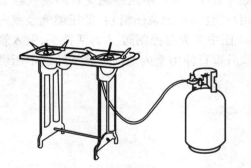
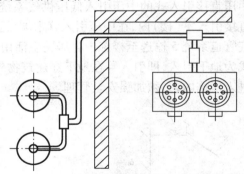

图 2.28　液化石油气单瓶供应　　　　图 2.29　液化石油气双瓶供应系统示意图

2.5.2　公共建筑燃气系统

1) 燃气管道系统

公共建筑用户一般采用低压引入供气系统和中压引入低压供气系统。由于公共建筑用户一般为一个燃气管道系统供应一户,所以各部分管道的布置和作用与居民生活用户的管道系统略有区别。图 2.30 为小型公共建筑燃气管道平面及系统图,用户引入管 2 与燃气表 3 直接连接,当燃气表的额定流量大于 40 m³/h 时,一般应设旁通管 4,燃气经水平干管 5,燃气炉具连接管 6、炉前管 7,燃烧器控制阀 8 送至燃烧器 9(或 10,12)。系统中应设点火装置和熄火保护装置。对于多楼层的燃气管道系统,可以设立管将燃气输送至各楼层。

2)液化石油气瓶库燃气管道系统

利用液化石油气钢瓶对公共建筑用户供燃气时,因用户的用气量大,需建立储气瓶库,以瓶库为气源,通过管道系统将燃气输送至燃气炉灶。液化石油气瓶库又称为瓶组站,当钢瓶的液化石油气总容量不超过 1 000 L 时,可设在用户建筑物的专用库房内,否则应将瓶组设于专用的单独建筑物内,单独建筑物与其他建筑物应保持一定的防火距离。钢瓶在瓶库内可单排布置,也可双排布置,但应分清使用瓶组和备用瓶组。当使用瓶组用完后送至液化气灌瓶厂灌装时,备用瓶组改为使用瓶组,两组相互交替。钢瓶之间用管道连接,两组之间的管道末端连接调压器,将气相液化石油气压力降至低压送至各燃气炉灶,调压器最好具有自动切换功能。瓶库内应有直接通往室外的门窗,室温在 5~45 ℃,具有良好的通风条件,建筑结构及电器设备等应符合防火防爆要求。图 2.31 为在建筑物内设置瓶库的燃气管道平面图。

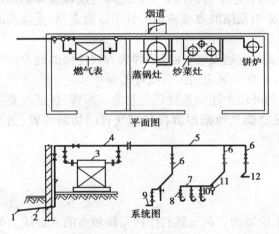

图 2.30 公共建筑燃气管道平面图及系统图

1—庭院管道;2—入户引入管;3—燃气表;4—燃气表旁通管;
5—水平干管;6—炉灶连接管;7—炉前开关;8—燃烧器控制阀;
9—接蒸锅灶;10—接炒菜灶;11—点火开关;12—接饼炉

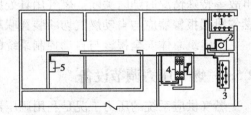

图 2.31 瓶库为气源的燃气管道平面图

1—液化石油气瓶库;2—大锅灶;3—炒菜灶;
4—西餐灶;5—烤炉

2.5.3 高层建筑燃气系统

1)普通高层建筑燃气管道系统

普通高层建筑燃气管道系统应考虑 3 个特殊的问题。

（1）补偿高层建筑的沉降

高层建筑物自重大,沉降量显著,易在引入管处造成破坏,可在引入管处安装伸缩补偿接头以消除建筑物沉降的影响。伸缩补偿接头有彼纹管接头、套筒接头和软管接头等形式。

（2）克服高程差引起的附加压头的影响

燃气与空气密度不同时，随着建筑物高度的增大，附加压头也增大，而民用和公共建筑燃具的工作压力是有一定的允许压力波动范围。当高程差过大时，为了使建筑物上下各层的燃具都能在允许的压力波动范围内正常工作，应采取相应措施以克服附加压头的影响。

（3）补偿温差产生的变形

高层建筑燃气立管的管道长、自重大，需在立管底部设置支墩。为了补偿由于温差产生的胀缩变形，需将管道两端固定，并在中间安装吸收变形的挠性管或波纹管补偿装置。

2) 超高层建筑燃气管道系统

对于建筑的高度超过 60 m 的超高层建筑，除了考虑在普通高层建筑上采用的措施以外，还应注意以下问题：

①为防止建筑沉降或地震及大风产生的较大层间错位破坏室内管道，除了立管上安装补偿器以外，还应对水平管进行有效的固定，必要时在水平管的两固定点之间也应设置补偿器。

②建筑中安装的燃气用具和调压装置，应采用黏结的方法或用夹具予以固定，防止地震时产生移动，导致连接管道脱落。

③为确保供气系统的安全可靠，超高层建筑的管道安装，在采用焊接方式连接的地方应进行 100%的超声波探伤和 100%的 X 射线检查，检查结果应达到 Ⅱ 级片的要求。

④在用户引入管上设置切断阀，在建筑物的外墙上还应设置燃气紧急切断阀，保证在发生事故等特殊情况时随时关断。燃气用具处应设立燃气泄漏报警器和燃气自动切断装置，而且燃气泄漏报警器应与自动燃气切断装置联动。

⑤建筑总体安全报警与自动控制系统的设置。

2.5.4　燃气压力调节设备

燃气供应系统的压力工况是利用调压器来控制的。调压器的作用是将较高的入口压力调至较低的出口压力，并根据燃气需用量的变化自动保持其出口压力为定值。

通常调压器按作用方式分为直接作用式和间接作用式两种。直接作用式调压器只依靠敏感元件（薄膜）所感受的出口压力的变化移动调节阀门进行调节，敏感元件即传动装置的受力元件，使调节阀门移动的能源是被调介质。在间接作用式调压器中，燃气出口压力的变化使操纵机构（如指挥器）动作，接通能源（外部能源或被调介质）使调节阀门移动。间接作用式调压器的敏感元件和传动装置的受力元件是分开的。按用途或使用对象可分为区域调压器、专用调压器及用户调压器。按进出口压力分为高高压、高中压、高低压，中中压、中低压调压器及低低压调压器等。

建筑燃气系统常用的调压器一般为直接作用调压器，常用的有液化石油气减压器、用户调压器（箱）、区域调压柜等。

1) 液化石油气减压器

目前，常用的 YJ-0.6 型液化石油气减压器是一种小型家用调压设备，如图 2.32 所示。它直接连接在液化石油气钢瓶的角阀上，流量在 0~0.6 m³/h，能保证有稳定的出口压力，工作安全可靠。这种减压器属于高低压调压器,其技术性能为进口压力 20~1 000 kPa,出口压力为2.8 kPa,关闭压力为 3.5 kPa,使用温度为−20~+50 ℃。

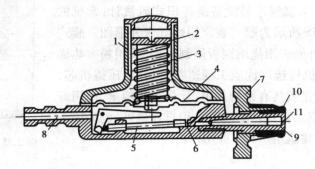

图 2.32　YJ-0.6 型液化石油气减压阀

1—壳体;2—调节螺钉;3 调节弹簧;4—薄膜;5—横轴;6—阀口;

7—手轮;8—出口;9—入口;10—胶圈;11—滤网

2)用户调压器(箱)

用户调压器(箱)适用于集体食堂、饮食服务行业、用量不大的工业用户及居民点,可以将用户和中压管道直接连接起来,便于进行"楼栋调压",属于用户调压器,如图 2.33 所示。该调压器可以安装在燃烧设备附近的挂在墙上的金属箱中,也可作为楼栋调压安装在箱式调压装置中。

3)区域调压柜

该调压设备可将净化、调压器、计量、记录等装置安装于金属柜中,具有区域调压站的调压和计量的功能,占地面积小,外形美观,安装维护方便的优点,可作为居民小区、大型公共建筑、直燃设备等用气量大的用户的调压设备。如图 2.34 所示为调压柜外形图。

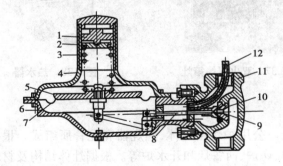

图 2.33　用户调压器　　　　　　　　　　图 2.34　调压柜

1—调节螺丝;2—定位压板;3—弹簧;4—上体;5—托盘;6—下体;

7—薄膜;8—横轴;9—阀垫;10—阀座;11—阀体;12—导压管

2.5.5　燃气计量设备

燃气计量表主要用于燃气流量测量,燃气测量计量一般是测量体积流量,常用的测量仪表有容积式流量计、速度式流量计、差压式流量计、涡街式流量计等。

建筑燃气系统常用燃气计量设备是容积式流量计,常见的有膜式计量表,图2.35所示为膜式表家用燃气表外形图。膜式表的结构为装配式,外壳多用优质钢板压制成型,采用粉末热固化涂层,阀座及传动机构选用优质工程塑料,铝合金压铸机芯,合成橡胶膜片。该计量表具有结构简单,计量容积稳定,使用寿命长,便于维修等优点。膜式表除用于民用户计量外,也适用于燃气用量不大的公共建筑用户和工业用户。

图2.35 家用燃气表

2.5.6 燃气用具

1)居民生活用燃气用具

一般居民生活用燃气用具包括单眼灶、双眼灶、烤箱灶、热水器等,随着燃气工业的发展和居民生活水平的提高,燃气饭煲、燃气火锅、液化石油气旅行灶、家用燃气烤箱、燃气辐射采暖炉、燃气冰箱、燃气空调等居民生活用新型燃气器具应运而生。图2.36为双眼灶外形图,图2.37为双眼烤箱灶外形图,图2.38为热水器外形图。

图2.36 双眼灶　　　　图2.37 双火眼烤箱灶　　　　图2.38 热水器

2)公共建筑燃气用具

公共建筑用户的燃气炉灶简称公用炉灶。公用炉灶由灶体,燃烧器和配管所组成。根据公用炉灶的用途可分为蒸锅灶、炒菜灶、饼炉、烤炉、西餐灶和开水炉等。根据灶体结构及材料分为砌筑型炉灶和钢结构装配型炉灶。

公共建筑用的燃气炉灶种类繁多,除此之外还有烤鸭炉、烤乳猪炉、炸锅、烤板灶、燃气蒸箱、燃气烤箱、自动沸水器、燃气采暖炉,茶浴两用炉等。

图2.39为蒸锅灶外形图,图2.40为四眼炒菜灶外形图。

图 2.39 蒸锅灶

图 2.40 炒菜灶

思考题

2.1 试阐述以宾馆作为主要功能的建筑,含有哪些设备系统。

2.2 根据建筑功能,如何确定集中空调系统和半集中空调系统? 阐述其优缺点。

2.3 不同类型的锅炉,如何进行选型满足建筑功能的需求?

2.4 试阐述不同冷水机组的适应条件。

2.5 采用燃气空调机的机房,其泄漏报警系统如何设计?

3

建筑水电系统

3.1 建筑给排水系统

3.1.1 建筑给水系统介绍

建筑给水系统是根据各类用户对水量、水压的要求,将水由城市给水管网(或自备水源)输送到装置在建筑中的各种配水设施、设备机组和消防设备等各用水点而形成的系统。建筑给水系统按用途基本分为四类:

①生活给水系统:专供饮用、洗脸、盥洗和其他生活用水的系统。要求系统严密清洁,水质符合饮用水标准,主要用在住宅和公共建筑中。

②生产给水系统:专供生产设备用水、生产工艺用水,如锅炉用水、冷却用水、漂洗用水等。水质、水量取决于生产性质和工艺要求,用水量一般较大,用于工矿企业生产装置中。

③消防给水系统:专供消防设备和特定消防装置的用水,水质要求不高,但贮水量要求大,一次用水量大。

④混合供水系统:根据建筑物的用水性质,将上述几种供水系统两两结合在一起的供水系统,如生活、消防给水系统,生产、消防给水系统等。

除高层建筑物和消防要求较高的大型建筑物及生产性建筑物外,一般应采用混合给水系统。其供水方式可以分为串联式、减压式、并联式、室外高、低压给水管网直接供水四种形式。

1)生活给水系统

(1)生活冷水系统

生活冷水系统是高层建筑给水系统的主要组成部分,也是高层建筑中使用范围最广、用水量最大的一种给水系统。

生活冷水系统一般用于盥洗、淋浴洗涤、烹调和改用等用水,同时也作为其他几种给水系统的水源。其水质应符合国家《生活饮用水卫生标准》(GB 5749—2006)的要求,并应具有防止水质污染的措施。

(2)生活热水系统

在标准较高的旅馆、公寓、医院等高层建筑中,生活热水系统通常是不可缺少的给水系统之一。

生活热水主要用于卫生间、洗衣房、厨房、餐厅和浴室,水质除应符合《生活饮用水卫生标准》(GB 5749—2006)的有关规定外,对水中的硅酸盐硬度也有一定的要求。

(3)饮用水给水系统

在建筑物中,由于建筑物的性质和用户的饮水习惯不同,其饮用水给水系统的供应方式也不相同,有集中或分散供应的开水供应系统和冷饮水系统(即将自来水经进一步消毒和深度处理后,通过饮水喷头供应至各用水点的冷饮水系统)。

上述两种饮用水供应方式中,冷饮水主要用于以接待外宾为主的旅游宾馆、公寓及大型公共建筑。为了保证饮用更加安全可靠,一般应对自来水进一步进行必要的过滤、活性炭吸附和灭菌消毒处理。

(4)杂用水给水系统(又称为中水给水系统)

中水是将洗涤、淋浴、冷却水等生活废水加以适当处理,除去废水中的无机物和不良气味等,同时,降低色度,再用于厕所冲洗水、空调冷却水、道路清扫水、绿化浇洒水、冲洗汽车用水等。使用中水给水系统可节约生活用水量,减少环境污染,保护水体,因而具有节省水资源、节省能耗和环境效益等功能。

一般情况下,建筑内部生活给水系统由下列各部分组成:

①引入管:对一幢单独建筑物而言,引入管是室外给水管网与室内管网之间的联络管段,也称进户管。对于一个工厂、一个建筑群体,一个学校区,引入管是指总进水管。通常情况下,它要穿过建筑物承重墙或基础。

②水表节点:水表节点是指引入管上装设的水表及其前后设置的闸门、泄水装置等总称。闸门用以关闭管网,以便修理和拆换水表,泄水装置用于检修时放空管网,检测水表精度及测定进户点压力值。分户水表设在分户支管上,可只在表前设阀,以便局部关断水流。为了保证水表的计量准确,在翼轮式水表与闸门间应有 8~10 倍水表直径的直线段,其他水表约为300 mm,以使水表前水流平稳。

③管道系统:管道系统是指建筑内部给水的水平或垂直干管、立管、横支管等。在高层建筑中,管道系统应考虑分区。

④给水附件:给水附件通常分为配水附件和控制附件两类。配水附件是指安装在卫生洁具及用水点的各式配水龙头,用于调节和分配水流。如普通水龙头、热水龙头等。

控制附件用于开启和关闭水流,调节水量。常用的有管路上的闸阀、止回阀、浮球阀等。

⑤升压和贮水设备:在室外给水管网压力不足或建筑内部对安全供水、水压稳定有要求时,需设置各种附属设备,如水箱、水泵、气压装置、水池等升压和贮水设备。

室内生活给水系统的组成,如图3.1所示。

2)室内消防给水系统

作为建筑物固定灭火设备,国内外当前有:室内、外消火栓给水系统,自动喷水灭火系统,

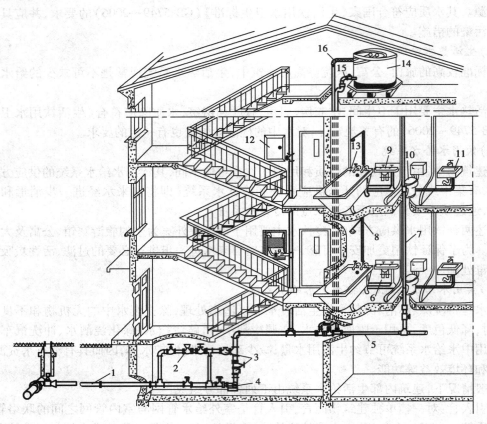

图3.1　室内生活给水系统

1—引入管;2—水表;3—止回阀;4—水泵;5—水平干管;
6—支管;7—立管;8—淋浴器;9—洗脸盆;10—大便器;11—洗涤盆;
12—消火栓;13—浴盆;14—水箱;15—出水管;16—进水管

二氧化碳灭火系统,干粉灭火系统,卤代烷灭火系统,蒸气灭火系统和烟雾灭火系统等。

　　室内消防给水系统主要是指完全用冷水灭火的系统,通常分为室内消火栓灭火系统及自动喷水灭火系统。其系统组成基本和生活给水系统一致,只是增加了室内消防设备。

　　对于室内消火栓灭火系统,根据服务的建筑类型可以分为低层建筑消火栓消防给水系统和高层建筑消火栓消防给水系统。

　　(1)室内消火栓灭火系统

　　①低层建筑消火栓消防给水系统。该系统用于9层及9层以下的住宅(包括底层设置商业服务网点的住宅)、建筑高度不超过24 m的其他民用建筑、建筑高度超过24 m的单层公共建筑以及单层、多层和高层工业建筑。

　　其系统由消防供水水源(市政给水管网、天然水源、消防水池)、消防供水设备(消防水箱、消防水泵、水泵接合器)、室内消防给水管网(进水管、水平干管、消防竖管等)及室内消火栓(水枪、水带、消火栓、消火栓箱等)4部分组成,见图3.2。其中,消防水池、消防水箱和消防水泵的设置需根据建筑物的性质、高度及市政给水的供水情况而定。

　　②高层建筑消火栓消防给水系统。该系统用于10层及10层以上的居住建筑(包括首层

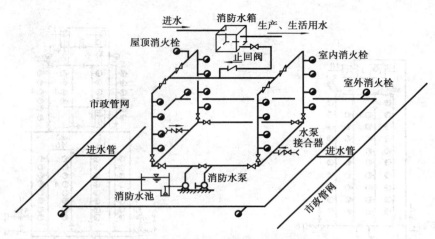

图 3.2 低层建筑消火栓消防给水系统

设置商业服务网点的住宅)和建筑高度超过 24 m 的公共建筑等的室内消火栓给水系统。当高层建筑的建筑高度超过 250 m 时,建筑设计采取特殊的防火措施,应提交国家消防主管部门组织专题研究、论证。高层建筑消火栓消防给水系统按给水服务范围如下:

a.独立的室内消火栓给水系统:每幢高层建筑设置一个单独加压的室内消火栓给水系统。这种系统安全性高,但管理分散,投资较大。在地震区、人防要求较高的建筑物及重要的建筑物内,宜采用这种独立的室内消火栓给水系统。

b.区域集中的消火栓给水系统:数幢或数十幢高层建筑物共用一个加压泵房的消火栓给水系统。这种系统便于集中管理,节省投资,但在地震区可靠性较低。在有合理规划的高层建筑区,可采用区域集中的高压或临时高压消防给水系统。

按建筑高度分类,可分为分区给水方式和不分区给水方式两种消防给水系统,分别见图3.3和图3.4。

按消防给水压力分,可分为高压消防给水系统和临时高压消防给水系统两种消防给水系统。

(2)自动喷水灭火系统

装设在建筑物内的自动喷水灭火系统是一种能自动喷水灭火,并同时发出火警信号的消防灭火系统。它是由水源、供水设备、喷头、管网、报警阀及火灾探测报警系统等组成。

根据统计资料说明:无论国外、国内,自动喷水灭火系统的灭火效率是很高的。因此,一般凡可以用水灭火的建筑物都可以装设自动喷水灭火系统。但是,鉴于我国经济发展现状,自动喷水灭火系统仅要求在重要建筑物内的火灾危险性大、发生火灾后损失大和影响大的部位或场所设置。

自动喷水灭火系统按喷头开、闭形式有闭式自动喷水灭火系统和开式自动喷水灭火系统。前者有湿式、干式和预作用喷水灭火系统之分,后者有雨淋喷水、水幕和水喷雾灭火系统之分。

①闭式自动喷水灭火系统。该系统一般由闭式喷头、管网、报警阀门系统、探测器、加压装置等组成(见图3.5)。发生火灾时,建筑物内温度上升,当室温升高到足以打开闭式喷头上的闭锁装置时,喷头即自动喷水灭火,同时报警阀门系统通过水力警铃和水流指示器发出报警信号、压力开关启动相应给水管路上阀或消防水泵组。

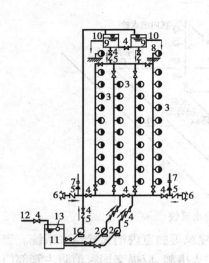

图 3.3 不分区消防栓给水系统

1—生活、生产给水泵；2—消防给水泵；3—消火栓和水泵远距离启动按钮；4—阀门；5—止回阀；6—水泵接合器；7—安全阀；8—屋顶消火栓；9—高位水箱；10—至生活、生产管网；11—蓄水池；12—来自城市管网；13—浮球阀

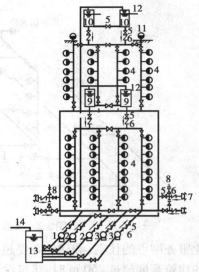

图 3.4 分区消防栓给水系统

1—生活、生产给水泵；2—二区消防给水泵；3—一区消防给水泵；4—消火栓及远距离启动水泵按钮；5—阀门；6—止回阀；7—水泵接合器；8—安全阀；9—一区水箱；10—二区水箱；11—屋顶消火栓；12—至生活、生产管网；13—水池；14—来自城市管网

②开式自动喷水灭火系统。该系统通常用于燃烧猛烈、蔓延迅速的某些严重危险建筑物或场所，一般由火灾探测自动控制传动系统、自动控制雨淋阀系统、带开式喷头的开式自动喷水灭火系统三部分组成（见图 3.6）。系统组件使用说明见表 3.1。

表 3.1 开式自动喷水灭火系统组件

编　号	组件名称	用　途	工作状态	
			平　时	失火时
1	雨淋阀	自动控制消防供水	常　闭	自动开启
2	闸　阀	进水闸阀	常　开	开
3	闸　阀	出水闸阀	常　开	开
4	闸　阀	试水闸阀	常　闭	闭
5	截止阀	淋水管充水	微　开	微　开
6	截止阀	系统放水	常　闭	闭
7	截止阀	系统溢水	微　开	微　开
8	截止阀	系统放气	微　开	微　开
9	截止阀	传动管网检修	常　开	开
10	小孔闸阀（孔 3 mm）	传动系统补水	阀闭孔开	阀闭孔开
11	截止阀	检　修	常　开	开
12	截止阀	检　修	常　开	开
13	止回阀	传动系统稳压	开	开
14	漏　斗	排　水	排　水	排　水

续表

编 号	组件名称	用 途	工作状态	
			平 时	失火时
15	压力表	测供水管水压	两压力表相等	水压大
16	压力表	测传动管水压		水压小
17	截止阀	传动管注水	常 闭	闭
18	截止阀	检修	常 开	开
19	电磁阀	电动控制	常 闭	开
20	供水干管	供水	供 水	供 水
21	水嘴	试水	关	关
22	配水立管	配 水	水满管或空管	均充满水
23	配水干管	配 水		
24	配水支管	配 水		
25	开式喷头	雨淋灭火	不出水	自动喷水
26	淋水器	局部灭火	不出水	自动喷水
27	淋水环	阻火隔火	不出水	自动喷水
28	水幕	阻火灭火	不出水	自动喷水
29	溢流管	淋水管网充水	每秒溢流3滴水	溢 水
30	传动管	传动控制	有压力水	流 水
31	传动阀门	传动管网泄压	常 闭	开 启
32	钢丝绳			
33	易熔锁封	探测火灾	闭 锁	熔 断
34	拉紧弹簧	保持25 kg拉力	拉力为25 kg	拉力为0
35	拉紧连接器			
36	钢丝绳钩子			
37	闭式喷头	探测火灾并泄压	闭 锁	锁封脱落放水泄压
38	手动开关	人工控制泄压	常 闭	人工开启
39	长柄手动开关	冰冻地区室外人控	常 闭	人工开启
40	截止阀	放气用	常 闭	闭
41	感光探测器	开启电磁阀	不动作	动 作
42	感温探测器	开启电磁阀	不动作	动 作
43	感烟探测器	开启电磁阀	不动作	动 作
44	收信机			
45	报警装置			报 警
46	自控箱			
47	水泵接合器		常 闭	开

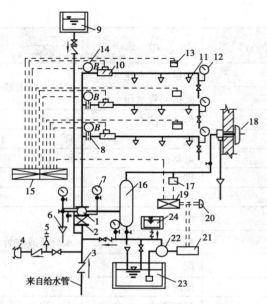

图 3.5　闭式自动喷水灭火系统示意图

1—湿式报警阀;2—闸阀;3—止回阀;4—水泵接合器;5—安全阀;6—排水漏斗;7—压力表;
8—节流孔板;9—高位水箱;10—水流指示器;11—闭式喷头;12—压力表;13—感烟探测器;
14—火灾报警装置;15—火灾收信机;16—延迟器;17—压力继电器;18—水力警铃;
19—电气自控箱;20—按钮;21—电动机;22—水泵;23—蓄水池;24—水泵灌水箱

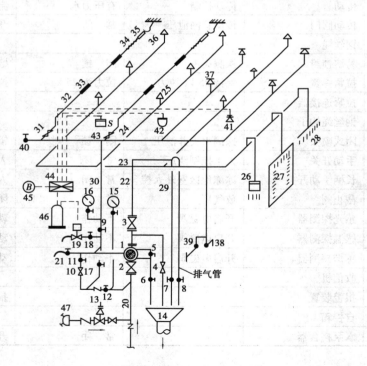

图 3.6　开式自动喷水灭火系统示意图

3.1.2 建筑排水系统介绍

1) 建筑排水系统

根据排放污水的性质,排水系统分为以下三类:

(1)生活污水排水系统

生活污水排水系统是指排放人们日常生活中的盥洗污水和粪便污水的排水系统。污水性质比较单一和稳定。

(2)工业废水排水系统

工业废水排水系统是指排放生产车间的工业用水和工艺用水的排水系统,污水性质较为复杂多变。例如:有的比较清洁可循环使用;有的含有酸、碱、盐或有害有毒物质以及油垢等,需进行处理并达到排放标准才能排放。

(3)雨、雪水排水系统

雨、雪水排水系统是指专门用来排除雨水、雪水的排水系统,性质单一,排量随雪、雨、气候变化而定,一般建筑物的屋面及道路均设置这种排水系统。

2) 排水系统的组成

室内排水系统由卫生器具和排水管网两大部分组成。其中,卫生器具包括大便器、洗脸盆、淋浴器、盥洗池等,排水管网包括卫生器具排水管、排水支管、立管、排出管、通气管及检查设施等部分组成(见图3.7)。各种排水管的具体内容如下:

①卫生器具排水管:卫生器具排水管是指连接卫生器具和排水支管之间的短管(包括存水弯)。

②排水支管:排水支管一般是指将各卫生器具排水管汇集并排送到立管中去的水平支管。

③排水立管:排水立管是指汇集各层排水支管污水并排送至排出管的立管,但不包括通气管部分。

④排出管:排出管是指排水立管与室外第一座检查井之间的连接管。

⑤通气管:通气管是指顶层的排水立管向上延伸出屋面以外的一段排空气管,以及多层建筑、高层建筑中的辅助通气管。

⑥检查设施:检查设施是指对管道系统进行维修管理用的检查口、清扫口和检查井等。

3.1.3 建筑给排水设备和附件

1) 建筑给水主要设备

(1)水泵

不管是生活给水还是消防给水系统中,均需要水泵作主要给水设备。水泵是利用外加能量输送流体的流体机械,是建筑给排水工程乃至建筑环境与设备工程专业中最广泛的动力设备。

根据结构特点,水泵一般分为下列几种类型:

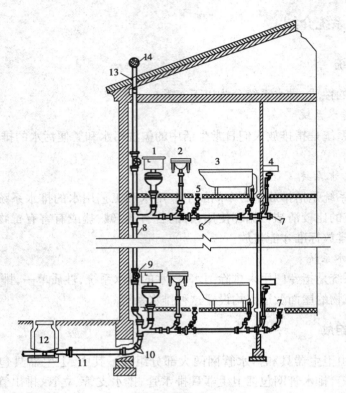

图 3.7　建筑内部排水系统

1—大便器；2—洗脸盆；3—浴盆；4—洗涤盆；5—地漏；6—横支管；7—清扫口；8—立管；

9—检查口；10—45°弯头；11—排出管；12—排水检查井；13—伸顶通气管；14—网罩

①往复式泵：在泵体内由活塞或滑阀作往复运动。

②旋转泵：利用螺杆和齿轮等的旋转推动液体流动，没有离心力。

③离心泵：泵通过一个或多个叶轮转动所产生的离心力推动液体流动。

在建筑设备工程中，离心泵使用相当广泛。离心泵分为单级离心泵和多级离心泵。在离心泵中使用得较多的是单级离心泵，如图 3.8 所示。若需要较高的压力，单级叶轮无法满足要求，可将多片叶轮安装在一个共用的轴上组成多级泵，如图 3.9 所示。

图 3.8　单级单吸离心泵外形图

图 3.9　多级离心泵外形图

泵与驱动电机的连接有以下方式：

①直接耦合式：这种泵由电机通过柔性联轴器驱动，固定于钢或铸铁底座上，有独立的轴

承,通过调节叶轮直径改变流量。

②皮带驱动式:这种泵有独立的轴承,由被装在其侧面滑轨上或装在其上部的电机通过 V 形皮带带动泵以适当的转速运转,以输出所需的能量。

③直联式:特制的加长电机轴伸入泵壳,叶轮直接安装在它上面,泵没有独立的转轴,增加了的轴向推力由电机轴来抵抗,通过改变叶轮直径来调节流量。

图 3.10　管道泵外形图

管道泵(见图 3.10)有以下两种连接方式:

①安装于地板上:这种泵的泵壳上具有位于同一中心线上的入口及出口接头,便于安装。

②安装于管道上:安装于管道上的泵具有位于同一条线上的出入口接头,但是安装在管道上的泵的重量不宜过大。

离心泵以极高的转速利用离心力施加于泵的液体,通过安装在螺旋形蜗壳上的叶轮的转动,可以获得压能。液体直接被吸入旋转的叶轮叶片中并在这里获得了极高的速度,泵壳在设计中通过均匀地增加螺旋蜗形体的面积,或者设置扩散形的导叶,可以最大限度地将动能转化为压能。离心泵可用于各种场所,包括循环或冷热水输送。

水泵的计算和设置应从下列几方面考虑:

①水泵的扬程计算:水泵的扬程应满足建筑物最不利配水点或消火栓等所需的水压和水量。

a.水泵与高位水箱结合供水时的水泵扬程:

$$H_b \geqslant H_s + 0.01\left(H_y + \frac{v^2}{2g}\right) \tag{3.1}$$

式中　H_b——水泵扬程,MPa;

H_y——扬水高度,即贮(吸)水池最低水位至高位水箱入口的几何高差,m;

H_s——水泵吸水管和出水管(至高位水箱入口)的总水头损失,MPa;

v——水箱入口流速,m/s。

b.单独供水时的水泵扬程:

$$H_b \geqslant H_s + 0.01(H_y + H_c) \tag{3.2}$$

式中　H_c——最不利配水点或消火栓要求的流出水头,m。

c.直接从室外给水管网吸水时,水泵扬程应考虑外网的最小水压,同时应按外网可能的最大水压核算水泵扬程是否会对管道、配件和附件造成损害。

②水泵出水量计算:

a.在水泵后无流量调节装置时,如变频调速供水方式,应按设计秒流量计算。

b.在水泵后有水箱等流量调节装置时,一般应按最大小时流量计算。在用水量较均匀,高位水箱容积允许适当加大,且在经济上合理时,也可按平均小时流量计算。

c.采用人工操作水泵运行时,则应根据水泵运行时间计算,即:

$$Q_b = \frac{Q_d}{T_b} \tag{3.3}$$

式中　Q_b——水泵出水量,m^3/h;

　　　Q_d——最高日用水量,m^3/h;

　　　T_b——水泵每天运行时间,h。

③水泵设置:

a.室外管网允许直接吸水时,水泵宜直接从室外管网吸水。但应保证室外给水管网压力不低于0.1 MPa(从地面算起),特别是消防水泵。

b.当水泵直接从室外管网吸水时,应在吸水管上装阀门、止回阀和压力表,并应绕水泵设置装有阀门的旁通管(见图3.11)。

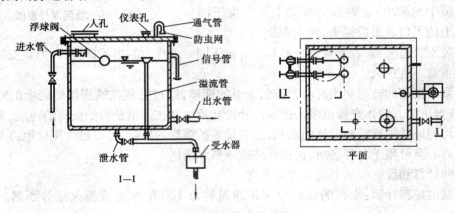

浮球阀　人孔　仪表孔　通气管
进水管　　　　　　　　　　防虫网
　　　　　　　　　　　　　信号管
　　　　　　　　　　　　　溢流管
　　　　　　　　　　　　　出水管
　　　　　　　　　　　受水器
泄水管
I—I
平面

图 3.11　水箱及其附件

c.水泵宜设计成自动运行方式。间接吸水时(如从贮水池),应设计成自灌式。在不可能设计成水泵直接自外部管网抽水时可设计成抽吸式。这时应加设引水装置,以保证水泵正常运行,如底阀、水环式真空泵、水上式底阀和在吸水管上设置阀门等。

d.每台水泵宜设计单独吸水管(特别是消防泵应有单独吸水管),若设计成共用吸水管一般至少2条,并设连通管与每台泵吸水管连接,水泵吸水水平管变径处,应采取偏心异径管并使管顶平。吸水管应有坡向水泵吸入口的坡度。吸水管内水流速度一般为1.0~1.2 m/s。

e.每台水泵出水管上应装设止回阀、阀门和压力表,并宜设防水锤措施,如气囊式水锤消除器、缓闭止回阀等。出水管水流速度一般为1.2~2.0 m/s。

f.备用泵设置应根据建筑物重要性、供水安全性和水泵运行可靠性等确定。一般高层建筑物、大型民用建筑物、居住小区和其他大型给水系统应设备用泵。备用泵容量应与最大一台水泵相同。生产和消防水泵的备用泵设置应按工艺要求和"消防规范"确定。

g.考虑因断水可能会引起事故情况时,除应设备用泵外,还应有不间断电源设施;当电网不能满足时,应设有其他动力备用供电设备。

h.在有安静要求的房间,对其上、下和毗邻的房间内,不得设置水泵;如在其他房间设置水泵时,应采用水泵的隔振措施。

(2)水箱

在生活给水系统中有生活水箱,在消防给水系统中有消防水箱。由于各自功能的不同,其水箱容量不同。在实际工程中,水箱可以独立,也可以合用,但必须保证各自的用水量。

①分类：

a.水箱按形状分有圆形、方形、矩形、球形等不同形式水箱。

b.水箱按水箱材质分有钢筋混凝土、热镀锌钢板、玻璃钢、搪瓷钢板、塑料、不锈钢等不同材质水箱。

c.水箱按承压能力分有非承压(开口)、承压两种。

d.水箱按保温分有保温和不保温两种。

e.水箱按用途分有贮水箱、吸水水箱、膨胀水箱、断流水箱、冲洗水箱、平衡水箱、补水水箱、冷水箱、热水箱等。

②附件：水箱附件一般设有进水管、出水管、溢流水管、泄水管、通气管、水位信号装置、人孔、仪表孔。

a.进水管及浮球阀：进水管一般从箱壁接入。当水箱利用管网压力进水时,进水管入口应装浮球阀。浮球阀数量一般不少于 2 个,且管径应与进水管管径相同。在浮球阀前装设阀门,以便检修。当水箱利用水泵加压供水、并利用水箱水位信号装置自动控制水泵运行时,可不装设浮球阀。

水箱水位上部应留有一定空间,以便安装。浮球阀种类繁多,材质也有多种,可适应不同用途。隔膜式、液压式水位控制阀是使用较广的一种形式。它利用压差原理在小浮球阀动作后启动大的进水阀门。

小浮球阀可安装在水箱(水池)内的高液位以上部位,以控制液面高度。进水阀可另安装在水箱(水池)上或水箱(水池)外部。

b.出水管及止回阀：出水管可从箱壁或箱底接出。出水管内底应高出水箱内底不小于50 mm,并应装设阀门。贮水箱兼作消防贮水时,应有保证消防水量不被动用的措施,如采用液位计控制水泵启动,采用顶上打孔的虹吸管破坏真空而停止出水等。与消防合用的水箱,出水管应设止回阀。当消防时,水箱中出现消防低水位情况应能确保止回阀启动。

c.溢流管：溢流管宜从箱壁接出。管径应比进水管大一级。溢流管上不得装设阀门。溢流管口最好做成朝上喇叭形,沿口应比最高水位高 20~30 mm。其出口处应设网罩,并采取断流排水或间接排水方式。

d.通气管：供生活饮用水的水箱应设密封箱盖,箱盖上应设检修人孔和通气管。通气管可伸至室内或室外,但不得伸到有有害气体的地方。管口应有防止灰尘、昆虫和蚊蝇进入的滤网,一般将管口朝下。通气管上不得装阀门、水封等。通气管不得与排水系统和通风管道连接。

e.泄水管：应从水箱底部接出,并应装阀门。泄水管可与溢流管相连,但不得与排水系统直接连接。

f.水位信号装置：一般应在水箱侧壁上安装玻璃液位计,用以就地指示水位。若水箱液位与水泵连锁,则应在水箱内设液位计。常用的液位计有浮球式、杆式、电容式和浮子式等。液位计停泵液位应比溢流水位低不少于 100 mm,启泵液位应比设计最低水位高不小于 200 mm。

③水箱设置：

a.对非钢筋混凝土水箱应放置在混凝土、砖的支墩或槽钢(工字钢)上,其间宜垫以石棉橡胶板、塑料板等绝缘材料。支墩高度不宜小于 600 mm,以便管道安装和检修。

b.水箱间应满足水箱的布置和加压、消毒设施要求,见表3.2。

表 3.2 水箱布置间距

水箱形式	水箱外壁至墙面的距离/m		水箱之间的距离/m	水箱顶至建筑结构最低点的距离/m
	设浮球阀一侧	无浮球阀一侧		
圆 形	0.8	0.5	0.7	0.6
方形或矩形	1.0	0.7	0.7	0.6

注:在水箱旁装有管道时,表中距离应从管道外表面算起。

水箱间应有良好的通风条件,室内气温应大于 5 ℃。水箱间高度应满足水箱顶距梁下不小于 600 mm 的空间。

c.水箱应设人孔密封盖,并应设保护其不受污染的防护措施。水箱出水若为生活饮用水时,应加设二次消毒措施(如设置臭氧消毒、加氯消毒、加次氯酸钠发生器消毒、二氧化氯发生器消毒、紫外线消毒等),并应在水箱间留有该设备放置和检修位置。

d.储存生活饮用水时,水箱内壁材质不应对水质污染,可以考虑采取衬砌或涂刷涂料等措施,如喷涂瓷釉涂料、食品级玻璃钢面层、无毒的饮用水油漆和贴瓷砖等。并应取得当地卫生防疫站批准。

(3)变频调速给水

①概述:变频调速给水已被广泛应用于居住区、高层大厦、工矿企业、农村、城镇的生活给水和一些生产工艺有特殊要求的生产给水系统。它有明显的节能效果。凡需增压的给水系统,为了节能,均可采用变频调速给水系统。随着我国科技发展和生产能力的提高,变频调速给水控制方式也从一般逻辑电子电路控制方式,发展到可编程序控制器控制方式;从一台泵固定变频发展到按可编程序自动切换变频的方式,使之运行更可靠、更合理、更加节能。

②特点:

a.设备时刻监测供水量。在变压(或恒压)给水条件下,经过微机控制水泵机组的工作状态和转速,使之处于高效节能的运行状态,避免了电能的浪费。水泵在微机和变频控制器控制下软启动,启动电流小(一般不超过额定工作电流的110%),能耗少。与常规继电接触器控制相比,节电 10%~30%。

b.以微机控制水泵运行,调整速度快,控制精度高。一般恒压给水系统给水压力误差为±0.02 MPa。

c.水泵的软启动,降低了对电网供电容量的要求,减少了水泵机组的机械冲击和磨损及水泵切换时的振荡现象,因而延长了设备的使用寿命。

d.设备一般均具有变频自动、工频自动、手动 3 种操作方式,且以微机控制运行,使之管理简便,运行可靠。

e.变频给水具有软启动、有过载、短路、过压、欠压、缺相、过热和失速保护功能,在异常情况下的声、光信号报警,且有自检、故障判断功能,设备运行更加安全可靠。

f.设备一般均为一体化装置,体积小,占地少。

③变频调速给水设备:

a.设备组成:一般变频调速给水机组由主工作泵、辅助工作泵、气压罐(自动补气式和隔膜式)、压力开关安全阀、控制柜和管道配件等组成。图 3.12 为自动补气式的变频调速给水机组流程,图3.13为隔膜式变频调速给水机组。

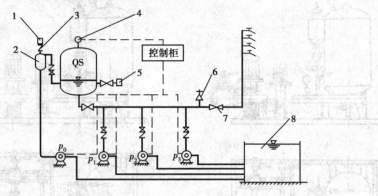

图3.12　自动补气式的变频调速给水机组流程图

1—吸气阀;2—补气罐;3—止回阀;4—压力开关;
5—自动排气阀;6—安全阀;7—闸阀;8—贮水池
p_0—辅助水泵;$p_1 \sim p_3$—主水泵

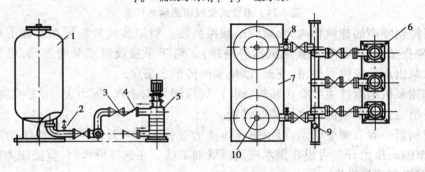

图3.13　隔膜式变频调速给水机组

1—隔膜式气压罐;2—安全阀;3—阀门;4—止回阀;5—水泵;6—泵基座;
7—气压罐基座;8—放水阀;9—压力开关;10—补气阀门

b.变频调速给水泵组的设计流量:对生活、生产给水应按设计秒流量确定。

对生活、生产和消防共用给水除保证消防用水量外,还应满足生活、生产用水量的要求。

变频调速给水泵不宜多于3台,宜设备用泵。每台水泵出水量宜按设计流量的1/3选泵。若为2台工作,每台水泵出水量宜按设计流量1/2选泵。

为节能,如夜间用水量较小的情况,宜设气压罐和小泵(辅助泵)以保持出水量和给水压力。小泵流量应按气压罐贮备调节水量和每小时水泵启动次数为6~8次来选择。气压罐贮备调节容积应考虑到用户昼夜用水量的变化和管网漏水情况。

对于中小型变频调速机组,一般几台水泵组装在同一底座上,水泵宜选用立式多级泵。对于大型变频调速给水,水泵可分开单独设置基础,水泵可选用高效节能立式泵或卧式泵。组装式变频调速给水机组,见图3.14。

水泵工作点应在水泵工作曲线高效区范围内,且宜在该范围右侧。

水泵恒压工作线值应能满足用户最不利点压力所需流出水头,以此计算在满足设计秒流量下水泵的工作压力。

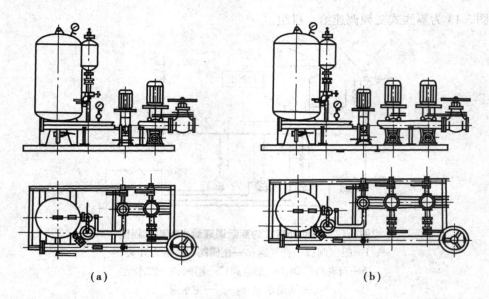

(a)   (b)

图 3.14　组装式变频调速给水机组

在需要控制噪声的建筑物内,水泵应做减振处理。对组装式机组可在基础下采取减振做法(如橡胶隔振垫、隔振器和弹簧减振器等措施)。对于单独设置水泵的基础,可分开设置减振措施。水泵出水管应做隔振吊、支架,以免噪声传出水泵房。

变频调速泵机组附件主要有止回阀、阀门、气压罐用安全阀、压力表、压力控制器、管道和底座。一般组装式设备均由厂家组装好供货。

压力控制器一般有两个触点,可根据具体压力进行调整。对恒压变量机组给水压力误差宜在±0.02 MPa。压力开关可设在供水机房或管网末端。在选择量程时,宜按压力值选在表盘中间部位,以提高测量精度。

安全阀按设计工作压力加上 0.05~0.08 MPa 来调定其释放压力,同时应把其泄压水排至机房排水沟。

控制柜是变频调速机组的核心部分,一般由供货厂家按水泵功率配套供应。控制柜主要由变频调速器、微机、调节器、各类开关、继电器、接触器、指示灯等电子元、器件组成。

控制柜可与机组同座安装,也可单独设置。其工作环境应通风良好,室温在 5~40 ℃,相对湿度小于 85%,且无结露,便于观察、检修和操作。柜子前后应有足够的检查维修空间。

对于变频调速机组应有双电源或双回路供电,以保证机组安全运行。电路应有良好接地,其接地电阻不大于 10 Ω。

(4)气压给水

①特点:气压给水设备是给水系统中的一种利用密闭贮罐内空气的可压缩性储存、调节和压送水量的装置,其作用相当于高位水箱和水塔。它适用于工业、民用给水、居住小区、高层建筑、农村、施工现场等需要加压供水的场所。其优点是:

a.施工、安装简便,便于工程扩建、改建和拆迁。

b.气压罐可设置在任何高度。

c.给水压力在一定范围内可进行调节。

d.地震区建筑、隐蔽工程、临时建筑和具有艺术要求的建筑,不宜设置水箱、水塔,均可采用气压给水。

e.水质不易被污染(与水箱、水塔相比)。

f.便于实现自动控制和集中管理,维护管理方便。

其缺点是:

a.给水压力变动较大。变压式气压给水的压力变动较大时,可能影响给水配件使用寿命。

b.气压罐调节容积小。有效容积一般只占总容积的1/6~1/3。

c.给水安全性较差。一旦发生断电或自控失灵,断水概率较大。

d.运行费用较高。水泵频繁启动,且不可能在水泵高效区运行,平均效率较低,能耗较大。

②设备分类:气压给水设备按压力稳定情况可分为变压式和定压式。

a.变压式气压给水设备:在用户对水压没有特殊要求时,一般常采用变压式给水设备,见图3.15(a)。罐内空气压力随给水工况变化,给水系统处于变压状态工作。

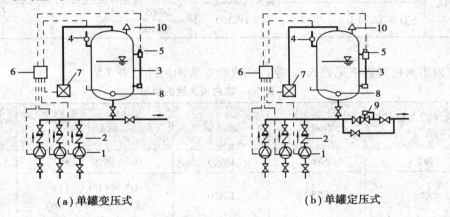

(a)单罐变压式　　　　　　　　(b)单罐定压式

图3.15　气压给水设备

1—水泵;2—止回阀;3—气压水罐;4—压力信号器;5—液位信号器;
6—控制器;7—补气装置;8—排气阀;9—压力调节阀;10—安全阀

气压罐中的水被压缩空气压送至给水管网,随着罐内水量减少,空气体积膨胀,压力减小。当压力降至最小工作压力时,压力继电器动作,使水泵启动。水泵出水除供用户外,多余部分进入气压罐,空气又被压缩,压力上升。当压力升至最大工作压力时,压力继电器动作,使水泵关闭。

b.定压式气压给水设备:在用户要求水压稳定时,可在变压式给水设备的给水管上安装调压阀,调节阀后水压在要求范围内,使管网处于恒压下工作,见图3.15(b)。

2)建筑消防给水设备及组件

建筑消防设备除消防水泵外,主要包括室外消火栓、室内消火栓、消防卷盘、消防增压设备、水泵接合器。其配合的主要组件有:闭式喷头、报警阀、手动报警按钮、水流报警装置、延迟器、加速器等。

(1)消火栓

室外消火栓主要作用是利用市政管网供水满足消防室外用水要求,其规格见表3.3。

表 3.3　室外消火栓的规格

| 参数
类别 | 型　号 | 公称压力
/MPa | 进水口 | 出水口（栓口） | | 计算出水量
/(L·s⁻¹) |
				口　径	个数/个	
地上式	SS100-1.0	1.0	DN100	DN65	2	10~15
				DN100	1	
	SS100-1.6	1.6	DN100	DN65	2	10~15
				DN100	1	
	SS150-1.0	1.0	DN150	DN65	2	15
				DN150	1	
	SS150-1.6	1.6	DN150	DN65	2	15
				DN150	1	
地下式	SX100X65-1.0	1.0	DN100	DN65	2	10~15
				DN100	1	
	SX100X65-1.6	1.6	DN100	DN65	2	10~15
				DN100	1	

室内消火栓的规格见表 3.4。室内消火栓安装图组件见表 3.5。

表 3.4　室内消火栓的规格

每支水枪出水量 /(L·s⁻¹)	消火栓	龙　带	直流水枪	龙带接口
≥5	SN65	DN65	DN65×19（QZ19）	KD65
<5	SN50	DN50	DN50×13（QZ13） 或 DN50×16（QZ16）	KD50

表 3.5　室内消火栓安装图组件（国标 87S163）

| 构件名称 | 材　料 | 规　格 | 单位 | 数　量 | | 备　注 |
				单　栓	双　栓	
消火栓箱	①铝合金-钢 ②钢 ③木制	根据采用的安装方式和内部组件定				装饰标准高的建筑宜用钢或铝合金-钢
室内消火栓	铸铁	SN50 或 SN65 型 （$P_N = 1.6$ MPa）	个	1	2	
直流水枪	铝或铜	QZ16/ϕ13,ϕL16 QZ19/ϕ16,ϕ19	个	1	2	
水龙带	①麻质衬胶 ②涤纶聚氨酯衬里	①DN50 或 DN65 ②L 为 15 m 或 20、25 m	条	1	2	

构件名称	材　料	规　格	单　位	数　量		备　注
				单　栓	双　栓	
水龙带接口	铝	KD50 或 KD65				
挂　架						
消防按钮		防水型				

（2）水泵接合器

消防水泵接合器是消防队使用消防车从室外水源或市政给水管取水,向室内管网供水的接口。

高层厂房（仓库）、设置室内消火栓且层数超过 4 层的厂房应设消防水泵接合器。

水泵接合器的品种与技术参数,见表 3.6。

表 3.6　消防水泵接合器的技术数据

型　号		工作压力 /MPa	直　径	水带接口 /mm	安全阀	闸　阀 /mm
地上式	SQ100	1.6	DN100	65	25	20
	SQ150	1.6	DN150	80	32	25
地下式	SOX100	1.6	DN100	65	25	20
	SQX150	1.6	DN150	80	32	25
墙壁式	SQB100	1.6	DN100	65	25	20
	SQB150	1.6	DN150	肋	32	25

每栋建筑物的水泵接合器数量按式（3.4）计算,即

$$n = \frac{Q}{q} \tag{3.4}$$

式中　Q——室内消火栓消防用水量,L/s;

　　　q——每个水泵接合器供水量,L/s,一般取 10~15 L/s。

水泵接合器设置位置要求:

①水泵接合器应设在室外便于消防车接近、使用、不妨碍交通的地点。除墙壁式水泵接合器外,距建筑物外墙应有一定距离,一般不宜小于 5 m。

②水泵接合器四周 15~40 m,应有供消防车取水的室外消火栓或消防水池。

水泵接合器应与室内消防环网连接,在连接的管段上均应设止回阀、安全阀、闸阀和泄水阀。止回阀用于防止室内消防给水管网的水回流至室外管网。安全阀用于防止管网压力过高。水泵接合器有地上式、地下式和墙壁式 3 种安装方式,见图 3.16。当多个水泵接合器并联设置时,应有适当间距,以便停放消防车和满足消防车转弯半径的需要。

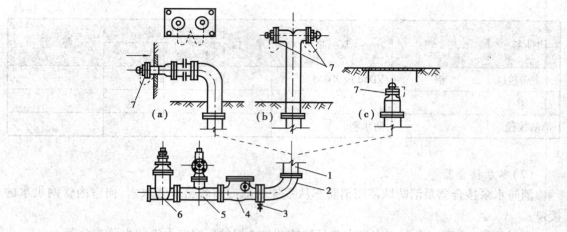

图 3.16　消防水泵结合器外形

(a)SQB 型墙壁式;(b)SQ 型地上式;(c)SQX 型地下式

1—法兰接管;2—弯管;3—放水阀;4—升降式止回阀;5—安全阀;6—楔式闸阀;7—进水用消防接口

（3）报警阀

当发生火灾时,随着闭式喷头的开启喷水,报警阀也自动开启发出流水信号报警,其报警装置有水力警铃和电动报警器两种。前者用水力推动打响警铃,后者用水压启动压力继电器或水流指示器发出报警信号。

湿式报警阀（充水式报警阀）适用于在湿式自动喷水灭火系统立管上安装。目前,国产的有导孔阀型和隔板座圈型两种形式。湿式报警阀原理见图3.17,安装示意见图3.19。湿式报警阀平时阀芯前后水压相等（水通过导向管中的水压平衡小孔保持阀板前后水压平衡）,由于阀芯的自重和阀芯前后所受水的总压力不同,阀芯处于关闭状态（阀芯上面的总压力大于阀芯下面的总压力）。发生火灾时,闭式喷头喷水,由于水压平衡小孔来不及补水,报警阀上面的水压下降,此时阀下水压大于阀上水压,于是阀板开启,向洒水管网及洒水喷头供水,同时水沿着报警阀的环形槽进入延迟器,这股水首先充满延迟器后才能流向压力继电器及水力警铃等设施,发出火警信号并启动消防水泵等设施。若水流较小,不足以补充从节流孔板排出的水,就不会引起误报。

干式报警阀（充气式报警阀）适用于在干式自动喷水灭火系统立管上安装。其原理和安装示意见图3.18、图3.20。

阀体 1 内装有差动双盘阀板 2,以其下圆盘关闭水,阻止从干管进入喷水管网,以上圆盘承受压缩空气,保持干式阀于关闭状态。上圆盘的面积为下圆盘面积的 8 倍,因此,为了使上下差动阀板上的作用力平衡并使阀保持关闭状态,闭式喷洒管网内的空气压力应大于水压的 1/8,并应使空气压力保持恒定。当闭式喷头开启时,空气管网内的压力骤降,作用在差动阀板上圆盘上的压力降低,因此,阀板被推起,水通过报警阀进入喷水管网由喷头喷出,同时水通过报警阀座上的环形槽进入信号设施进行报警。

（4）水流报警装置

用感烟、感温、感光火灾探测器可报知在哪里发生了火灾,而用水流报警装置可报知闭式自动喷水灭火系统中哪里的闭式喷头已开启喷水灭火。

水力报警器(即水力警铃)与报警阀配套使用。水力警铃的使用技术要求:

①20个喷头以上的喷水系统都需要设一个警铃。

②在水力警铃的管路中需要设计过滤器以防止入口上的喷孔堵塞,它应该安装在靠近报警阀或延迟器,且易于接近的位置以便定期清理。

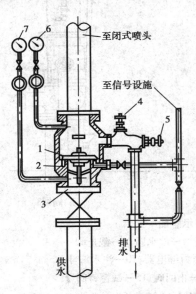 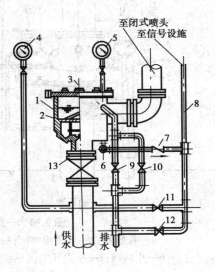

图3.17 湿式报警阀原理示意图

1—报警阀及阀芯;2—阀座凹槽;3—控制阀;

4—试铃阀;5—排水阀;

6—阀后压力表;7—阀前压力表

图3.18 干式报警阀原理示意图

1—阀体;2—差动双盘阀板;3—充气塞;

4—阀前压力表;5—阀后压力表;6—角阀;

7—止回阀;8—信号管;9,10,11—截止阀;

12—小孔阀;13—控制阀

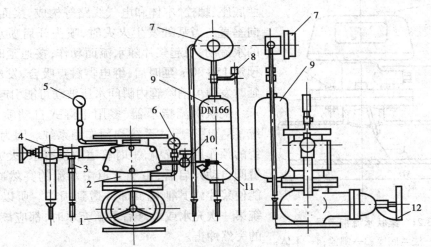

图3.19 湿式报警阀安装示意图

1—控制阀;2—报警阀;3—试警铃阀;4—放水阀;5,6—压力表;7—水力警铃;

8—压力开关;9—延时器;10—警铃管阀门;11—滤网;12—软锁

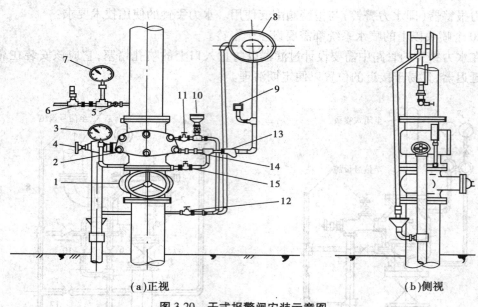

图 3.20 干式报警阀安装示意图

1—控制阀;2—干式报警阀;3—阀前压力表;4—放水阀;5—截止阀;

6—止回阀;7—压力开关;8—水力警铃;9—压力继电器;10—注水漏斗;

11—注水阀;12—截止阀;13—过滤器;14—止回阀;15—试警铃阀

③警报管路必须是 DN20 的耐腐蚀管(镀锌钢管)最大长度包括接头在内不得大于 20 m,水力警铃与各报警阀之间高度不得大于 5 m。

④警铃适宜 1 个系统安装 1 只警铃,最多不宜超过 3 个系统共用 1 个警铃。

电动水流报警器由桨状水流指示器、水流动作阀和压力开关组成。

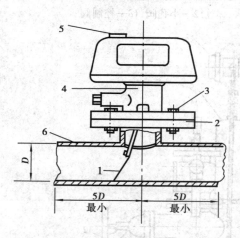

图 3.21 桨状水流指示器

1—桨片;2—法兰底座;3—螺栓;4—本体;

5—接线孔;6—喷水管道

①桨状水流指示器(见图 3.21):主要由桨片、法兰底座、螺栓、本体和电气线路等构成,桨面与水流方向垂直。当某处发生火灾时,喷头开启喷水,管道中的水流动,引起桨片随水流而动作,接通延时电路;在预定 15~20 s 延时后,继电器触点吸合,发出电信号。延时发信可消除管内瞬间水压波动可能引起的误报。

桨状水流指示器,多用于湿式自动喷水灭火系统,不宜用于干式系统和预作用系统。因为在干式系统的预作用系统中,平时管道中没有水,火灾时,当报警阀自动开启后,由于管道中水流的突然冲击,有可能使桨片或其他机械部件遭到损坏。所以当湿式系统第一次充水或检修后重新充水时,都应该防止水流的突然冲击。

②水流动作阀(见图 3.22):当管道中有水流通过时,阀板摆动,阀的主轴随之旋转,由微型开关的动作而发出电信号。水流动作阀可用于任何系统中,不会因水流冲击而造成损坏。

水流指示器的规格,目前使用得最多的是桨状水流指示器。我国生产的水流指示器有 DN50,DN70,DN80,DN100,DN125,DN150。

有些厂家生产的水流指示器,可通过自行调节桨片的长度,安装在不同直径管道上。

水流指示器的工作电压一般为直流 24 V。

③压力开关(压力继电器):一般安装在延迟器与水力警铃之间的信号管道上,必须垂直安装。当闭式喷头启动喷水时报警阀亦即启动通水,水流通过阀座上的环形槽流入信号管和延迟器,延迟器充满水后,水流经信号管进入压力继电器,压力继电器接到水压信号,即接通电路报警,并可启动消防泵。电动报警在系统中可作为辅助报警装置,不能代替水力报警装置。

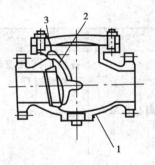

图 3.22 水流动作阀
1—阀体;2—阀板;3—主轴

(5)延迟器

安装在报警阀与水力警铃之间的信号管道上,用以防止水源发生水锤时引起水力警铃的误动作。当湿式阀因压力波动瞬时开放时,水首先进入延迟器,这时由于进入延迟器的水量很少,会很快经延迟器底部的节流孔排出,水就不会进入水力警铃或作用到压力开关,从而起到防止误报的作用。只有当湿式报警阀保持其开启状态,经过报警通道的水不断地进入延迟器,经过一段延迟时间由顶部的出口流向水力警铃和压力开关才发出警报。

为了防止水流波动过大时产生误报警的可能性,设计时可在系统中再串联一个延时器。

(6)管网检验装置

一般是由管网末端的放水阀和压力表组成,用于检验报警阀,水流指示器等在某个喷头作用下是否能正常工作。

(7)加速器

加速器是一个压力控制快开装置。它的基本功能就是"加速"干式阀的打开,使水立即进入喷头喷水。若没有加速器,干式阀的打开时间滞后,延缓喷头喷水影响灭火。在管路系统的容积超过 1 892.5 L 的所有干式系统中,都必须使用加速器。

3)建筑排水设备

在建筑排水系统中,其主要设备为扬水设备。对不能自流排至室内或室外排水管道的少量污、废水,需要利用排水水泵进行提升。排水水泵的选择,应根据污、废水性质(悬浮物含量多少、腐蚀性大小、水温高低以及水)、水量多少、排水情况(如经常、偶然、连续、间断等),所需扬升的高度和建筑物功能布局状况而定。

常用设备有:离心水泵、潜水污水泵、液下污水泵、手摇泵、喷射器、自吸泵等。

污、废水提升设备的适用条件,其优缺点见表3.7。

附图例1　某工程商场建筑给排水平面(见插页图3.23)。

附图例2　某工程宾馆建筑给排水平面图(见插页图3.24)。

表 3.7　常用污、废水提升设备比较

名　　称	适　用　条　件	优　　点	缺　　点
离心水泵	各种不同性质的污水的经常性提升	①一般效率高、工作可靠; ②型号、规格较多,适用范围较广; ③操作管理方便	①密封不易严密,因此漏泄和腐蚀问题不易解决; ②一般叶轮间隙较小,易于堵塞; ③抽吸式安装时,普通离心泵启动时需灌水或抽气; ④占地大
手摇泵	一般用于非经常性的小量排水扬升,扬升高度不大于 10 m	①设备简单,安装方便,投资省; ②不需要动力,一般启动时不需要灌水和抽气	①笨重,占地大; ②活塞、活门易磨损; ③人工操作,较费力气
潜水污水泵	①一般用于抽送温度为 20～40 ℃,含砂量不大于 0.1%～0.6%,pH 值为 6.5～9.5 的污水; ②广泛用于人防工程及地下工程,排除粪便污水及废水	①体积小,重量轻,移动方便,安装简单; ②开车前不需引水; ③能抽送带纤维,大颗粒悬浮物的污水	不宜开停过于频繁
喷射器	一般用于小流量、较经常的污水扬升。扬升高度不大于 10 m	①设备简单,投资省; ②结构紧凑,占地小; ③工作可靠、维修、管理简单,容易防腐	①效率低(一般为 15%～30%); ②必须供给压力工作介质(水、蒸汽、压缩空气等)

3.2　建筑供配电系统

建筑电气设备是建筑设备工程中的重要组成部分之一。

按照电气系统的功能和设计与施工分工的习惯,建筑电气系统可以分为强电系统和弱电系统两大类。强电部分主要包括:供配电系统、变配电所、配电线路、电力、照明、防雷、接地、自动控制系统等。弱电部分内容主要包括:电话、广播、电缆电视系统、消防报警与联动系统、防盗系统、公用设施(给排水、采暖、通风、空气调节、冷库等)的自动控制系统及信号传呼;在智能建筑电气设计中还包括:建筑物自动化、通信系统网络化和办公自动化系统等。

上述各系统并非存在于每一个建筑工程中,但是其中的一些传统内容是所有建筑都要用到的,如低压供配电系统、照明系统、防雷接地系统、电话、电缆电视系统等。

3.2.1 供配电系统

供配电系统包括供电系统和配电系统两部分内容。供电系统:根据用电设备负荷性质、负荷等级、设备容量及用电规模等,确定变配电所的主接线、数量、容量及位置、补偿前后的功率因数、无功补偿容量及补偿方式、备用容量及备用电源的备用方式;继电保护及计量的配置、电工仪表的型号、规格、数量、电缆和导线的型号、规格等。配电系统:确定低压系统的接线方式及接地方式,确定主要配电设备、配电电缆和导线的型号规格及敷设方式。

1)建筑电气工程常用电源

建筑电气工程中使用的电源有城市电力网供给的、自备发电机供给的,也有蓄电池供给的。电源分为交流电源和直流电源两大类。

(1)交流电源

建筑物内的交流电源大都取自城市电力网或自备三相交流发电机组。

由城市电力网提供的电源经 2~3 级降压变压器降压后,通过 10/0.4 kV(或 35/0.4 kV)配电变压器的副边绕组向低压用电设备提供 380/220 V 电源。

自备(柴油)发电机组直接向用电设备提供 380/220 V 低压电源。

(2)直流电源

建筑物内的直流电源通常由整流装置或蓄电池提供。直流电源通常用作高压电器的分(合)闸电源,消防设备的控制电源,计算站、电话站的设备电源等。

2)常用的高压主接线系统

民用建筑中常用的高(低)压主接线系统为单母线和分段单母线两种接线方式。

(1)单母线接线

单母线接线一般是一路电源进线,如图 3.25 所示。其特点是接线清晰、操作方便、便于扩建。其缺点是不够灵活可靠,任一元件(母线或母线隔离开关)检修时,都将使整个配电装置停电。此种接线方式适用于三级负荷。在 6~10 kV 的配电所中,单母线配电装置的出线回路数不超过 5 回。

图 3.25(a)为固定式高压柜的高压主接线。图中,高压断路器的作用是切断(过)负荷电流及短路电流,隔离开关的作用是形成可视断点,以保证检修人员的安全及检修高压断路器。母线侧的隔离开关称为母线隔离开关,其作用是隔离母线电源,线路侧的隔离开关称为线路隔离开关,作用是防止从用户侧向母线反送电或防止雷电波过电压侵入线路。按有关设计规范,对 6~10 kV 的引出线有电压反馈可能的出线电路及架空出线回路应安装隔离开关。

图 3.25(b)为手车式高压柜的高压主接线。手车柜中,高压断路器安装在手车上,通过抽出手车形成可视断点,不需要再设置隔离开关。

(2)分段单母线接线

分段单母线接线在每一母线段上接一个或两个电源,在母线中间用隔离开关或断路器分段,由各段母线分别引出出线,如图 3.26 所示。

分段单母线的接线方式可靠性高,某段母线(或开关)故障时,可分段检修,它是民用电气

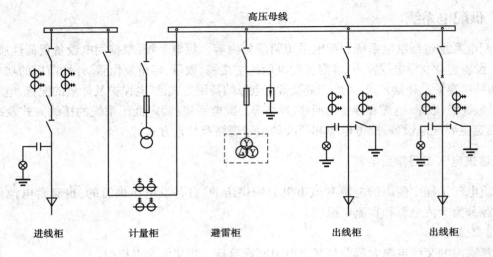

（a）固定柜

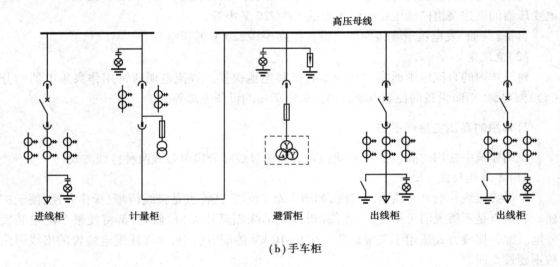

（b）手车柜

图 3.25　单母线接线示例

设计中常用的主接线形式。

图 3.26 所示电路为"互为备用"工作方式：正常时两路电源同时工作，当其中一个电源因故障停电时，可通过手动或自动投入中间的母线分段断路器，另一个未停电的电源承担全部负荷的供电。为了防止两个高压电源并联运行（两路电源并联运行必须满足并联运行条件，一般情况下供电部门不允许两路电源并联运行），两个电源断路器与分段断路器之间应具有避免误操作、误动作而引起的电气故障的联锁措施。

3）供配电网络

所谓供配电网络，是指由电源端（变、配电站）向负荷端（电能用户或用电设备）输送电能时采用的网络形式。

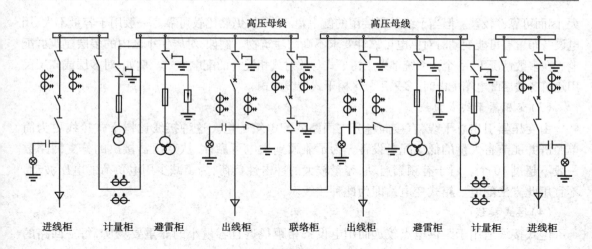

图 3.26 分段单母线接线示例

供配电网络是由电力线路将变、配电站与各电能用户或用电设备连接起来构成的网络。对于变电站和电能用户甲、乙、丙,可采用多种形式的连接方式,因而可以构成不同的供配电网络结构,如图 3.27 所示。

不同的网络结构对供电可靠性产生不同的影响,图 3.27 示出了供配电网络的四种基本结构。

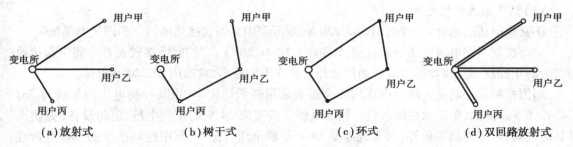

|（a）放射式 | （b）树干式 | （c）环式 | （d）双回路放射式 |

图 3.27 供配电网络的基本结构

4）常用的低压配电系统接线方式

低压配电系统的配电线路由配电装置（配电盘）及配电线路（干线及分支线）组成。配电接线方式有放射式、树干式、链式、环形网络及混合式等。

（1）放射式接线

此接线的优点是各个负荷独立受电,故障范围一般仅限于本回路,故障时互不影响,供电可靠性较高,便于管理;同时,回路中电动机启动引起的电压波动,对其他回路的影响也较小。其缺点是系统灵活性较差,所需开关和线路较多,线路有色金属消耗较多,投资较大。一般用于用电设备容量大、负荷性质重要或在有潮湿、腐蚀性环境的建筑物内。对居住小区内的高层建筑群配电,宜采用放射式。

（2）树干式接线

此接线结构简单,配电设备及有色金属消耗较少,系统灵活性好,但干线发生故障时影响范围大,因而可靠性较差。但当干线上所接用的配电盘不多时,仍然比较可靠。一般用于容量不大、用电设备布置有可能变动时对供电可靠性要求不高的建筑物。例如,对居住小区内的多层建筑群配电。在多数情况下,一个大系统都采用树干式与放射式相混合的配电方式。例如,对多层或高层民用建筑各楼层配电箱配电时,多采用分区树干式接线方式。

(3)变压器干线式接线

由变压器引出总干线,直接向各分支回路的配电箱配电。这种接线比树干式接线更为简单经济并能节省大量的低压配电设备。为了兼顾到供电可靠性,从变压器接出的分支回路数一般不超过 10 个。对于有频繁启动、容量较大的冲击性负荷,为了减少用电负荷的电压波动,不宜用此方法配电。箱式变电站即为此种接线。

(4)链式接线

链式接线适用于距供电点较远而用电设备相距很近且容量小的非重要场所,每一回路的环链设备一般不宜超过 5 台或总容量不超过 10 kW。

(5)混合式接线

混合式接线即为树干式与放射式相混合的配电方式,兼有树干式和放射式接线共同特点,适用于各类工业与民用建筑。

5)低压系统的配电电压及供电线路

(1)低压系统的配电电压

①交流电压的选择:一般选用 380/220 V,变压器中性点直接接地的三相四线制系统。

交流控制回路电源电压一般选用 AC380 V 或 AC220 V,当控制线路较长有可能引起接地时,为防止控制回路接地而造成电动机意外启动或不能停车,宜选用 AC220 V 电压。

当因控制元件功能上的原因或因安全需要采用超低压配电时,其控制电压的等级为 36,24,12,6 V。例如,生活水泵的水位控制继电器一般要求 24 V 的控制电压、消防设备(如防火门、防火阀、打碎玻璃按钮等)通常也需要 24 V 控制电压。此外,集中控制系统的模拟灯盘宜采用 24 V 以下的信号电压,以减少灯具尺寸并减少灯具发热,降低能耗。

②直流电压的选择:直流动力电源电压一般选用 DC220 V。直流系统控制电源电压一般选用 DC12~220 V,视设备要求而定。

(2)低压供电线路

低压供电线路包括低压电源引入及电源主接线等。电源引入方式有电缆埋地引入和架空线引入两种。建筑工程电源引入方式,视室外线路敷设方式及工程要求而定。当市电线路为架空敷设时,可采用架空引入方式,但应注意架空引入线不应设在人流较多的主要入口。为了防止雷电波沿架空线入侵建筑内变电所,有条件时可将架空线转换为地下电缆引入方式,电缆埋地长度不应小于 15 m。当市电为地下电缆线路时,电源采取电缆埋地引入方式。如果此处引入电缆并非终端,还需装设"T"或"π"形接线转换箱,将市电转送至其他建筑物。

确定低压供电的主接线及计量方式时,应与当地供电部门协商,典型的主接线有单电源供电和双电源供电两种形式。

低压双电源供电方案有"一用一备"及"互为备用"两种类型。不论哪种类型,两个电源均不能并联工作,即任意时刻两个电源只能有一个投入系统工作。因此,两个电源开关之间应有机械联锁和电气联锁。

例如,"一备一用"方式中,若电源1为正常工作电源,电源2为备用电源。当电源1停电时,用电设备应切换到电源2上去。"互为备用"方式中电源1和电源2均可选作为正常工作电源,其中正在供电的电源停电后,另一电源则通过切换,继续对设备供电。两个电源的切换方式有手动和自动两种。

双电源供电系统可均取自市电,或一路市电,一路自备发电机。当需要双路供电的负荷不大,例如公共场所的事故疏散照明,采取两路市电或自备发电机不经济时,可采用带镍铜电池的应急照明灯。平时由市电供电并对蓄电池充电,在紧急情况下,如市电中断,蓄电池向白炽灯供电或通过逆变器向荧光灯供电,应能保持20~30 min 照明。

3.2.2　常用的低压配电设备

按照低压电器与使用系统间的关系,习惯上将其分为低压配电电器和低压控制电器两大类,前者主要用于低压供电系统。这类低压电器有刀开关。自动开关,转换开关以及熔断器等。对这类电器的主要技术要求是分断能力强,限流效果好,动稳定及热稳定性能好。后者主要用于电力拖动控制系统。这类低压电器有接触器、继电器、控制器及主令电器等。对这类电器的主要技术要求是有一定的通断能力,操作频率高,电气的机械寿命长。

民用建筑供电系统中,常用的低压配电设备有:断路器、熔断器、隔离开关、负荷开关、互感器、低压配电柜(屏)、动力配电箱、照明配电箱等。

1)低压断路器

低压断路器用于低压配电电路、电动机或其他用电设备的电路中,在正常情况下,它可以分、合工作电流,当电路发生严重过载、短路及失压等故障时能自动分断故障电流,有效地保护串接在它后面的电气设备,是低压电路中重要的保护开关。低压断路器也可以用来不频繁地分合电路以及控制电动机等。由于其动作值可调,动作后不需更换零部件,应用十分广泛。

低压空气断路器种类繁多,可按用途、结构特点、极数、传动方式等来分类。具体如下:

①按用途分类,可分为保护线路用、保护电动机用、保护照明线路用和漏电保护用断路器。

②按主电路极数分类,可分为单极、两极、三极、四极断路器。微型断路器还可以拼装组合成多极断路器。

③按保护脱扣器种类进行分类,可分为具有短路瞬时脱扣器、短路短延时脱扣器、过载长延时反时限保护脱扣器、欠电压瞬时脱扣器、欠电压延时脱扣器、漏电保护脱扣器的断路器等。以上各类脱扣器可在断路器中个别或综合组合成非选择性或选择性保护断路器,当配备有漏电保护脱扣器时也称为具有漏电保护功能的低压空气断路器。

④按其结构形式分类,可分为框架式和塑料外壳式低压空气断路器。

⑤按是否具有限流性能分类,可分为一般型和限流型低压空气断路器。

⑥按操作方式分类,可分为直接手柄操作、手柄储能操作快速合闸、电磁铁操作、电动机操作、电动机储能操作快速合闸和电动机预储能操作式低压空气断路器。

需要指出的是,普通断路器分断时没有明显断点,在配电干线中使用时,为了保证检修安全,必须与隔离开关配合使用。

2) 熔断器

熔断器在配电电路中用作过载或短路保护。当电流超过规定值一定时间后,以它本身产生的热量使熔体熔化而分断电路。熔断器分断电路是利用串联在被保护的电路中的金属熔体在故障电流作用下受热熔化,切断电路。切断电路过程中由于在线路电压影响下,往往产生强烈的电弧,发生剧烈的声、光效应。为了安全和有效熄灭电弧通常将熔体装在一个绝缘材料制成的管壳内,里面填充灭弧材料,两端用导电材料联结,组成一个整体元件。当熔断器熔断后,需重新更换新熔体,才能接通电路继续工作。

熔断器的结构简单、体积小、重量轻、价格低并具有高分断能力和良好限流性能,与其他低压电器配合使用,具有良好的电气性能和技术经济方面效益。

3) 隔离开关

隔离开关的作用主要是用来隔断电源和无负载的情况下转换电路,检修时隔离开关在线路中造成明显的断开点,以保证其他电气设备能安全检修。因为隔离开关没有专门的灭弧装置,所以不允许它带负荷断开或接通线路。隔离开关闭合后,方可合上断路器;断路器打开后,方可打开隔离开关。

隔离开关的额定电压应等于或大于电路额定电压。其额定电流应等于(在开启和通风良好的使用场合)或稍大于(在封闭的开关柜内或散热条件差的工作场合)电路额定电流,一般按电路工作电流的 1.15 倍选用。在开关柜内使用的刀开关还应考虑操作方式,如杠杆操作、手动操作或电动操作。

4) 负荷开关

负荷开关具有简单的灭弧装置,用于通断负荷电流。但这种开关的断流能力并不大,只能通断额定电流,不能用于分断短路电流。负荷开关必须和熔断器串联使用,用熔断器切断短路电流。负荷开关在断开电路时,也具有明显的断开间隙,因此也具有隔离电源作用。但负荷开关与隔离开关有着原则区别:线路正常工作时,负荷开关可以带负荷进行操作,而隔离开关则不能。

5) 电流互感器

电流互感器在电路中起电流变换作用,用于将大电流变为易于测量的小电流,为便于计量,电流互感器副边额定电流一般为 5 A。

电流互感器结构上相当于一台小容量的升压变压器,原边绕组与被测电路串连,匝数很少,副边与电流表或功率表的电流线圈连接,匝数较多。电流互感器工作时相当于变压器的短路运行状态,使用电流互感器时,副边电路严禁开路。

6)低压配电柜(屏)

低压配电柜(屏)是一种柜式成套设备。它按一定的接线方式将所需要的一、二次设备(控制回路中的设备),如开关设备、监察测量仪表、保护电器及一些操作辅助设备组装成一个整体,在配电所中用于控制和保护电力线路。这种成套配电设备结构紧凑、性能可靠、运行安全、安装和运输方便,具有体积小、性能好、节约钢材、减少配电室空间等优点,在建筑电气工程设计中得到了广泛的使用。

低压配电柜分为固定式和抽屉式两大类。抽屉式低压配电柜的断路等主要电气设备安装于可拉出和推入的抽屉中,具有检修安全、供电灵活、停电时间短和价格较高的特点。

配电柜的进出线方式有下列几种:

①下进下出方式:需要在柜下做电缆沟或电缆夹层。

②上进上出方式:采用电缆桥架或封闭式母线架设。

③混合式出线:上进上出和下进下出根据需要混合使用。

7)照明配电箱和动力配电箱

具有强切功能的应急照明配电箱的线路如图 3.28(a)所示。目前,常用的照明配电箱内的主要元件是微型断路器和接线端子板。微型断路器是一种模块化的标准元件,分为单极、2 极、3 极、4 极四种,还可装设漏电保护装置。

室内照明配电箱分为明装、暗装及半暗装 3 种形式。当箱的厚度超过墙的厚度时,采用半暗装室内暗装或半暗装配电箱的下沿距地一般为 1.4~1.5 m。

动力配电箱的线路如图 3.28(b)—(d)和图 3.29 所示。常用的动力配电箱有两种,一种用于动力配电,为动力设备提供电源,如电梯配电箱;另一种用于动力配电及控制,如各种风机、水泵的配电控制柜。前一种动力配电箱中仅装有配电开关(见图 3.28(b)—(d)),而后一种除开关外,还装有接触器、热继电器及相关控制回路和电动机保护电器(见图 3.29)。

动力配电箱中的进出线开关为断路器或负荷开关,断路器一般为塑壳断路器,这种断路器比微型断路器的容量大、短路电流分断能力高。小型动力配电箱的结构与照明配电箱类似,但其中装设的断路器所具有的工作特性与照明配电箱的不同,是专用于电动机控制的。

8)总配电装置

在很多情况下,由配电所引出的低压电源不直接对末端设备配电箱配电,而是通过照明及动力总配电装置对其配电。照明或动力总配电装置包括低压电源的受电部分、配电干线的控制与保护部分。照明总配电装置一般为落地式配电箱或配电柜,安装在专用的配电室或配电小间内。

如 3.28(b)所示,总配电装置的受电部分一般由电压表(需计量时,还有电能表及表用电流互感器)及总开关(含保护)组成。大型装置通常装设电流表监视负荷情况。总配电装置的配电干线控制与保护部分一般采用具有二段式或三段式保护特性的低压断路器,当出线回路负荷很大时,可在出线回路上设监视负荷的电流表。

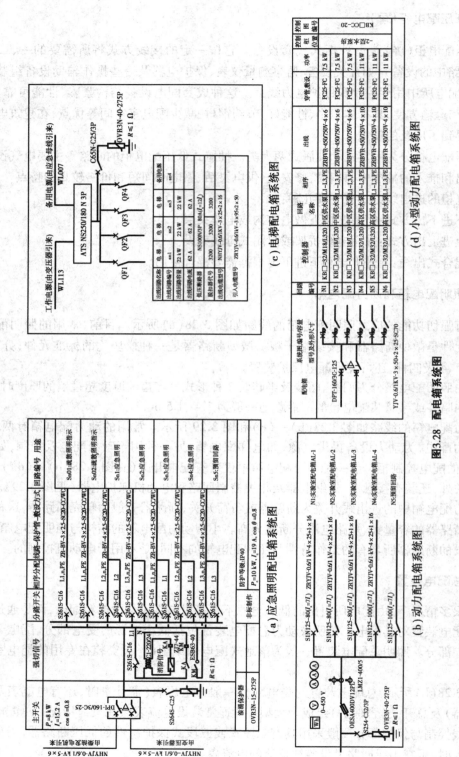

图3.28 配电箱系统图

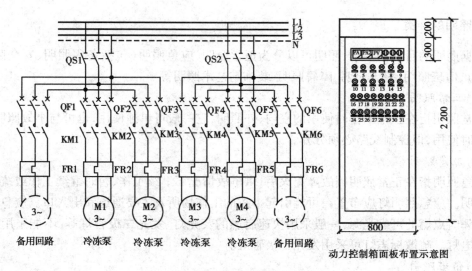

动力控制箱面板布置示意图

图 3.29　动力控制箱电气主接线

3.2.3　照明系统

照明系统的内容包括：确定照明电源、电压、容量，确定照度标准；选择光源、灯具，确定照明线路的敷设方式，确定工作照明、事故照明和检修照明的控制方法。

1）照明方式

（1）一般照明

照明器在整个场所或局部基本对称布置的照明方式称为一般照明，用于需要获得均匀水平照度的场所。例如，行政办公室、学校教室、门厅、商场、超市、一般厂房车间等场所均需要布置一般照明。

（2）分区一般照明

根据房间内工作布置的实际情况，将灯具集中或分组集中在工作区上方，使房间的不同被照面上产生不同的照度，称为分区一般照明。将灯光集中在工作区，而降低通道等非工作区照度，可有效地节能。

（3）局部照明

局部照明是指仅限于工作面上的某个局部需要高照度的照明。例如，床头灯、台灯等。对局部区域需要高照度并对照射方向有要求时，也可装设局部照明。当一般照明受到遮挡或需要克服工作区及其附近的光幕反射时，也宜采用局部照明。按相关规定，一个工作场所内，不宜只装设局部照明。

（4）混合照明

由一般照明与局部照明共同组成的照明为混合照明。对于工作位置视觉要求较高，且对照射方向有特殊要求时，宜用混合照明。混合照明中的一般照明，其照度应按总照度的5%~10%选择，但不宜低于 20 lx。

2)照明的种类

根据照明的目的和要求,照明可以分为正常照明、应急照明(包括备用照明、安全照明、疏散照明)、值班照明、警卫照明、障碍照明、装饰与艺术照明等。

(1)正常照明

正常照明指在正常工作时使用的室内、外照明,它一般可单独使用,也可与事故照明、值班照明同时使用,但控制线路必须分开。

(2)应急照明

应急照明指在正常照明因故障熄灭后,供事故情况下继续工作、暂时继续工作或疏散人员用的照明。应急照明灯应布置在可能引起事故的工作场所及主要通道和出入口。应急照明应采用能瞬时点燃的可靠光源,一般采用快速启燃的荧光灯、发光二极管灯等,不能采用高强度气体放电灯。疏散标志灯可采用发光二极管灯。

(3)值班照明

值班照明是指在非工作时间内供值班人员用的照明。在非三班制生产的重要车间、仓库或非营业时间的大型商店、银行等处,通常宜设置值班照明。值班照明可利用正常照明中能单独控制的一部分,或利用事故照明的一部分或全部。

(4)警卫照明

警卫照明是指警卫地区周围的照明。可根据警戒任务的需要,在厂区或仓库区等警卫范围内设置。

(5)障碍照明

装设在飞机场四周高建筑上或有船舶航行的河流两岸建筑上,表示障碍标志用的照明,可按民航和交通部门的有关规定装设。

障碍标志灯的水平、垂直距离不宜大于45 m,装设在建筑物的最高点、建筑顶部和外侧转角。在烟囱上,应距离烟囱口1.5~3 m形成三角形水平排列。

障碍标志灯采用自动通断电源的控制装置,电源按建筑物的最高负荷等级供电。

3)室外照明

(1)室外照明种类

①路灯照明:路灯照明光源一般采用高压钠灯等。交通公路照明主要采用钠灯,城市内街道照明主要采用高压钠灯、金属卤化物灯。室外照明多选用半截光型或非截光型配光灯具。

②隧道照明:隧道照明应采用两路电源供电,应急照明应由备用电源(如自备发电机组)独立系统供电。城市中的隧道照明一般选用直管荧光灯或低压钠灯,在隧道入口处的适应性照明一般选用高压钠灯。隧道内夜间照明的照度为昼间照度的1/2,出入口区的照度可为1/10,并采用调光方式。隧道内应设应急照明,避难区照度应为该区段照度的1.5~2倍。照明的控制可采用定时器、光电控制器、电视摄像监视等方式。

③广场照明:一般广场照明为高压钠灯、金属卤化物灯,特殊情况采用氙灯。停车广场照明可采用显色性高、寿命长的光源。

对室外照明,要求能在值班室或配电室进行遥控,深夜能够实行减光控制并在不同控灯方式中保持三相负荷平衡。

（2）室外照明方法

①灯杆照明:灯具安装在灯杆顶端,沿人行道路布置灯杆。灯杆高度在 10~15 m,灯具的布置可以采用单侧布灯、对称布灯、交错布灯、中央布灯形式。

②高杆照明:一般高杆照明的高度为 20~35 m(间距在 90~100 m),最高可达 40~70 m。高杆照明的光源选用多个高功率和高效率光源组装的灯具。高杆照明宜采用可升降式灯盘。

③悬索照明:在道路中间的隔离带上竖起 15~20 m 的灯杆,灯杆间距 50~80 m,灯杆之间用钢索作拉线,灯具悬挂在钢索上,灯具之间的距离为安装高度的 2 倍。

4) 照明供电与配线方式

（1）供电方式

照明器的端电压的电压偏移,一般不高于其额定电压的 105%,也不宜低于额定电压的下列数值:

①对视觉要求较高的室内照明为 97.5%。

②一般工作场所的室内照明:露天工作场所照明为 95%。

③事故照明、道路照明、警卫照明及电压为 12~36 V 的照明为 90%(其中,12 V 电压用于检修锅炉用的手提行灯,36 V 用于一般用手提行灯)。

在一般小型民用建筑中,照明进线电源电压可采用 220 V 单相供电。照明容量较大的建筑物,当计算电流超过 30 A 时,其进线电源应采用 380/220 V 三相四线制供电。

正常照明的供电方式,一般可由电力变压器供电。对于某些大型厂房或重要建筑可由 2 个或多个不同变压器的低压回路供电,如某些辅助建筑或远离变电所的建筑,可采用电力与照明合用的回路。当电压偏移或波动过大,不能保证照明质量和光源寿命时,照明部分可采用有载调压变压器或照明专用变压器供电。

应急照明采用双电源的供电方式,应急电源可采取以下形式:

a.取自电力网并且独立于正常工作电源以外的馈电线路或不同的变压器,这种方式的供电容量大,转换快,持续工作时间长,主要用于有消防负荷的工厂或大型建筑物。

b.专用应急发电机组的供电容量较大,持续工作时间长,但转换较慢,一般用于高层或高层民用建筑中与消防负荷共用。

c.蓄电池组供电容量较小,持续工作时间短,但可靠性高、灵活,主要用于前两种电源不方便获得或应急照明的负荷容量较小场所。

供疏散人员或安全通行的事故照明,其电源可接在与正常照明分开的线路上,并不得与正常照明共用一个总开关。当只装设单个或少量的应急照明灯具时,可使用成套应急照明灯(即当外接交流电源突然中断时,它能及时将灯管与灯具内蓄电池接通,使灯继续点燃的一种照明器)。

应急照明的切换时间为:疏散照明不大于 5 s,安全照明不大于 0.5 s,备用照明不大于 5 s,银行、商场的收款台不大于 1.5 s。

应急照明的光源一般采用白炽灯、荧光灯、卤钨灯,不能使用高压气体放电灯。

(2)控制方式与控制线路

①控制方式:主要考虑在安全条件下便于管理和维修,并注意节约电能。每个灯一般应有单独的开关或少数几个灯台用一个开关,可以灵活启闭。照明供电干线应设置带保护装置的总开关。室内照明开关应装在房间的入口处,以便于控制。但在生产厂房内,宜按生产性质,如工段、流水线等分区、分组集中于配电箱内控制。在剧场、餐厅、商场等大型公共建筑内,也宜将灯分组集中于配电箱内控制。

照明回路的分组应考虑房间使用的特点。对于小房间,通常是一路支线供几个房间用电。对于大型场所,当以三相四线制供电时,应使三相线路的各相负荷尽可能平衡。室内照明线路,每一单相回路的电流一般不应超过 16 A,同时接用的灯头的总数不超过 25 个。

为了节约用电,在大面积照明场所,沿天然采光窗平行布置的照明器应该单独控制,以充分利用天然采光。除流水线等狭长作业的场所外,照明回路控制应以方形区域划分。并推广各种自动或半自动控灯装置(如装在楼梯、走廊等处的定时开关;充分利用白天天然光而设的光控开关;广场或道路照明以光电元件或定时开关自动控制等)。此外,还应在线路上有能切断部分照明的措施,以节约电能。

②控制线路:电气照明控制电路可分为基本控制线路、多控开关电气线路、节能定时开关电气线路、调光控制线路和自动控制线路。

5)照明网络

(1)照明电源

①照明负荷应根据其中断供电可能造成的影响及损失,合理地确定负荷等级,并应正确地选择供电方案。

②当电压偏差或波动不能保证照明质量或光源寿命时,在技术经济合理的条件下,可采用有载自动调压电力变压器、调压器或照明专用变压器供电。

③备用照明应由两路电源或两回线路供电:当采用两路高压电源供电时,备用照明的供电干线应接自不同的变压器。

④应急照明应由两路电源或两回线路供电。

(2)常用的照明系统接线方式

照明供配电系统的配电线路由配电装置(配电盘)及配电线路(干线及分支线)组成。配电接线方式有放射式、树干式、链式、环形网络及混合式等。

从低压电源引入的总配电装置(第一级配电点)开始,至末端照明支路配电盘为止,配电级数一般不宜多于三级,每一级配电线路的长度不宜大于 30 m。

3.2.4 常用的电光源

常用的照明电光源可分为两大类,一类是热辐射光源,如白炽灯、卤钨灯此类热辐射光源(除特殊场所外,已逐渐淘汰);另一类是气体放电光源,如荧光灯、低压钠灯、高压钠灯、金属卤化物灯、氙灯等。其特点分别是:热辐射光源以钨丝为辐射体,通电后使之达到白炽温度,产生热辐射;气体放电光源主要以原子辐射形式产生光辐射,根据光源中气体的压力,可分为低压气体放电光源和高压气体放电光源两种。

高压气体放电光源管壁的负荷一般比较大,也就是说灯的表面积不大,但灯的功率较大,一般超过 3 W/cm²,因此又称为高强度气体放电灯,简称 HID 灯。

以白炽灯为代表的热辐射光源具有构造简单、使用方便、能瞬间点燃、可调光、无频闪现象、显色性好和价格便宜等优点,其缺点是发光效率低(平均光效 7~9 lm/W)、使用寿命短、抗震性差。因此白炽灯不满足节能减排要求,故建筑室内照明一般场所不应采用普通照明白炽灯,但在特殊情况下,其他光源无法满足要求需采用时,应采用 60 W 以下的白炽灯。

荧光灯具有发光效率高(平均光效为 70~100 lm/W)、寿命长、表面温度低、显色性较好和光通量分布均匀等优点,是民用建筑中使用最广泛的光源。其缺点是在低电压和低温环境下启燃困难,显色指数低于热辐射光源,有频闪效应。当荧光灯开、关频繁时会加快灯丝上所涂发射物的损耗,影响其寿命。因此无防频闪功能的荧光灯不宜用于有旋转设备的场所及需要频繁开关的场所、不能用作专用应急照明灯具光源。

荧光灯以外的气体放电灯均属于第三代光源。其共同特点是:具有光效高、耐震、耐热、寿命长的优点,其主要缺点是不能瞬时点燃、启燃和再启燃时间长、对电光源的电压质量要求较高。

普通型高压钠灯的显色性较差(显色指数 $R_a \approx 21$),但其光效高(超级高压钠灯的光效可达 150 lm/W)、体积小、透雾性好、寿命长,广泛应用于道路、隧道、泛光照明等场所,室内则用于对显色性要求不高的重工业厂房照明。

金属卤化物灯(简称金卤灯)是一种充有金属卤化物的高压汞放电灯,它以其高光效(平均光效 70~190 lm/W)、高亮度、寿命长、显色性好、结构紧凑、光束易控、热辐射量低、性能稳定等特点,成为最理想的高效节能光源,广泛用于要求照明质量高而耗电量低的室内高大照明场所及户外(城市、交通、港口、码头、机场、体育馆等)投光照明。

高强气体放电灯的功率因数较差,一般为 0.4~0.6。在大量采用高强气体放电灯的场所需考虑采用电容器补偿。另外,电源电压变化对灯的光电参数影响较大,故要求电源电压变化不大于 5%。

发光二极管(LED)是第四代光源,即是以 LED 作为发光体的光源。发光二极管发明于20世纪 60 年代,在随后的数十年中,其基本用途是作为收录机等电子设备的指示灯。这种灯泡具有效率高、寿命长的特点,可连续使用 10 万小时,比普通白炽灯泡长 100 倍。

发光二极管的出现打破了传统光源的设计方法与思路,目前多用于景观照明以改善环境为目的。景观照明旨在营造一种漂亮、绚丽的光照环境,去烘托场景效果,使人感觉到有场景氛围。

LED 可谓"绿色光源",与传统光源相比具有耗电量低、寿命长、亮度连续可调、色彩纯度高、外形尺寸灵活、无有害金属汞,无红外和紫外线辐射等优点。其不足之处在于:在白光照明中显色性偏低。目前用黄色荧光粉和蓝光产生的白光 LED,其显色性指数通常只有 80 左右。另外,生产初投资高、附件易损等缺点也限制了其的大量推广和使用。

3.3 建筑弱电系统

3.3.1 消防报警与联动控制系统

建筑物的防火分为主动及被动两种方式。被动防火是指建筑物的防火设施:防火结构、防火分区、非燃性及阻燃性材质、疏散途径和避难区等固定设施。其作用在于尽量减少起火因素,防止烟、热气流及火的蔓延,确保人身安全。以上内容在建筑工程设计中应该予以充分考虑。主动防火是指火灾自动报警、防排烟、引导疏散和初期灭火等报警、防火和灭火系统,其各种系统形成了建筑物自动防火工程。

1)现代自动防火体系

建筑物的现代自动防火体系是由报警、防灾、灭火和火警档案管理4个系统组成的。

①报警系统:具有火灾探测及报警两种功能的系统。它包括全部火灾探测器和报警器。

②防火系统:具有防止灾害扩大,及时引导人员疏散的两大功能。它包括所有以下防灾设备。

③灭火系统。具有控火及灭火功能,包括人工水灭火(消火栓)、自动喷水灭火,专用自动灭火装置等。

④火警档案管理系统。具有显示、记录功能,它包括模拟显示屏、打印机和存储器等。

2)火灾探测报警系统的组成

火灾探测报警系统的构成框图,如图 3.30 所示。

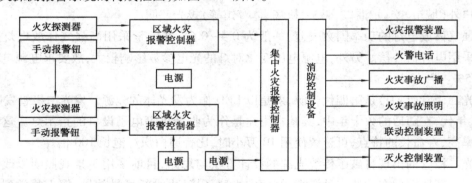

图 3.30 火灾探测报警系统的构成框图

3)火灾报警系统分类

①区域报警系统宜用于仅需要报警,不需要联动自动消防设备的保护对象。

②集中报警系统用于不仅需要报警,同时需要联动自动消防设备,且只设置 1 台具有集中控制功能的火灾报警控制器和消防联动控制器的保护对象,应设置 1 个消防控制室。

③控制中心报警系统用于设置两个及以上消防控制室的保护对象,或已设置两个及以上集中报警系统的保护对象。

控制中心报警系统,如图 3.31 所示。

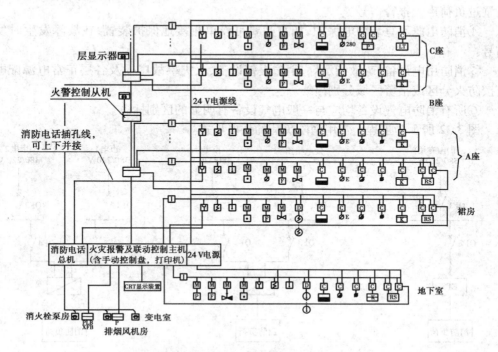

图 3.31　控制中心报警系统示例

4)对消防设备的供配电要求

(1)供电要求

根据建筑物的性质和功能,消防负荷分属一级或二级负荷。一级负荷应采用独立双电源供电,二级负荷应采用双电源供电,此外,还应满足下列要求:

①消防系统应设有专用的消防主电源及直流备用电源。

②消防主电源应设置专用的消防配电屏。

③各层消防联动控制设备及火灾报警控制器上电源宜由消防控制室专用回路集中供电。

④火灾事故照明、疏散指示照明、消防联动控制设备、火灾报警控制器等消防用电设备为分散供电时,在各层应设置专用配电箱供电。

⑤火灾报警控制器的备用电源用蓄电池供电时,应保证在系统处于最大负载状态下不影响火灾报警控制器和消防联动控制器的正常工作。其容量应按火灾报警控制器在监视状态下工作 24 h 后再加上两个分路同时报警 30 min 用电量之和计算。

⑥消防用电设备的双路电源,应在消防控制室、消防泵房、消防电梯机房、防排烟机房、事故照明配电箱、各楼层应急照明配电箱等处自动切换。

(2)配电要求

①消防用电设备的双路电源或双回路供电线路,应在末端配电箱处切换。

②配电箱到各消防用电设备,应采用放射式供电。每一用电设备应有单独的保护设备。

③重要消防用电设备(如消防泵)允许不加过负荷保护。因消防用电设备总运行时间不长,短时间的过负荷对设备危害不大,以争取时间保证顺利灭火。为了在灭火后及时检修,可设置过负荷声光报警信号。

④消防电源不宜装漏电保护,如有必要可设单相接地保护装置,在故障发生时发出报警信号。

⑤消防用电设备、疏散指示灯、消防报警设备、火灾事故广播及各层正常电源配电线路均应按防火分区或报警区域分别出线。

⑥所有消防电气设备均应与一般电气设备有明显的区别标志。

图 3.32 所示为工程上常用消防负荷的供电形式。

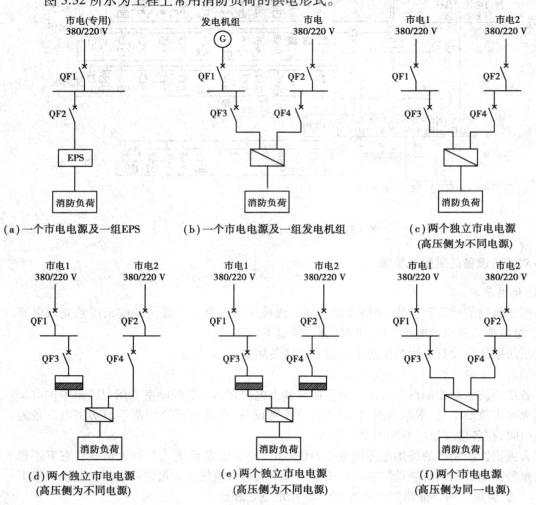

图 3.32 消防设备供配电电路示例

图 3.32(a)为市电直供一路电源给 EPS 不间断电源,再由 EPS 向消防负荷供电;市电正常时,由市电直接向消防负荷供电,EPS 内置充电器给蓄电池充电;当市电发生故障时,EPS 逆变器将蓄电池内储存的直流电逆变成为稳定的交流电源向负载供电,确保应急用电的需要。市

电恢复正常后,EPS 自动启动充电器向蓄电池组充电,同时监控市电实时状态。因此,该电源可以向一级消防负荷供电,用于消防负荷容量较小的场所。

图 3.32(b)中,发电机组、市电各直供一路电,经双电源切换后向消防负荷供电,为独立双电源引至消防负荷,因此满足一级负荷供电要求。

图 3.32(c)中,两路独立市电电源各直供一路电,经双电源切换装置后向消防负荷供电,满足一级负荷供电要求。

图 3.32(d)中,两路独立市电电源,一路直供,另一路经配电箱后供给双电源切换装置后向消防负荷供电。由于其中一路电源带有非消防负荷,因此仅满足二级负荷供电要求。

图 3.32(e)中,两路独立市电电源,两路均经配电箱后供给双电源切换装置后向消防负荷供电,满足二级负荷供电要求。

图 3.32(f)中,高压侧为同一电源的两路市电供给双电源切换装置,由切换装置向消防负荷供电,满足二级负荷供电要求。

5) 消防配电线缆选择及线路敷设

(1) 消防配电线缆选择

①火灾报警、控制及信号回路均应采用铜芯导线或电缆。当回路电压低于～220 V 时,导线和电缆的耐压等级应不低于～250 V,当回路电压为 380 V 时,耐压等级应不低于～500 V。

②消防用电的电力回路导线或电缆的截面,应按计算电流的 1.2 倍选择。以便在发生火灾时能在较高的环境温度下继续运行。

③凡属电源回路及重要探测器回路的线路应用耐火配线方式;而指示灯、报警和控制回路宜用耐热配线。

(2) 消防设备配电线路的敷设

消防用电设备应采用专用的供电回路,即从低压总配电室(包括分配电室)至最末一级配电箱,与一般配电线路均应严格分开。

消防用电设备的配电设备应设有紧急情况下方便操作的明显标志,以避免引起误操作,影响灭火进程。消防用电设备的配电线路和控制回路宜按防火分区划分。

消防用电设备配电线路敷设采用暗敷设时,可采用普通电缆电线,穿在金属管或阻燃塑料管内并埋设在不燃烧体结构内,且保护层厚度不小于 30 mm。这是目前已在国内许多高层建筑设计中采用的一种比较经济安全可靠的敷设方法。

当采用明敷设时,应采用金属管或金属线槽保护,并应在金属管或金属线槽上采取防火保护措施。

当采用绝缘和保护套为不延燃材料的电缆时,可不穿金属管保护,但应敷设在电缆竖井或吊顶内有防火保护措施的封闭式线槽内。

(3) 配线要求

①耐热配线。可用常用的绝缘导线或电缆穿钢管、硬质或半硬质塑料管暗敷,也可用耐热温度大于 105 ℃ 的非延燃性材料绝缘的导线或电缆穿钢管或非延燃性的硬质、半硬质塑料管明敷。

②耐火配线。可用常用的绝缘导线或电缆穿钢管,暗敷于非延燃体结构内,其保护厚度不小于 30 mm;明敷时应用耐温大于 105 ℃ 的导线穿钢管,在钢管上采取防火措施(加防火涂料)

或用耐火电缆明敷。

③若用非延燃材料作护套的导线或电缆在弱电专用竖井中敷设时,可不穿金属保护管。弱电与强电合用竖井时,二者应分别布置于竖井两侧,交叉时应穿钢管保护。

④不同系统、不同电压、不同电流类型的线路不能共管敷设。当同一系统的不同电流类别或不同电压等级的线路置于同一配电箱内汇接时,应分别接在不回路的接线端子板上,各端子板应有明显标志和隔离。

⑤建筑物内横向敷设的穿管线路,不同防火分区不应共管布线。

⑥火灾自动报警系统的传输网络不应与其他系统的传输网络合用。

6)消防报警广播系统

消防报警广播系统由广播音响系统产品与信号源组成。主要用于商场、宾馆饭店及其他需要提供消防报警广播的场合。

（1）系统功能

将广播覆盖的区域划分为若干分区,如商场的各楼层营业区、宾馆饭店的各层走廊、各层客房、休闲娱乐区及其他公共区域等,系统应具有背景音乐广播系统的全部功能。

①向公众活动的各分区提供背景音乐信号,创造轻松和谐的购物或休闲环境。广播通知或找人。

②向客房各分区提供多套背景音乐或广播信号,客人可利用客房内的床头控制板选择收听。

③具有分区广播、全呼广播和各种优先权功能。

（2）消防报警广播功能

火灾发生时,能够在消防控制室将火灾疏散层的扬声器与广播设备强制转入火灾事故广播状态,并用扬声器及时通知火灾发生楼层及上、下各一层人员迅速疏散。

消防报警广播控制台通常设有两套电源:电网~220 V 和-24 V 蓄电池组。在交流断电的情况下,仍应进行 15~30 min 的火灾事故广播(视选用的蓄电池组的容量及系统的大小而定)。

7)火灾自动报警系统的类型

（1）具有报警功能的火灾自动报警系统

①仅有一个防火分区的火灾自动报警系统。这类系统通常仅有一个防火分区,系统构成方式十分简单,适用于二级保护的小型建筑物。

②需作防火分区的火灾自动报警系统。这类系统中,由火灾报警显示盘作火灾报警分区内的火灾报警显示装置,系统构成方式较为简单,与一个报警区域设置一台区域报警控制器的系统相比,这种系统具有造价低、可靠性较高的优点。适用于不要求联动控制的二级保护建筑物。

（2）具有报警功能和联动控制的系统

火灾自动报警与消防联动控制系统有两种系统构成方式:一种方式为火灾自动报警与消防联动控制采用不同的控制器,分别设置总线回路,称为报警、联动分体化系统;另一种方式为火灾自动报警与消防联动控制采用同一控制器,报警与联动共用控制器总线回路,称为报警、联动一体化系统。

①报警、联动一体化系统。将火灾探测器与各类控制模块接入同一总线回路,由一台控制器进行管理,这种系统的造价较低,施工与设计较为方便。但由于报警与联动控制器共用控制器总线回路,裕度较小,系统的整体可靠性比分体化系统略低。

当高层建筑内有多个防火分区时,需要在各防火分区的消防电梯前室内设置复显器或区域报警器,以便消防人员迅速找到事故点灭火。

②报警、联动分体化系统。火灾探测器通过报警回路总线接入火灾报警控制器,由火灾报警控制器管理;而各类监视与控制模块则通过联动总线接入专用消防控制器,由联动控制器进行管理。由于分别设置了控制器及总线回路,整个报警及联动系统的可靠性较高。但系统的造价也较高,设计较复杂,施工与布线较为困难。

火灾报警控制系统总线上应设总线短路隔离器,每只总线短路隔离器保护的火灾探测器,手动火灾报警按钮和模块等消防设备的总数不应超过32点。总线穿过防火分区时,应设置总线短路隔离器。

8) 火灾报警及联动控制系统工程实例(见图 3.33)

9) 消防报警及联动控制设备

(1) 火灾探测器

在火灾初起阶段,利用各种不同敏感元件探测到烟雾、高温、火光及可燃性气体等火灾参数,并转变成电信号的传感器称为火灾探测器。根据火灾的探测方法及原理,火灾探测器通常可分为5类:感烟式火灾探测器、感温式火灾探测器、感光式火灾探测器、可燃气体式火灾探测器和复合式火灾探测器,每一类型又按其工作原理分为若干种形式。民用建筑电气工程上常用的火灾探测器有感烟式、感温式和感光式3类。

(2) 火灾报警控制器

火灾报警控制器是一种能为火灾探测器供电以及将探测器接收到的火灾信号接收、显示和传递,并能对自动消防等装置发出控制信号的报警装置。其主要作用是:供给火灾探测器高稳定的工作电源;监视连接各火灾探测器的传输导线有无断线、故障,保证火灾探测器长期有效稳定的工作;当火灾探测器探测到火灾形成时,明确指出火灾的发生部位以便及时采取有效的处理措施。

按其用途和设计使用要求,火灾报警控制器可分为区域火灾报警控制器、集中火灾报警控制器和通用报警控制器。

(3) 火灾自动报警系统的配套设备

①手动报警按钮。与自动报警控制器相连,用于手动报警。各种型号的手动报警按钮必须和相应的自动报警器配套才能使用。

②中继器。用于将系统内部各种电信号进行远距离传输,放大驱动或隔离的设备。属于系统中常用的一种辅件。

③地址码中继器。如果一个区域内的探测器数量过多致使地址点不够用时,可使用地址码中继器。

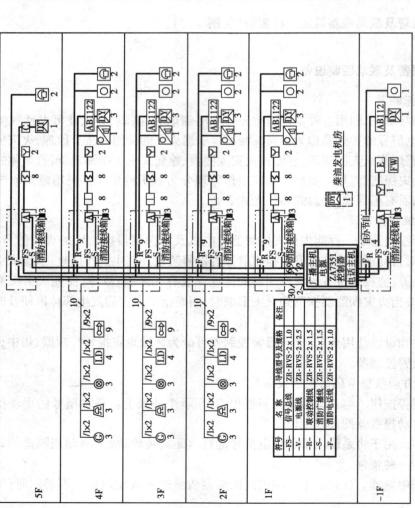

图3.33 某综合楼火灾报警及联动控制系统

设备及材料表

图例	名 称	型 号	安装高度	数量
⊠	智能感烟探测器	OP620	吸顶安装	63
□	智能感温探测器	HI620	吸顶安装	40
⊻	手动报警器按钮	MT340	距地1.4 m	12
■	火警广播场声器	—	吸顶安装	20
⊡	消防对讲电话	—	吸顶安装1.4 m	5
○	消防对讲电话插件	—	吸顶安装1.4 m	15
⊠	非消防电源	—		6
⊡	楼层显示器	FD680A	距地1.8 m	13
LD	气体灭火联动设备	—	距地1.4 m	31
⊡	气体灭火驱动瓶	—	距地2.3 m	10
C	气体灭火手动控制盒	—	距地2.3 m	10
⊗	气体释放指示灯	—		10
⊠	气体声光报警器	—		10
FW	水流指示器	—		10
AB1122	输入模块	AB1122		10
A	输出模块	DC1134 - A		10
C	输出输入模块	DC1136 - A		10
E	输入模块	DC1131 - A		10
⊠	电梯控制箱	—	距地1.5 m	1
	火灾报警控制器	FS1120	框内安装	1
	消防广播系统	ZA2721A	框内安装	1
	消防对讲系统	ZA5711	框内安装	1
	图形显示系统	—	框内安装	1

备注:本教材采用的图形符号详见附录1。

符号	名 称	导线型号及规格	备注
-FS-	信号总线	ZR-RVS-2×1.0	
-V-	电源线	ZR-RVS-2×2.5	
-R-	联动控制线	ZR-RVS-2×1.5	
-S-	消防广播线	ZR-RVS-2×1.5	
-F-	消防电话线	ZR-RVS-2×1.0	

④编址模块。分为地址输入模块和编址输入/输出模块两大类。

a.地址输入模块:将各种消防输入设备的开关信号接入探测总线,来实现报警或控制的目的。

b.编址输入/输出模块:将控制器发出的动作指令通过继电器控制现场设备来实现,同时也将动作完成情况传回到控制器。

⑤短路隔离器。用在传输总线上。当系统的某个分支短路时,能自动将其两端呈高阻或开路状态,使之与整个系统隔离开,不影响总线上其他部件的正常工作。故障消除后,自动将被隔离出去的部分重新纳入系统。

⑥区域显示器。区域显示器是一种可以安装在楼层或独立防火区内的火灾报警显示装置,用于显示来自报警控制器的火警及故障信息。

⑦总线驱动器。当报警控制器监控的部件太多(超过 200 个),所监控设备电流太大(超过 200 mA)或总线传输距离太长时,采用总线驱动器增强线路的驱动能力。

⑧报警门灯及引导灯。报警门灯与对应的探测器并联使用,一般安装在巡视观察方便的地方,如会议室、餐厅、房间及每层楼的门上端。当探测器报警时,门灯上的指示灯亮。

引导灯安装在疏散通道上,与控制器相连接。在有火灾发生时,消防控制中心通过手动操作打开有关的引导灯,引导人员尽快疏散。

声光报警盒是一种安装在现场的声光报警设备,作用是当发生火灾并被确认后,发出声光信号提醒人们注意。

⑨CRT 报警显示系统。把所有与消防系统有关的平面图形及报警区域和报警点存入计算机内,火灾发生时能在显示屏上自动用声、光显示火灾部位及报警类型,发生时间等,并用打印机自动打印。

⑩辅助指示装置。用于将火灾报警信息进行光中继的设备。常见的有模拟显示盘、辅助指示灯、疏散指示灯等。模拟显示盘主要安装于消防控制室,将火灾报警信息直观化,便于观察。疏散指示灯常安装于公共空间部分,用于帮助人员进行正确的火灾疏散。

(4)用于联动控制和火灾报警的设备

①水流指示器和水力报警器:

a.水流指示器一般装在配水干管上,作为分区报警使用。水流指示器不能单独作喷淋泵的启动控制用,可与压力开关联合使用。

b.水力报警器包括水力警铃及压力开关。水力警铃装在湿式报警阀的延迟器后。当系统侧排水口放水后,利用水力驱动警铃,使之发出报警声。它可用于干式、干湿两用式、雨淋及预作用自动喷水灭火系统中。

压力开关是装在延迟器上部的水-电转换器,其功能是将管网水压力信号转变成电信号,以实现自动报警及启动消火栓泵的功能。

②消火栓按钮及手动报警按钮

a.消火栓按钮:消火栓灭火系统中的主要报警元件。消火栓按钮用于向消防控制中心发出申请启动消防水泵的信号。

b.手动报警按钮:与自动报警控制器相连,用于手动报警。

③排烟阀和防火阀。排烟阀的控制应满足:正常时处于关闭状态,由感烟探测器现场控制开启;排烟阀动作后应启动相关的排烟风机和正压送风机,停止相关范围内的空调风机及其他送、排风机;同一排烟区内的多个排烟阀,若需同时动作时,可采用接力控制方式开启,并由最

后动作的排烟阀发送动作信号。

防火阀正常时处于开启状态,当发生火灾时,温度上升,开启熔断器熔断使阀门自动关闭。一般用在有防火要求的通风及空调系统的风道上。防火阀可用手动复位(打开),也可用电动机构进行操作。电动机构一般采用电磁铁,接受消防中心命令而关闭阀门。设在排烟风机入口处的防火阀动作后应联动停止排烟风机。

3.3.2 电视监控系统

电视监控系统是安全技术防范体系中的一个重要组成部分,这是一种先进的、防范能力强的综合系统。它可以通过遥控摄像机及其辅助设备(镜头、云台等)直接观看被监视场所的情况;同时,还可以与防盗报警系统等其他安全技术防范体系联动运行,使其防范能力更加强大。

闭路电视监控系统能在人们无法直接观察的场合,实时、清晰、真实地反映被监视对象的画面,并已成为人们在现代化管理中监控的一种极为有效的观察工具。

1)系统结构

典型的电视监控系统主要由前端设备和后端设备两大部分组成,后端设备可分为中心控制设备和分控制设备。前、后端设备有多种构成方式,它们之间的联系(也可称作传输系统)可通过电缆、光纤或微波等多种方式来实现。如图 3.34 所示,电视监控系统由摄像机(含话筒)、传输系统、控制系统及显示和记录 4 个部分组成。

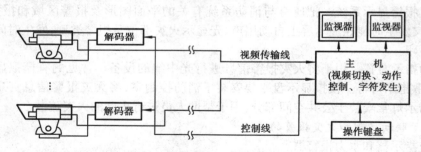

图 3.34　电视监控系统的基本组成

（1）摄像装置

摄像装置是电视监控系统的前沿部分,是整个系统的"眼睛"。一般安装在现场,其作用是对监视区域进行摄像并将被监视目标的光、声信号变成电信号送入系统的传输分配系统。

摄像机是光电信号转换的主体设备,是摄像装置的核心设备。相关辅助设备为灯、支架和护罩等。

（2）传输系统

信号传输系统一般指系统的图像信号通路。由于某些系统中除图像外,还要传输声音信号和控制室对摄像机、镜头、云台、防护罩等的控制信号,因此传输系统也常指所有要传输的信号的总和的信号通路。

国内闭路监控的视频传输一般采用同轴电缆作介质,但同轴电缆的传输距离有限,随着技术的不断发展,光纤传输、射频传输、电话线传输等多种传输系统在实际工程中的应用也不断增加。

2) 中小型监控系统

中小型监控系统规模不大（摄像监视点数不超过32点），功能相对简单，但应用范围广，可以方便地实现对人、商品、货物或车辆实现监控，还可用于燃气站、排污管等特殊场所。监控系统既可自成体系，也可与防盗报警系统或出入口控制系统合用，构成综合保安监控系统。

（1）简单的定点监控系统

该系统由定点摄像机和室内监视器组成。配接定焦镜头的定点摄像机安置在监视现场，通过同轴电缆将视频信号直接传输到监控室内的监视器，进行实时监控。与录像机配合使用，则可记录监视的画面，便于存档。

摄像机的数量较多时，可借助于多路切换器、画面分割器或系统主机进行监视，如图3.35所示。

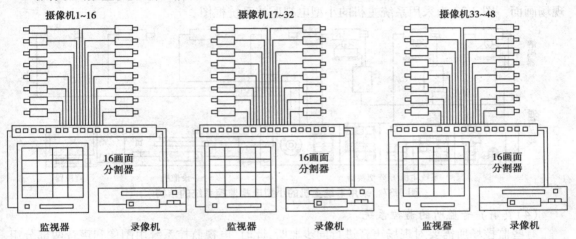

图3.35 某超市电视监控系统的构成

监视点数增加时，系统规模随之增大，但如果没有其他附加设备及要求，这类监控系统仍可归属于简单的定点系统。以图3.35所示的某大型超市闭路电视监控系统为例，该超市共安装了48台定点摄像机，采用简单定点系统时，可将48路监控信号分成3组，分别接入对应的16画面分割器、监视器及录像机上。

（2）简单的全方位监控系统

将简单定点系统中的定焦镜头换成电动变焦镜头，加上全方位云台，便构成所谓全方位监控系统。显然，云台及电动镜头的动作需要由控制器或与系统主机配合的解码器进行控制。因此，需要在控制室增加控制器，从监控现场到控制室应增设多芯控制电缆。工作人员可在监控室内通过操作控制器使摄像机对整个监控现场进行监控，也可以实现局部定点监视。

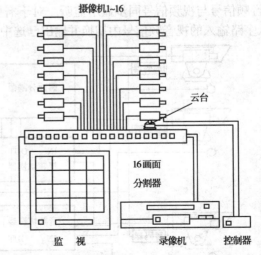

图3.36 在定点监控系统中增加一个全方位监视点

实际应用中,并不需要对各监视点均按全方位配置,一般对需要进行特别监控的监视点配备全方位设备。例如,在招待所走廊等的定点监控系统中,可将停车场定点摄像机改为全方位摄像机,以扩大对停车场的监视范围,并可进行车牌识别和停车位显示与管理等。图3.36为增加一个全方位监视点的定点监控系统方框图。

(3)具有小型主机的监控系统

当监控系统中的全方位摄像机数量达到3~4台以上时,为了减少控制线缆数量,可采用小型系统主机代替多台单路控制器(或多路控制器),实现对全方位摄像机的控制。

有主机的监控系统中,由于系统主机与现场解码器之间采用总线方式连接,因而系统中只有1根2芯通信电缆。另外,集成式的系统主机具有报警探测器接口,便于将防盗报警系统与电视监控系统整合于一体。当探测器报警时,主机可自动将主监视器画面切换到发生警情的现场画面。图3.37为采用系统主机的小型电视监控系统框图。

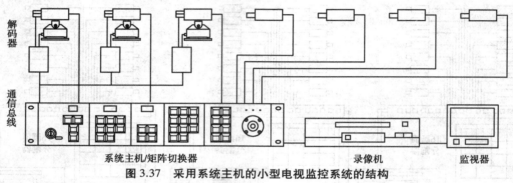

图3.37 采用系统主机的小型电视监控系统的结构

(4)具有声音监听的监控系统

有些监控场所需要对现场声音进行同步监听,此时,电视监控系统由图像和声音两部分组成。由于增加了声音信号的采集及传输,系统的规模比纯定点图像监控系统增大,在传输过程中还应保证图像与声音信号的同步。

在由"摄像机—录像机—监视器"构成的简单系统中,只需要增加监听头及音频传输线,即可将音频信号与视频信号同步显示监听。对于需要切换监控的系统,则要配置视音频同步切换器,从多路输入的视音频信号中切换并输出已选中的视频及对应的音频信号,如图3.38所示。

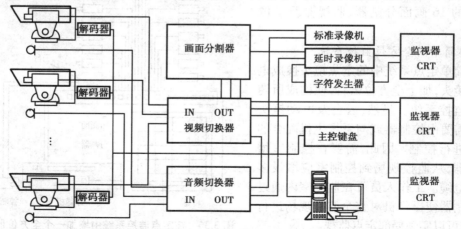

图3.38 具有声音监听的监控系统组成结构图

3)大中型电视监控系统

大中型电视监控系统具有监视点数多,有大量的全方位监视点,常与防盗报警系统集成为一体的特点。由于汇集在中心控制室的视音频信号很多,需要多种视音频设备进行组合,有时还需要设置分控制中心,系统相对庞大,如图3.39和图3.40所示。

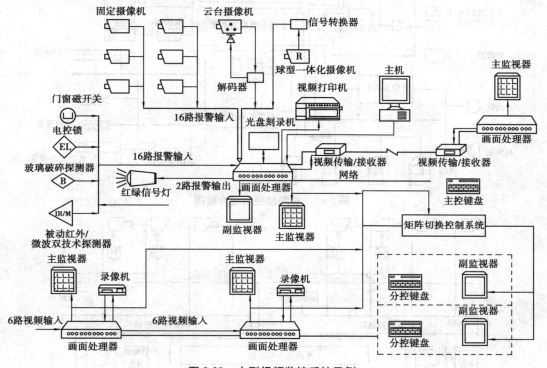

图3.39 大型视频监控系统示例

4)多主机多级电视监控系统

常规的电视监控系统一般只有1台主机。但是对某些特殊应用的场合,需要多台主机构成多级电视监控系统。以某综合大楼的监控系统为例,需要在其每栋塔楼安装1套闭路电视监控系统,各塔楼内有独立的监控室,整个建筑内设置监控系统,将各塔楼监控子系统组合在一起,并设立大型电视监控中心,在该中心可以调看建筑内任意摄像机的图像,并对该摄像机的云台及电动变焦镜头进行控制。此即为多主机多级电视监控系统,如图3.41所示。

5)电视监控系统的主要设备

(1)电视监控系统的前端设备

如图3.42所示,电视监控系统的前端设备通常由摄像机、手动或电动镜头、云台、防护罩、监听器、报警探测器和多功能解码器等部件组成,其间通过有线、无线或光纤传输媒介与中心控制系统的各种设备建立相应的联系(传输视/音频信号及控制、报警信号)。实际监控系统中,这些设备不一定同时使用,但摄像机和镜头是最基本的元件。

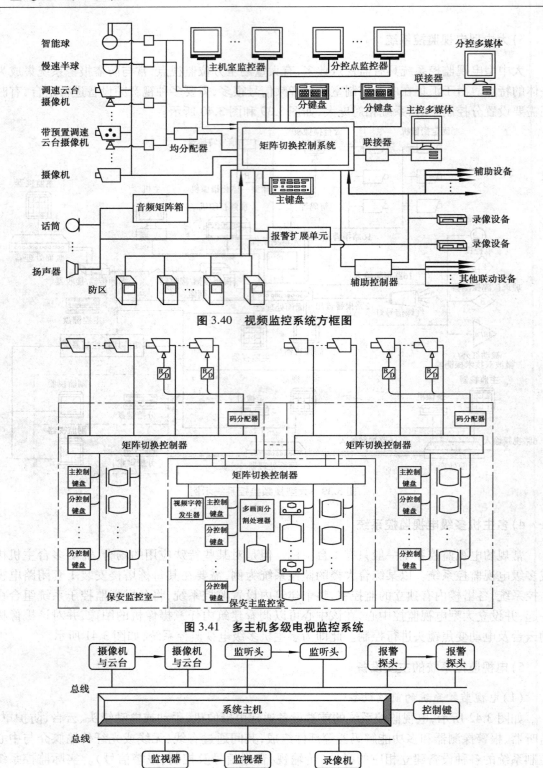

图 3.40　视频监控系统方框图

图 3.41　多主机多级电视监控系统

图 3.42　闭路电视监控系统框图

①摄像机:摄像机是光电信号转换的主体设备,是摄像装置的核心设备。相关辅助设备还有灯、支架和护罩等。

②云台与防护罩:云台是承载摄像机进行水平和垂直两个方向转动的装置。电动云台内装两台电动机,一个负责水平方向的转动,另一个负责垂直方向的转动。云台可分为室内用云台及室外用云台,前者承重小,没有防雨装置。后者承重大,有防雨装置。

防护罩用于对摄像机的保护,使其在有灰尘、雨水、高低温等情况下正常使用。

摄像装置在室外安装时,应对摄像机及镜头加装专门的防护罩,对云台也要有防尘、防雨、抗高低温、抗腐蚀的相应防护措施。

③云台控制器及多功能控制器:云台控制器与电动云台配合使用,其作用是输出控制电压至云台,驱动云台电动机转动,从而完成云台的旋转动作,通过云台控制摄像机作水平的或全方位的旋转,以扩大监控范围。

多功能控制器主要完成对电动云台、变焦距镜头、防护罩的雨刷及射灯等受控设备的控制。一般安装在中心机房、调度室或某些监视点上。

(2)系统主机

系统主机是大中型电视监控系统的核心设备。将系统控制单元与视频矩阵切换器集成为一体,简称系统主机,而系统主机的核心部件则为微处理器(CPU)。

系统主机主要是实现多路视/音频信号的选择切换(输出到指定的监视器或录像机)并在视频信号上叠加时间、日期、视频输入号及标题、监视状态等重要信息在监视器上显示,通过通信线对指定地址的前端设备(云台、电动镜头、雨刷、照明灯或摄像机电源等)进行各种控制。

(3)视频处理设备

①视频切换器:它是闭路电视监控系统的常用设备,其功能是从多路视频输入信号中选出一路或几路送往监视器或录像机显示或录像。

②画面处理器:用1台监视器显示多路摄像机图像或1台录像机记录多台摄像机信号的装置。当需要同时监控很多场所时,采用摄像机与录像机一对一方式导致系统庞大、设备数量多、大幅提高设备及管理费用。此时,可采用画面处理器简化系统,提高系统运转效率。

画面处理设备可分为画面分割器和多工处理器。

由于画面处理器实质上是以降低画面质量来简化系统的,采用画面处理器后,画面的解析度及品质降低,但保安监控的目的在于识别罪犯特征,不必强调作案细节,因此满足使用需要。评价多画面分割器性能优劣的关键是影像处理速度和画面的清晰程度。

③视频分配器:视频分配器可以将一路视频信号均匀分配为多路视频信号,以供给多台监视器或录像机等后续视频设备同时使用,如图3.43所示。

视频运动检测器通常和画面处理器、硬盘录像机等合为一体,用于防盗报警系统。

(4)传输系统

闭路监控的视频信号近距离传输时,一般采用同轴电缆作介质,传输距离较远时,可采用光纤传输、射频传输、电话线传输等多种传输系统。

①同轴电缆传输:当系统的图像信号:传输距离较近,可采用同轴电缆传输视频基带信号的视频传输方式;传输距离较远,监视点分布范围广,或需进电缆电视网时,宜采用同轴电缆传输射频调制信号的射频传输方式。同轴电缆对外界电磁波和静电场具有屏蔽作用,导体截面

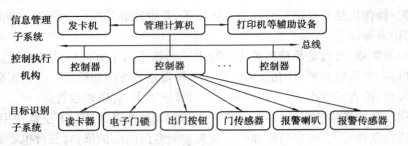

图 3.43　门禁系统的组成框图

积越大,传输损耗越小,视频信号传送得越远。

由于同轴电缆对信号的衰减作用,采用同轴电缆直接传输摄像机图像信号时,对其长度有一定限制。当摄像机距监视器距离较远时,需采用较大截面的同轴电缆或加装线路放大器等措施,方能保证清晰地显示信号。

②光纤视频传输:系统的图像信号需要进行长距离传输或需避免强电磁场干扰时,可采用传输光调制信号的光缆传输方式。当有防雷要求时,需要采用无金属光缆。

光纤是能使光以最小的衰减从一端传到另一端的透明玻璃或塑料纤维,光纤的最大特性是抗电子噪声干扰,信号衰减小,传输距离远。

光纤可分为多模光纤和单模光纤。单模光纤的传播路径单一,一般用于长距离传输,而多模光纤有多种传播路径。多模光纤的带宽为 50~500 MHz/km,单模光纤的带宽为 2 GHz/km。

③射频传输:在不宜布线的场所,可采用近距离的无线传输方式。无线视频传输由发射机和接收机组成,每组发射机和接收机具有相同的频率,可以传输彩色和黑白视频信号,并可有声音传输通道。无线传输的设备体积小巧,重量轻,一般采用直流供电,常用于电视监控系统。

由于大功率无线电传输设备有可能干扰正常的无线电通信,目前无线传输设备常采用2.4 GHz频率,传输范围较小,一般只能传输 200~300 m。

④电话线传输:利用现有的电话线路也可以进行长距离视频传输。目前,有线电话线路已分布到各个地区,构成了便捷的传输网络。利用现有的电话传输网络,在发送端及监控端分别加上发射机和接收机,通过调制解调器与电话线路相连,即构成了电话线传输系统。但由于电话线路带宽较小,加之视频图像数据量很大,因而传输到终端的图像连续性差,分辨率越高,帧与帧之间的间隔越长。

3.3.3　安全防范系统

安全防范系统包括出入口管理及周界防越报警系统、闭路电视监控系统、数字视频远程网络监控系统、对讲/可视防盗门系统、住户报警系统、保安巡更管理系统等。

1)出入口控制(门禁)

所谓的出入口控制就是对出入口的管理。出入口控制系统,是在建筑物内的主要管理区入口、电梯厅、主要设备控制中心机房、贵重物品的库房等重要部位的通道口安装门磁开关、电控锁或读卡机等控制装置,由中央控制室监控,系统采用计算机多重任务的处理,能够对各通道口的位置、通行对象及通行时间等进行实时控制或设定程序控制,适应于银行、停车场、博物馆、医院、商住楼、货仓、别墅区、金融贸易楼和综合楼等公共安全管理。该系统控制各类人员的出入以及他们在相关区域的行动,通常被称作门禁系统。其控制的原理是:按照人的活动范围,预先制作出各种层次的卡或预定密码。在相关的大门出入口、金库门、档案室门和电梯门等处安装磁卡识别器或密码键盘,用户持有效卡或输入密码方能通过和进入。

由读卡机阅读卡片密码,经解码后送控制器判断。如身份符合,门锁被开启,否则自动报警。通过门禁系统,可有效控制人员的流动,并能对工作人员的出入情况及时查询。目前门禁系统已成为现代化建筑智能化的标准配置之一。

出入口控制系统一般要与防盗(劫)报警系统和闭路电视监视系统相结合,以有效地实现安全防范。

(1)门禁系统的组成

门禁控制系统一般由出入口目标识别子系统、出入口信息管理子系统和出入口控制执行机构3部分组成,如图3.45所示。

①系统的前端设备为各种出入口目标的识别装置和门锁启闭装置。它包括:识别卡、读卡器、控制器、电磁锁、出门按钮、钥匙、指示灯和警号等,主要用来接受人员输入的信息,再转换成电信号送到控制器中。同时,根据来自控制器的信号,完成开锁、闭锁、报警等工作。

②控制器接收底层设备发来的相关信息,同自己存储的信息相比较以做出判断,然后再发出处理的信息。当然也接收控制主机发来的命令。单个控制器就可以组成一个简单的门禁系统来管理一个或多个门。多个控制器通过通信网络同计算机连接起来就组成了可集中监控的门禁系统。

③管理计算机(上位机)装有门禁系统的管理软件,它管理着系统中所有的控制器,向它们发送命令,对它们进行设置,接收其发来的信息,完成系统中所有信息的分析与处理。

④整个系统的传输方式一般采用专线或网络传输。

⑤出入口目标识别子系统可分为对人的识别和对物的识别。以对人的识别为例,可分为生物特征识别系统和编码识别系统两类。

生物特征识别(由目标自身特性决定)系统如指纹识别、掌纹识别、眼纹识别、面部特征识别、语音特征识别等。

编码识别(由目标自己记忆或携带)系统如普通编码键盘、乱序编码键盘、条码卡识别、磁条卡识别、接触式 IC 卡识别和非接触式 IC 卡识别等。

(2)门禁管理系统控制方式

①门磁开关控制方式:在需要了解其通行状态的门上安装门磁开关(如办公室门、通道门、营业大厅门等)。当通行门开/关时,由门磁开关向系统控制中心发出该门开/关的状态信号,同时,系统控制中心记录该门开/关的时间、状态及门地址。

②"门磁开关+电动门锁"控制方式:用于需要进行监视并控制的门,如楼梯间通道门、防火门等。系统管理中心既可监视这些门的状态,也可控制这些门的启闭,还可以利用时间控制命令设定某通道门在某时间区间内处于开启或闭锁状态。或利用事件诱发程序命令,在发生火警时,联动防火门立即关闭。

③"门磁开关+电动门锁+磁卡识别器"控制方式:用于需要监视、控制和身份识别的门或有通道门的高安保区,如金库门、主要设备控制中心机房、计算机房、配电房等处。在这些重要

场所,除了安装门磁开关、电控锁之外,还要安装磁卡识别器或密码键盘等出入口控制装置,由中心控制室监控,以确保安全。

（3）楼宇对讲系统

楼宇对讲系统是一种被广泛用于公寓、住宅小区和办公楼的安全防范系统,通过该系统,入口处的来访者可以与室内主人建立（视）音频通信联络。按其功能可分为单对讲型和可视对讲型两种,如图 3.44 所示。

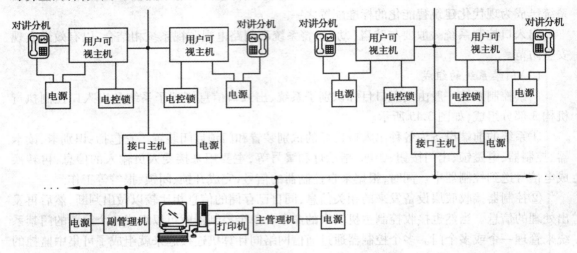

图 3.44　楼宇对讲系统的结构框图

①对讲分机:室内对讲分机用于住户与访客或管理中心人员的通话、观看来访者的影像及开门功能,同时也可监控门口情况。它由装有黑白或彩色显示屏、电子铃、电路板的机座及监视按钮、呼叫按钮和开门按钮等功能键和手机组成,由系统自身电源设备供电。对讲分机具有双向对讲通话功能。可视分机通常安装在住户的起居室的墙壁上或住户房门后的侧墙上,与位于单元门口的主机配合使用。

②接口主机:接口主机又称门口主机,用于实现来访者通过机上功能键与住户的对讲通话,并通过机上的摄像机提供来访者的影像。机内装有摄像机、扬声器、话筒和电路板,面板设有功能键,由系统电源供电。通常安装在单元楼门外的左侧墙或特制的防护门上。

③电源:楼宇对讲系统采用 220 V 交流电源供电,直流 12 V 输出。可选用充电电池作为备用电源。

④电控锁:电控锁安装在入口门上,受控于住户和保安人员,平时闭锁。当确认来访者可进入后,通过主人室内对讲分机上的开门键来打开电锁,来访者便可进入,进入后门上的电锁自动闭锁。另外,也可以通过钥匙、密码或门内的开门按钮打开电锁。

⑤控制中心主机:管理中心主机通常设在保安人员值班室,主机装有电路板、电子铃、功能键和手机(有的管理主机内附荧光屏和扬声器),并可外接摄像机和监视器。

物业管理中心的保安人员可以与住户或来访者进行通话,并能观察到来访者的影像;管理中心主机可接收用户分机的报警,识别报警区域及记忆用户号码,监视来访者情况,并具有呼叫和开锁的功能。

2)防盗报警系统

防盗报警系统具有报警及联动两大类功能。它利用各类探测器对建筑物内外重点区域、重要地点布防,在探测到非法入侵者时,信号传输到报警主机,声光报警,显示地址。有关值班人员接到报警后,根据情况采取措施,以控制事态的发展。同时联动开启报警现场灯光(含红外灯)、联动音视频矩阵控制器、开启报警现场摄像机进行监视,使监视器显示图像、录像机录像等,全方位对报警现场的声音、图像等进行复核,从而确定报警的性质(非法入侵、火灾、故障等),以采取有效措施。

防盗报警系统能对设防区域的非法入侵进行实时、可靠和正确无误的报警,不应有漏报警情况。为预防抢劫(或人员受到威胁),系统设有紧急报警装置并留有与110接警中心联网的接口。同时该系统还具有安全、方便的设防和撤防等功能。

(1)系统基本组成

该系统一般安全防范系统的组成,如图3.45所示。

图3.45 入侵防范系统组成

①报警控制中心:由信号处理器和报警装置等设备组成。处理传输系统传来的各类现场信息,有异常时,控制报警装置发出声、光报警信号。保安人员可以通过该设备对保安区域内各位置的探测器的工作情况进行集中监视。

②传输系统(信道):用于探测器和报警控制中心之间传递信息。传输信道常分为有线信道(如双绞线、电力线、电话线、电缆或光缆等)和无线信道(一般是调制后的微波)两类。

③探测器:由传感器和前置信号处理电路两部分组成。根据不同的防范场所选用不同的信号传感器,如气压、温度、振动和幅度传感器等,来探测和预报各种异常情况。红外探测器中的红外传感器能探测出被测物体表面的热变化率,从而判断被测物体的运动情况;振动电磁传感器能探测出物体的振动,把它固定在地面或保险柜上,就能探测出入侵者走动或撬挖保险柜的动作。前置信号处理电路将传感器输出的电信号处理为探测电信号,以便在信道中传输。

(2)警报接收与处理主机

①分线制和总线制:警报接收与处理主机也称为防盗主机。它将管理区域内的所有防盗防侵入传感器组合在一起,负责接收报警信号,控制延迟时间,驱动报警输出等工作。

报警主机分为分线制和总线制两种。所谓分线制,即各报警点至报警中心回路都有单独的报警信号线,报警探测器一般可直接接在回路终端;而总线制则是所有报警探头都分别通过总线编址器并联接入系统总线上再传至报警主机。分线制传输距离受到报警回路电压的限制,系统容量受到线缆敷设量的限制,一般只在小型近距离系统中使用。总线制需要在前端增加总线编码器等设备,但用线少且传输距离较长,用于中大型系统。

②防盗主机:采用微处理器控制,内有只读存储器和数码显示装置,可以对其编程并有较高的智能。其主要功能为:

a.以声光方式显示报警,可以人工或延时方式解除报警。

b.对所连接的防盗防侵入传感器,可按照实际需要设置成布防状态或者撤防状态,可以用程序来编写控制方式及防护性能。

c.可接多组密码键盘,可设置多个用户密码,保密防窃。

d.遇到有警报时,其报警信号可以经由通信线路,以自动或人工干预方式向上级部门或保安公司转发,快速沟通信息或者组网。

e.可以程序设置报警连动动作,即遇有报警时,防盗主机的编程输出端可通过继电器触点闭合执行相应的动作。

f.电话拨号器同警号、警灯一样,都是报警输出设备。不同的是警灯、警号输出的是声音和光,电话拨号器是通过电话线把事先录制好的声音信息传输给某个人或某个单位。

g.高档防盗主机有与闭路电视监控摄像的联动装置,一旦在系统内发生警报,则该警报区域的摄像机图像将立即显示在中央控制室内,并且能将报警时刻、报警图像、摄像机号码等信息实时地加以记录,若是与计算机连机的系统,还能以报警信息数据库的形式储存,以便快速地检索与分析。

3)应用举例

(1)出入口管理及周界防越报警系统

如图3.46所示,该系统设置应满足以下要求:

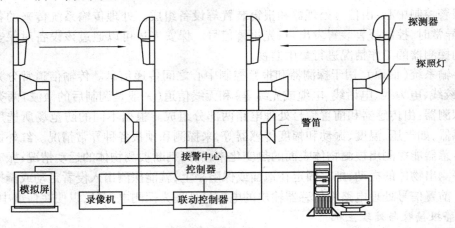

图3.46 周界防越报警系统

①周界须全面设防,无盲区和死角。

②探测器应有较强的抗不良天气环境干扰能力。

③防区划分适于报警时准确定位。

④报警中心具备语音/警笛/警灯提示。

⑤中心通过显示屏或电子地图识别报警区域。

⑥翻越区域现场报警,同时发出语音警笛/警灯/警告。

⑦报警中心可控制前端设备状态的恢复。

⑧夜间与周界探照灯联动,报警时,警情发生区域的探照灯自动开启。

⑨与电视监控系统联动,报警时,警情发生区域的图像在监控中心监视器中自动弹出。

⑩报警中心进行报警状态、报警时间记录。

（2）对讲/可视防盗门系统

①系统功能：

a.可以实现住户、访客语音/图像传输。

b.通过室内分机可以遥控开启防盗门电控锁。

c.门口主机可利用密码、钥匙或感应卡开启防盗门。

d.高层住宅在火灾报警情况下自动开启楼梯门锁。

e.高层住宅具有群呼功能，一旦灾情发生，可向所有住户发出报警信号。

②组成：由管理员主机、单元主机、住户对讲机和防盗门电控锁组成。传输速度为5帧/s，它是一种窄带电视。

（3）住户报警系统

①系统功能：

a.接警管理中心功能：监视和记录入网用户/同步地图显示。

b.处警功能。

c.信息管理。

②组成：由家庭报警单元、信号传输单元、物业接警单元等部分构成。

住户报警系统原理结构框图、防盗报警示例，见图3.47和图3.48。

③探测器的选择：用于门窗防范的可选门磁开关、微动开关及"电子栅窗"；用

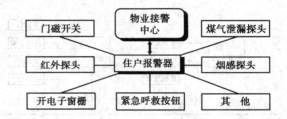

图3.47 住户报警系统原理结构框图

于空间防范的可选被动红外探测器和微波探测器；用于火灾、煤气泄漏防范的可选感烟探测器、感温探测器及可燃气体探测器。选用震动探测器时，应注意远离各种震源。

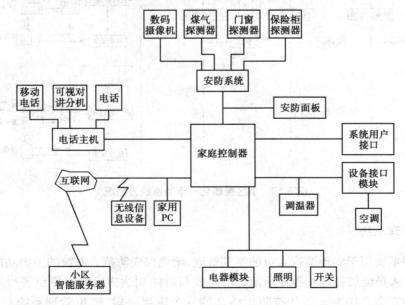

图3.48 防盗报警系统示例

（4）小区住户报警系统 （结构框图如图3.49所示）

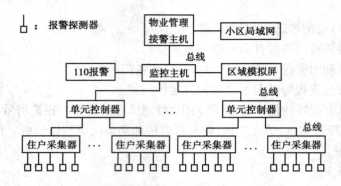

图3.49　小区住户报警系统结构

（5）小区智能化一卡通系统 （结构框图如图3.50所示）

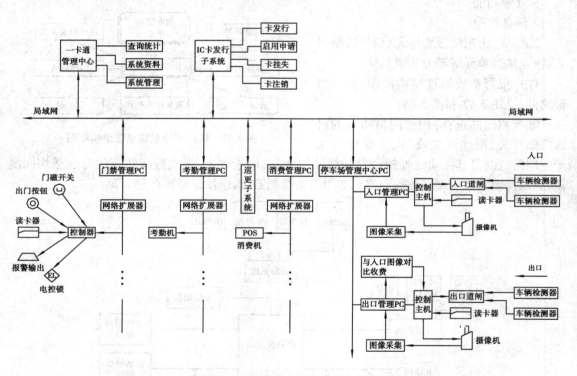

图3.50　小区智能化一卡通系统方框图

4）巡更管理系统

巡更管理系统用于实现巡逻人员的签到管理,增强保安防范。系统的主要功能和作用是:保证巡更值班人员能够按巡更程序所规定的路线与时间到达指定的巡更点进行巡逻,同时保护巡更人员的安全。作为人防和技防相结合的一个重要手段,巡更管理系统目前已被广泛采用。

巡更管理系统有离线式和在线式两种数据采集方式。

（1）离线式巡更系统

由非实时巡更管理系统软件、巡更信息点（RFID）、巡更器、管理主机组成。主要用于保障物品的安全，控制和监督巡逻人员的工作。离散巡更系统采用手持式 IC 卡读卡器作为巡更机、IC卡作为巡更点，巡更员携巡更器，按预先排好的巡更班次、时间间隔、线路走向到各巡更点巡视，读取有关信息。返回管理中心后将巡更机采集到的数据下载至电脑中，进行整理分析。

该系统主要由信息钮、巡更器、通信座、系统管理软件四部分组成，如图 3.51 所示。

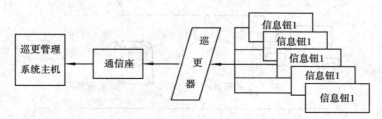

图 3.51　巡更系统结构框图

其工作原理是在每个巡查点设一信息钮（一种无源的只有钮扣大小不锈钢外壳封装的存贮设备），信息钮中贮存了巡查点的地理信息；巡查员手持巡更器，到达巡查点时只需用巡更器轻轻一碰嵌在墙上（树上或其他支撑物上）的信息钮扣，即把到达该巡查点的时间、地理位置等资料自动记录在巡查器上。巡查员完成巡查后，把巡更器插入通信座，将巡查员的所有巡查记录传送到计算机，系统管理软件立即显示出该巡查员巡查的路线、到达每个巡查点的时间和名称及漏查的巡查点，并按照要求生成巡检报告。

离线式巡更器的优点是：一个或几个巡更人员可以共用一个信息采集器，到各个指定的巡更点采集巡更信息。由于信息钮体积小，重量轻，安装方便，并且采用不锈钢封装，适用于较恶劣的室外环境。此系统为无线式，巡更点与管理计算机之间无安装距离限制，应用场所灵活。

（2）在线式巡更系统

在线式巡更系统由巡更监控主机、实时巡更管理软件、区域控制器、网络巡更器组成。

在线巡更系统采用 IC 卡作为巡更牌，IC 卡读卡器作为巡更点，在各巡更点安装控制器，通过有线或无线方式与中央控制主机联网，有相应的读入设备。巡更员携巡更牌，按预先排好的巡更班次、时间间隔、线路走向到各巡更点巡视。巡更点读取有关信息，实时上传至管理中心，供分析、处理。实现了实时管理保安巡逻人员的巡视情况、增加了保安防范措施。

巡更管理系统既可以用计算机组成一个独立的系统，也可以纳入整个监控系统。但对于智能化的大楼或小区来说，巡更管理系统应与其他子系统合并在一起，以组成一个完整的楼宇自动化系统，也可以简化布线体系，节省投资。

典型的巡更管理系统由现场控制器、监控中心和巡更点匙控开关等组成。

巡更管理系统的工作过程如下：巡更人员在规定的时间内到达指定的巡更点，使用专门的钥匙开启巡更开关或按下巡更信号箱上的按钮，向系统监控中心发出"巡更到位"的信号，系统监控在收到信号的同时将记录下巡更到位的时间、巡更点编号等信息。如果在规定的时间内指定的巡更点未收到巡更人员"到位"的信号，则该巡更点将向监控中心发出报警信号；如果巡更点没有按规定的顺序开启巡更开关或按下按钮，则未巡视的巡更点将发出未巡视的信号，同时中断巡更程序并记录在系统监控中心。监控中心应对此立即做出处理。

在线式巡更系统的结构框图如图 3.52 所示。

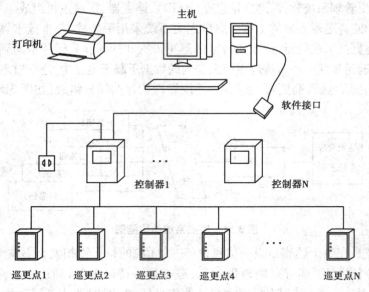

图 3.52　在线式巡更系统结构框图

5)安保系统的主要设备

(1)门禁系统的主要设备

①识别卡:按照工作原理和使用方式等方面的不同,可将识别卡分为不同的类群,如接触式和非接触式、IC 和 ID、有源和无源。它们最终的目的都是作为电子钥匙被使用,只是在使用的方便性,系统识别的保密性等方面有所不同。

IC 卡可分为接触型和非接触型(感应型)两种。

接触型智能卡　由读/写设备的接触点与卡上的触点相接触而接通电路进行信息读/写。

非接触型智能卡　由 IC 芯片、感应天线组成,并完全密封在一个标准 PVC 卡片中,无外露部分。它分为两种,一种为近距离耦合式,卡必须插入机器缝隙内;另一种为远程耦合式。

非接触式 IC 卡的读/写,通常由非接触型 IC 卡与读卡器之间通过无线电波来完成。非接触型 IC 卡本身是无源体,当读卡器对卡进行读/写操作时,读卡器发出的信号由两部分叠加组成。一部分是电源信号,该信号由卡接收后,与其本身的 L/C 产生谐振,产生一个瞬间能量来供给芯片工作;另一部分则是结合数据信号,指挥芯片完成数据的修改、存储等,并返回给读卡器。

②读卡器:读卡器分为接触卡读卡器(磁条、IC)和感应卡(非接触)读卡器等几大类,它们之间又有带密码键盘和不带密码键盘的区别。读卡器设置在出入口处,通过它可将门禁卡的参数读入,并将所读取的参数经由控制器判断分析,准入则电锁打开,人员可自行通过;禁入则电锁不动作,并且立即报警做相应的记录。

③写入器:写入器是对各类识别卡写入各种标志、代码和数据(如金额、防伪码)等。

④控制器:控制器是门禁系统的核心,由微处理机和相应的外围电路组成。控制器用于确

定识别卡是否为有效卡及是否符合所限定的授权,从而对电锁进行控制。

⑤电锁:门禁系统所用电锁一般有三种类型:电动阴锁、电磁锁和电插锁。视门的具体情况选择。电动阴锁和电磁锁一般用于木门和铁门,电插锁则用于玻璃门。电动阴锁一般为无电闭锁、通电开门,电磁锁和电插锁为通电锁门。

⑥管理计算机:门禁系统的管理计算机通过专用的管理软件对系统所有的设备和数据进行管理。可进行:

a.设备注册:如在增加或减少控制器或卡片时,进行登记,以使其生效或失效。

b.级别设定:对已注册的卡片进行行为及操作方面的授权与限制。

c.时间管理:设定管理时间阈值。

d.数据库管理:对系统所记录的数据进行转存、备份、存档和读取等处理。系统正常运行时,对各种出入事件、异常事件及其处理方式进行记录并保存备查。

e.报表生成:能够根据要求定时或随机地生成各种报表。进而组合出"考勤管理""巡更管理"和"会议室管理"等各种报表。

f.网间通信:实现安保系统与其他系统之间的信息传送。例如在有非法闯入时及时向电视监视系统发出信息,使摄像机及时重点监视并进行录像。

g.友好的人机界面。

(2)防盗系统的主要设备

①探测器:探测器通常按其传感器种类、工作方式和警戒范围来区分类型。

按传感器种类分类(即按传感器探测的物理量分类),可分为开关报警器,振动报警器,超声、次声波报警器,红外报警器,微波、激光报警器等。

按工作方式分类,可分为被动探测报警器、主动探测报警器。

按警戒范围分类,可分为点探测报警器、线探测报警器、面探测报警器和空间探测报警器。

按报警器材用途分类,可分为防盗防破坏报警器、防火报警器和防爆炸报警器等。

按探测电信号传输信道分类,可分为有线报警器和无线报警器。

a.微波探测器:微波探测器是利用微波能量的辐射及探测技术构成的报警器。按工作原理,可分为微波移动报警器和微波阻挡报警器两种。

b.红外线报警器:利用红外线的辐射和接收技术构成的报警装置,可分为主动式和被动式两种类型。

c.超声波报警器:使用 $25\sim40\ kHz$ 超声波进行工作,其工作方式与微波报警器类似。当入侵者在探测区内移动时,超声反射波会产生大约 $\pm100\ Hz$ 的频移,接收机检测出发射波与反射波之间的频率差异后,即发出报警信号。该报警器的缺点是容易受到振动和气流的影响。

d.双鉴探测器:微波、红外、超声波三种单技术报警器均会因不同的环境干扰及其他因素引起误报警。为了减少误报,把两种不同探测原理的探测器结合起来,组成双技术的组合报警器,即双鉴报警器。双技术的组合必须满足:组合中的两个探测器有不同的误报原理,两个探测器对目标的探测灵敏度相同;上述原则不能满足时,应选择对警戒环境产生误报率最低的两种类型的探测器(如果两种探测器对外界环境的误报率都很高,当两者结合成双鉴探测器时,并不能显著降低误报率);所选探测器应对外界经常或连续发生的干扰不敏感。

微波与被动式红外复合的探测器就是将微波和红外探测技术集中运用在一体构成的双鉴

探测器。在控制范围内,只有两种报警技术的探测器都产生报警信号时,才输出报警信号。此探测器既有微波探测器可靠性强、与热源无关的优点,又有被动式红外探测器无须照明和亮度要求的优点,可昼夜运行,大大降低了探测器的误报率。利用声音和振动技术的复合型双鉴式玻璃报警器只有在同时感受到玻璃振动和破碎时的高频声音,才发生报警信号,从而大大减弱了因窗户的振动而引起的误报,提高了报警的准确性。

e.门磁开关:一种广泛使用、成本低、安装方便且不需要调整和维修的探测器。门磁开关分为可移动部件和输出部件。可移动部件安装在活动的门窗上,输出部件安装在相应的门窗上,两者安装距离不超过 10 mm。输出部件上有两条线,正常状态为常闭输出,门窗开启超过 10 mm,输出转换成为常开。当有人破坏单元的大门或窗户时,门磁开关会立即将这些动作信号传输给报警控制器进行报警。

f.玻璃破碎报警器:利用压电式微音器装于面对玻璃的位置,由于只对高频的玻璃破碎声音进行有效的检测,因此不会受到玻璃本身的振动而引起反应。该感知器主要用于周界防护,安装在单元窗户和玻璃门附近的墙上或天花板上。当窗户或阳台门的玻璃被打破时,玻璃破碎探测器探测到玻璃破碎的声音后即将探测到的信号传给报警控制器进行报警。

②紧急呼救按钮:紧急呼救按钮主要安装在人员流动比较多的位置,以便在遇到意外情况时,用手或脚按下紧急呼救按钮向保安部门或其他人进行紧急呼救报警。

③报警扬声器和警铃:报警扬声器和警铃安装在易于被听到的位置。在探测器探测到意外情况并发出报警时,能通过报警扬声器和警铃来发出高分贝的报警声。

④电动门锁及磁卡识别器。

⑤报警指示灯:报警指示灯主要安装在单元住户大门外的墙上。当报警发生时,便于前来救援的保安人员通过报警指示灯的闪烁迅速找到报警用户。

思考题

3.1 在建筑给水系统中,变频调速设备是如何实现节能的?

3.2 漏电开关的作用何在? 如何选用? 中性线上为什么不能安装独立操作的开关或熔断器?

3.3 一幢 5 万 m² 的超高层星级宾馆,建筑高度为 119 m,请确定以下问题:

①整个建筑物的电力负荷是多少? 变配电所应设在哪些地方? 为什么? 请选择变压器的种类及型号并说明选择依据。

②需要几路电源? 是否需要设置柴油发电机组? 多大容量?

③选择高低压主结线的形式并说明理由。

④确定该建筑物的防雷等级,并指出所采用的防雷措施。

⑤是否需要采用航空障碍灯? 用什么颜色? 是否闪光?

3.4 从低压配电室到用电设备之间的配线有哪几种形式? 你认为从变配电室到制冷机组的配线应采用哪种形式? 沿电气竖井上升向各楼层进行照明供电的配线应采用哪种形式?

4 建筑安装工程招投标

4.1 概 述

1) 建筑安装工程

严格意义上的建筑安装工程包括:机械设备安装工程,电气设备安装工程,热力设备安装工程,炉窑砌筑工程,静置设备与工艺金属结构制作与安装工程,工业管道工程,消防及安全防范设备安装工程,给排水、采暖、燃气工程,通风空调工程,自动化控制装置及仪表安装工程,油漆、防腐蚀、绝热工程和通信设备及线路安装工程。需要说明的是,本书所介绍的建筑安装工程主要包括:电气设备安装工程,消防及安全防范设备安装工程,给排水、采暖、燃气、通风、空调工程和通信设备及线路安装工程。

2) 招投标

招投标是指由采购人事先提出货物、工程或服务的条件和要求,邀请必要数量的投标者参加投标并按照法定或约定程序选择交易对象的一种市场行为。它包括招标和投标两个基本环节,前者是招标人以一定的方式邀请不特定的自然人、法人或其他组织投标,后者是投标人响应招标人的要求参加投标竞争。

招投标在性质上既是一种经济活动,又是一种民事法律行为,其整个过程包含招标、投标和定标三个主要阶段,而定标是核心环节。

3) 建筑安装工程中的招投标

涉及建筑设备工程的招投标可分为建筑设备设计招标投标、建筑设备采购招标投标和建筑设备施工招标投标。实际操作过程中具备上述二种或三种形式的称为建筑设备综合招标投标。本章主要讲述建筑设备施工招标、投标。

4.2 建筑安装工程招投标综述

4.2.1 建筑安装工程基本概念

建筑安装工程招投标是指招标人(一般是业主)就建筑设备工程安装任务,事先公布选择分派的条件和要求,招引他人承接,若干或众多投标人(承包商)做出愿意参加任务竞争的意思表示,招标人按照规定的程序和办法择优选定中标人的活动。

4.2.2 建筑安装工程招投标的作用

建筑工程设备安装项目的招投标活动是建筑工程项目招标投标活动的重要组成部分,它伴随着建筑工程项目招标投标的发展而发展。特别是近年来,工程设备技术的不断发展和提高,新技术、新功能的不断出现,建筑工程设备安装项目投资在工程建设中的投资比例逐年增加,建筑工程中的设备安装项目的招标数量也逐年提高。

建筑安装工程项目招标投标是在建筑安装工程市场引入竞争机制,用以体现价值规律的一种方式,是推进技术进步、管理创新,实现现代化、科学化项目管理的重要环节。它能充分调动建设企业和个人的积极性,实现公平竞争和合理分配;促进企业改善经营方式,实现人力、物力、财力的优化组合,提高工作效率和工作质量,为采用最佳技术方案和新工艺、新结构及新的生产线创造条件。

4.2.3 建筑安装工程招投标的特点

1)建筑设备安装工程的特点

(1)项目种类繁多

房屋建筑工程中的设备安装项目种类繁多,较常见的主要有电梯、扶梯、中央空调系统、建筑智能化系统、给排水设备、消防设备、高低压配电设备等。

(2)项目技术发展快

房屋建筑项目的发展主要体现在设备的发展上。在过去,房建项目大多只有三、四层高,多为砖混结构,设备安装只有简单的供排水系统和民用供电系统,占房建投资比例很小。随着经济的发展,人们的物质生活水平不断提高,对住宅和办公场所的要求也不断提高,更多先进设备设施进入了房屋建筑工程。如:电梯、扶梯已成了高层房屋建筑工程的主要配套项目;中央空调系统、建筑智能化系统也成为办公及商业建筑的主要设备并逐渐进入普通住宅楼工程。新的设备将随着新技术的不断发展而出现,设备招投标项目将不断扩大。

(3)项目实施方案多

每一种设备安装项目由于技术的不断发展,出现不同技术并存的局面,使得设备安装项目实施方案众多。例如:中央空调系统有水冷离心机系统、水冷螺杆机系统、空气源热泵系统、可变冷媒流量系统、冰蓄冷调系统,等等。电梯设备从建筑上分为有机房电梯与无机房电梯两类

（其中，有机房又可分为有齿轮和无齿轮，无机房可分为上置主机和下置主机）；从控制上分为VVVF（调压、调频、调速）控制、交流调速控制、交流双速控制。

2）建筑安装工程招投标的特点

（1）不同类型建筑设备招投标中需考虑的因素众多且不尽相同

不同种类的建筑工程设备，其主要技术参数、招标范围、制造验收标准、验收方式、售后服务要求都不相同。例如：水泵、变压器等设备招标，仅需考虑主要技术参数、选材、配套件的要求；而对电梯的招标，除要考虑主要技术参数、选材、配套件因素外，还要考虑电梯的使用功能、装饰、土建的配套性，安装、电梯的舒适性参数要求，故障率、售后服务的承诺等条件。

（2）建筑设备安装工程招投标不同于土建工程的招投标

建筑设备的形成过程与建筑产品的形成过程在客观上存在很大的区别，使得建筑工程的设备安装招投标与土建施工招投标也有所不同。建筑工程土建施工招投标要求各投标单位按施工设计图纸投标，按统一的工程量报价。而建筑设备招投标过程中，设计只能提供基本的规格、技术参数、平面布置图，各制造厂家为了实现招标文件规定的基本要求，其加工制造图纸、加工设备、加工工艺是不同的，加工完成的建设工程设备的具体功能、性能配置、质量、使用寿命也是有区别的，这就造成了不同品牌厂家的产品价格相差悬殊（因为符合工程基本设计要求的建设工程设备存在不同的档次）。高档设备其用材、加工精度、加工工艺、组装水平、外购件质量、控制系统的先进性、设备性能的稳定性相对较好，后期使用过程中质量相对稳定、效率高、返修率低；低档设备的优势通常是价格便宜。

4.2.4 建筑安装工程招投标的原则

（1）合法、正当原则

合法原则的基本要求是，招标投标人和中介服务机构的一切活动，必须符合法律、法规、规章和有关政策的规定。正当原则即要求当事人所进行招标投标活动，必须符合社会公共道德和社会公共利益，能获得社会的肯定评价。

（2）统一、开放原则

统一原则要求招标投标的市场、管理和规范必须统一，这样才能真正发挥市场机制的作用。开放原则要求根据统一的市场准入规则，打破地区、部门和所有制等方面的限制和束缚，向全社会开放招标投标市场，破除地区和部门保护主义。

（3）公开、公正、平等竞争原则

公开原则是要求招标投标活动具有较高的透明度。公正原则是指在招标投标活动中，按照同一标准实事求是地对待所有当事人和中介机构。平等竞争原则是指所有当事人和中介机构在招投标活动中，享有均等的机会，具有同等的权利，履行相应的义务，任何一方都不受歧视。

（4）诚实信用原则

在招投标活动中，当事人和有关中介机构应当以诚相待，讲求信义，实事求是，做到言行一致，遵守诺言，履行成约；不得见利忘义、投机取巧、弄虚作假、隐瞒欺诈、以次充好、掺杂使假、坑蒙拐骗，损害国家、集体和他人的合法权益。

（5）自愿、有偿原则

自愿原则是指当事人和中介服务机构在招投标活动中，享有独立地、充分地表达自己的真实意志和自主地决定自己的行为的自由,任何一方不得将自己的意志强加于对方或干涉对方的意志。有偿原则是指在招投标活动中,当事人和中介机构在享有权利的同时,必须偿付相应的代价。

（6）求效、择优原则

即建设工程招投标的终极原则。实行招投标的目的,就是要追求最佳的投资效益,在众多的竞争者中选出最优秀、最理想的投标人作为中标人。

（7）招投标正当权益不受侵犯原则

招投标权益是当事人和中介机构进行招投标的前提和基础,保护合法招投标权益则是维护招投标秩序、促进建筑市场健康发展的必要条件。

4.2.5 建筑安装工程招标投标方式

1) 按招标方式划分

按招标方式主要分为公开招标、邀请招标、议标三种情况。

（1）公开招标

招标单位通过国家指定的报纸、广播或专业性刊物、信息网络发布招标通告,投标单位可根据本单位的技术水平和能力以及以往经历状况,自由报名参加投标。这种方式对招标单位来说,有较大的选择余地,也有利于开展竞争,促进参加投标的企业（单位）进行优化组合。但其工作程序比较复杂,工作量大,经历的时间也较长,大中型项目建设从招标准备到合同签订一般需 1 年左右。

（2）邀请招标

由招标单位根据建设项目情况,选定若干个能够胜任该项目任务的企业（单位）参加投标。由于招标单位对被邀企业的能力和基本情况比较熟悉,因而可简化预审工作。但在确定邀请单位名单时,应首先取得被邀单位是否愿意参与该项工程投标的答复。邀请参与投标的单位至少不得少于 3 个,至多不应超过 10 个。

（3）议标

对于少数不宜公开招标或邀请招标的建设项目,可由有关上级主管部门（或地区）推荐或指定投标单位。推荐或指定的投标单位不得少于两家。议标和招标一样应有完整的合同文本。在议标过程中,双方就工程造价、工期、质量、合同条款等方面的问题进行充分的讨论协商,取得一致意见并签署合同。如果在协商中不能取得一致意见,招标单位可与另一个企业（单位）再行议标。

2) 按合同类型和计价方法划分

在项目招标以后,招标单位要与中标单位签订合同,按合同的种类和计价方法可分为固定总价合同、计量定价合同、单价合同、成本加酬金合同及统包合同 5 种招标形式。

（1）固定总价合同

固定总价合同是以图纸和工程说明书为依据,将工程造价一次确定。合同总价一次包死,固定不变,即不再因为环境的变化和工程量的增减而变化。这种方式招标对建设单位管理比较方便,因而广泛采用。对中标承包单位来说,如果工程基础资料及设计图纸和说明书都很详细,能精确地估算出工程的总造价,将来不至于发生太大的风险,这种承包方式同样方便。但如果工程基础资料及设计图纸和说明书不够详细,不能据以精确地估算出工程的总造价,工程设计招标又是单独进行的,未知数比较多,则中标单位将来肯定要承担一些较大风险。在这种情况下,势必要加大不可预见费用的额度后中标单位才能接受承包,必然要导致工程造价的提高,最终仍对投资单位不利。所以,国外在采用固定总价合同承包时,总是实行设计、施工一贯制的管理办法,将一个建设项目从规划、设计到施工及竣工后的生产服务不分阶段地全部承包下来。在国际上采用《设计—建造与交钥匙工程合同条件》时,多数用固定总价合同。这样,不仅有利于推进科学技术进步和改进项目建设管理,而且还能创造出最佳的作品来。

（2）计量定价合同

计量定价合同是以工程量清单和单价表为基础来确定工程造价。通常的做法是由建设单位先进行工程设计招标或委托工程咨询公司提出工程量清单,列出项目分部和分项的工程量,由投标单位填报单价,再计算出总造价。由于工程量是由设计或咨询单位统一计算出来的,投标单位只需经过复核后填入单价,招标单位也只需对单价的合理性进行审核后即可选定中标承包单位,在这种招投标方式中,投标单位承担的风险较小,因而目前在国际工程施工中采用得较多。

（3）单价合同

单价合同是指根据工程单价进行招投标时所签订的合同。这种方式先确定分部和分项工程的单价,随后根据工程设计单位提出的需要完成的工程量,按合同规定的单位工程量的单价计算出工程总造价。这种单价可以由投标单位按招标单位提出的分项工程逐项开列;也可由招标单位提出再由中标单位认可或经协调修订后作为正式报价。单价可固定不变,也可商定允许在实物工程量完成时随工资和材料价格指数的变化而调整。具体的调整办法可在合同中明确规定。这类合同能够成立的关键在于双方对单价和工程量技术方法的确认。在合同履行中,需要注意的问题则是双方对实际工程量计量的确认。

（4）成本加酬金合同

成本加酬金合同是按工程实际发生的直接成本(人工、材料,施工机械使用费等)加上商定的管理费用和计划利润来确定工程总造价。成本加酬金合同主要适用于工程设计招标后设计单位还没有提出施工图设计的情况下,或在遭受地震、水灾或战火等灾害破坏后急待修复的建设项目。实践中,这种合同还可细分为成本加固定百分数、成本加固定酬金、成本加浮动酬金和目标成本加奖罚4种方式。

4.3　建筑安装工程招标

4.3.1　招标必备条件

1)建设单位招标应具备的条件

①招标单位是法人或依法成立的其他组织;
②有与招标工程相适应的经济、技术、管理人员;

③有组织编制招标文件的能力;

④有组织审查投标单位资质的能力;

⑤有组织开标、评标、定标的能力。

不具备上述②—⑤项招标条件的,须委托具有相应资质的咨询、监理等单位代理招标。上述五条中,①②条是对单位资格的规定,③—⑤条则是对招标人能力的要求。

2)安装工程项目招标应具备的条件

①概算已经批准;

②安装工程项目已经正式列入国家、部门或地方的年度固定资产投资计划和相关部门批复的社会投资计划;

③安装工程项目对应的土建项目已经具备施工许可证或土建主体结构已经完成;

④有能够满足施工需要的施工图纸及技术资料;

⑤建设资金和主要设备、材料的来源已经落实。

上述规定的主要目的在于促使建设单位严格按基本建设程序办事,防止"三边"工程的现象发生。"三边"工程,是指在建设工程中实行"边勘测、边设计、边施工"的工程项目。"三边"工程违背工程建设基本程序,施工过程中的不可预见性、随意性较大,工程质量和安全隐患比较突出,工期不能按计划保证。

4.3.2 招标程序与内容

建筑安装工程招标程序分为六大步骤:建设项目报建;编制招标文件;投标者的资格预审;发放招标文件;开标、评标与定标;签订合同,具体步骤见图4.1。

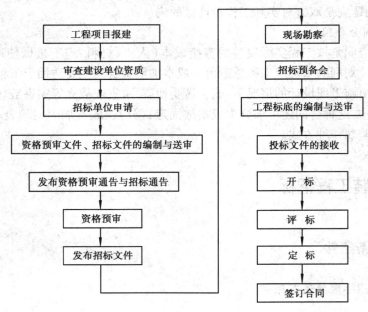

图4.1 建筑安装工程招标程序框图

1) 建设工程项目报建

根据《工程建设项目报建管理办法》的规定,凡在我国境内投资兴建的工程建设项目,都必须实行报建制度,接受当地建设行政主管部门的监督管理。

工程项目报建,是建设单位招标活动的前提,除房屋设备、土木等工程外(包括新建、改建、扩建、翻修等),设备安装、管道线路铺设等单项工程仍属于报建范围。报建的内容主要包括:工程名称、建设地点、投资规模、资金投资额、工程规模、发包方式、计划开竣工日期和工程筹建情况等。

在工程项目的立项批准文件或投资计划下达后,建设单位根据《工程建设项目报建管理办法》规定的要求进行报建,并由建设行政主管部门审批。具备招标条件的,可开始办理建设单位资质审查。

2) 审查建设单位资质

审查建设单位是否具备招标条件,不具备有关条件的建设单位,须委托具有相应资质的中介机构代理招标,建设单位与中介机构签订委托代理招标的协议,并报招标管理机构备案。

3) 招标申请

招标单位填写"建设工程招标申请表",并经上级主管部门批准后,连同"工程建设项目报建审查登记表"报招标管理机构审批。申请表的主要内容包括:工程名称、建设地点、招标建设规模、结构类型、招标范围、招标方式、要求施工企业等级、施工前期准备情况(土地征用、拆迁情况、勘察设计情况、施工现场条件等)、招标机构组织情况等。

4) 资格预审文件、招标文件编制与送审

公开招标时,要求建设单位编制资格预审文件和招标文件,目的是有所依据的对参加投标的施工单位进行审查。资格预审文件和招标文件须经招标管理机构审查,审查同意后可刊登资格预审通告、招标通告。

5) 刊登资格预审通告、招标通告

公开招标可通过报刊、广播、电视等媒体或网上发布"资格预审通告"或"招标通告"信息。招标通告一般包括:招标单位和招标项目名称,招标项目简况和基本要求,投标者资格要求,发放资格预审表或购买招标文件的时间、地点等内容。

6) 资格预审

对申请资格预审的投标人送交填报的资格预审文件和资料进行评比分析,确定出合格的投标人的名单,并报招标管理机构核准。审查内容主要包括:企业性质、组织机构、法人地位、注册证明和技术等级证明;企业人员状况、技术力量、机械设备情况;资金、财务状况和商业信誉;主要施工业绩等。

7)发放招标文件

将招标文件、图纸和有关技术资料发放给通过资格预审获得投标资格的投标单位。投标单位收到招标文件、图纸和有关资料后,应认真核对,核对无误后,应以书面形式予以确认。

8)现场踏勘

招标单位组织投标单位进行现场踏勘的目的在于了解工程场地和周围环境情况,使投标单位获取认为有必要的信息。现场踏勘主要是了解工程的施工场地、施工条件等。

9)招标预备会

招标预备会的目的在于澄清招标文件中的疑问,解答投标单位对招标文件和勘察现场中所提出的疑问和问题。

10)工程标底的编制与送审

招标文件的商务条款一经确定,即可进入标底编制阶段。标底编制完后应将必要的资料报送招标管理机构审定。

11)投标文件的接收

投标单位根据招标文件的要求,编制投标文件,并进行密封和标志,在投标截止时间前按规定的地点递交至招标单位。招标单位接收投标文件并将其秘密封存。

12)开标

在投标截止日期后,按规定时间、地点,在投标单位法定代表人或授权代理人在场的情况下举行开标会议,按规定的议程进行开标。开标时,在公证人员的监督下,除未按时送达或密封不合格视为废标外,当发现投标书中缺少单位印章、法定代表人或法定代表委托人印章;投标书未按规定的要求填写,字迹模糊,内容不全或矛盾;没有响应招标书中要求响应的内容;投标单位未参加开标会议等情况时,应宣布投标文件为废标。

13)评标

由招标代理、建设单位上级主管部门协商,按有关规定成立评标委员会,在招标管理机构监督下,依据评标原则、评标方法,对投标单位报价、工期、质量、主要材料用量、施工方案或施工组织设计、以往业绩、社会信誉、优惠条件等方面进行综合评价,公正合理择优选出中标单位。

14)定标

中标单位选定后由招标管理机构核准,获准后招标单位发出"中标通知书"。

15)合同签订

建设单位与中标单位在规定的期限内签订工程承包合同。

以上步骤为公开招标的标准程序,邀请招标程序与公开招标类似,其不同点主要是没有资格预审的环节,但增加了"发出投标邀请书"的环节。邀请招标的程序见图4.2。这里的"发出投标邀请书",是指招标单位可直接向有能力承担本工程的施工单位发出投标邀请书。

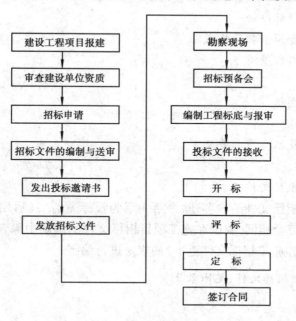

图 4.2　邀请招标程序框图

4.3.3　招标文件的编制

招标文件的编制需要遵循一定的规则。首先,招标文件是招标人制定的本次招标活动的规则,正式发布以后在投标人购买了招标文件参与投标之后就成为招标人,招标代理机构和投标人在本次招标项目进程中的共同遵循的规则,这是从法律意义上讲的。从招标进程上讲,招标文件是招标活动的总纲和剧本,每项招标工作如何开始,如何发出招标文件,对投标人有什么要求,对招标人有什么要求,如何评标,如何决标,招标程序是什么,都在招标文件中做出规定。所以编制招标文件的人员首先要对本次招标工作有一个全局性的认识,把本次招标的要求和安排反映到招标文件当中,在编制当中也会有新的问题产生,这就需要在编制当中逐一解决。因此,编制招标文件的过程也是制定招标方案的过程。

招标文件是法律文件,除了相关的法律法规外,在招标的全过程中招标人、投标人、招标代理机构共同遵循的规则就是招标文件,这是参加招标工作三方人士必须遵循的法律文件,具有法律效力。所以编制招标文件的人员须有法律意识和素质,在招标文件中体现出公平、公正、合法的要求。

1)招标文件的组成

根据建设部2010版《标准施工招标文件》的规定,对于公开招标的招标文件分为4卷8章,其目录如下:

第一卷

　　第一章　投标公告

　　第二章　投标人须知

　　第三章　评标办法

　　第四章　合同条款及格式

　　第五章　工程量清单

第二卷

　　第六章　图纸

第三卷

　　第七章　技术标准与要求

第四卷

　　第八章　投标文件格式

对于邀请招标的招标文件的内容,除去第一章为投标邀请书(适用于邀请招标)以外,其余与公开招标文件的完全相同,我国在施工项目招标文件的编制中除合同协议条款较少采用外,基本都按《建设工程施工招标文件范本》的规定进行编制。

【案例】:某办公楼招标文件,见附录2。

2) 投标须知

投标须知是招标文件中很重要的一部分内容,主要针对招投标活动的程序性、时限性,以及与招标投标有关的事项进行界定,是招标投标活动应遵循的程序规则,并作为整部招标文件各组成部分的基础性文件。投标者在投标时必须仔细阅读和理解,按须知中的要求进行投标,其内容包括:总则、招标文件、投标文件、投标、开标、评标、合同授予、重新招标和不再招标、纪律监督、需要补充的其他内容。

(1) 总则

在总则中要说明工程概况和资金的来源,资质与合格条件的要求及投标费用等问题。

①工程概况和资金来源通过前附表中所述内容获得。

②资质和合格文件中一般应说明如下内容:

a.参加投标单位至少要求满足前附表所规定的资质等级。

b.参加投标的单位必须具有独立法人资格和相应的施工资质,非本国注册的应按建设行政主管部门有关管理规定取得施工资质。

c.为说明投标单位符合投标合格的条件和履行合同的能力,在提供的投标文件中应包括下列资料:

(a)营业执照、资质等级证书及中国注册的施工企业建设行政主管部门核准的资质证件。

(b)投标单位在近年中已完成合同和正在履行的工程合同的情况。

(c)按规范格式提供项目经理简历及拟在施工现场和不在施工现场的管理和主要施工人员的情况。

（d）按规定格式提供完成本合同拟采用的主要施工机械设备的情况。

（e）按规定格式提供拟分包的工程项目及承担该分包工程项目的分包单位的情况。

（f）要求投标单位提供自身的财务状况，包括近两年经过审计的财务报表，下一年度财务预测报告和投标单位授权其开户银行向招标单位提供其财务状况的授权书。

（g）要求投标单位提供目前和近年内参与或涉及的仲裁和诉讼的资料。

d.对于联营体投标（两个以上法人或者其他组织组成一个联合体，以一个投标人的身份共同投标），除要求联营体的每一成员提供上述（a）—（g）的资料外，还要求符合以下规定：

（a）联合体各方均应具备承担招标项目的相应能力；

（b）由同一专业的单位组成的联合体，按照资质等级较低的单位确定资质等级；

（c）投标文件及中标后签署的合同协议对联营体的每一成员均具有法律约束力；

（d）联营体应明确指定其某一成员为联营体主办人，并由联营体各成员法人代表签署一份授权书，证明其主办人的资格；

（e）联营体应随投标文件递交联营体各成员之间签订的"联营体协议书"副本；

（f）"联营体协议书"应说明其主办人应被授权代表的所有成员承担责任和接受命令，并由主办人负责合同的全面实施，只有主办人可以支付费用等；

（g）在联营体成员签署的授权书和合同协议书中应说明为实施合同他们所承担的共同责任和各自的责任。

（2）招标文件

①招标文件的组成：招标文件除了在投标须知写明招标文件的内容外，还应对招标文件的解释，修改和补充内容进行说明。投标单位应对组成招标文件的内容全面阅读。若投标文件实质上有不符合招标文件要求时，招标单位可以拒绝。

②招标文件的解释：投标单位在得到招标文件后，若有问题需要澄清，应以书面形式向招标单位提出，招标单位应以通信的形式或投标预备会的形式予以解答，但不说明其问题的来源，答复将以书面形式送交所有的投标者。

③招标文件的修改：在投标截止日期前，招标单位可以补充通知形式，修改招标文件。为使投标单位有时间考虑招标文件的修改，招标单位有权延长递交投标文件的截止日期。对投标文件的修改和延长投标截止日期应报招标管理部门批准。

（3）投标报价说明

应指出对投标报价、投标报价采用的方式和投标货币3个方面的要求。

①投标价格：

a.除非合同另有规定，否则具有报价的工程量清单中所报的单价和合价，以及报价总表中的价格均应包括人工、施工机械、材料、安装、维护、管理、保险、利润、税金，政策性文件规定、合同包含的所有风险和责任等各项费用。

b.不论是招标单位在招标文件中提出的工程量清单，还是投标单位按招标文件提供的图纸列出的工程量清单，其每一项的单价和合价都应填写，未填写的将不能得到支付；并认为此项费用已包含在工程量清单的其他单价和合价中。

②投标价格采用的方式：投标价格采用价格固定和价格调整两种方式。

a.采用价格固定方式应写明：投标单位所填写的单价和合价在合同实施期间不因市场变

化因素而变化，在计算报价时可考虑一定的风险系数。

b.采用价格调整方式的应写明：投标单位所填写的单价和合价在合同实施期间可因市场变化因素而变化。

③投标的货币：对于国内工程的国内投标单位的项目应写明：投标文件中的报价全部采用人民币表示。

（4）投标文件的编制

主要说明投标文件的语言、投标文件的组成、投标有效期、投标保证金、投标预备会、投标文件的份数和签署等内容。

①投标文件的语言：投标文件及投标单位与招标单位之间的来往通知、函件应采用中文。在少数民族聚居的地区也可使用该少数民族的语言文字。

②投标文件的组成：投标文件一般由下列内容组成：投标书、投标书附录、投标保证金、法定代表人的资格证明书、授权委托书、具有价格的工程量清单与报价表、辅助资料表、资格审查表（有资格预审的可不采用）、按招标文本须知规定提出的其他资料。

投标文件中的以上内容通常都在招标文件中提供统一的格式，投标单位按招标文件的统一规定和要求进行填报。

③投标有效期（指招标人对潜在投标人发出的要约做出承诺的期限，也可以理解为投标人为自己发出的投标文件承担法律责任的期限）：

a.投标有效期一般是指从投标截止日起至公布中标的一段时间。一般在投标须知中规定投标有效期的时间（如28天），即投标文件在投标截止日期后的28天内有效。

b.在原定投标有效期满之前，如因特殊情况，经招标管理机构同意后，招标单位可以向投标单位提出延长投标有效期的书面要求，此时，投标单位须以书面的形式予以答复，对于不同意延长投标有效期的，招标单位不能因此而没收其投标保证金。对于同意延长投标有效期的，不得要求在此期间修改其投标文件，而且应相应延长其投标保证金的有效期，对投标保证金的各种有关规定在延长期内同样有效。

④投标保证金（在招标投标活动中，投标人随投标文件一同递交给招标人的一定形式、一定金额的投标责任担保）：

a.投标保证金是投标文件的一个组成部分，对于未能按要求提供投标保证金的投标，招标单位将视为不响应投标而予以拒绝。

b.投标保证金可以是现金、支票、汇票和在中国注册的银行出具的银行保函，对于银行保函应按招标文件规定的格式填写，其有效期应不超过招标文件规定的投标有效期。

c.未中标的投标单位的投标保证金，招标单位应尽快将其退还，一般最迟不得超过投标有效期期满后的14天。

d.中标的投标单位的投标保证金，在按要求提交履约保证金并签署合同协议后，予以退还。

e.对于在投标有效期内撤回其投标文件或在中标后未能按规定提交履约保证金或签署协议者，将没收其投标保证金。

⑤投标预备会：目的在于澄清解答投标单位提出的问题和组织投标单位考察和了解现场情况。

a.现场踏勘是招标单位邀请投标单位对工地现场和周围的环境进行考察,以使投标单位取得在编制投标文件和签署合同所需的第一手材料,同时招标单位有可能提供有关施工现场的材料和数据,招标单位对投标单位根据现场踏勘期间所获取资料和数据做出的理解和推论及结论不负责任。

b.投标预备会的会议记录包括对投标单位提出问题答复的副本应迅速发送给投标单位。对于投标单位提出要求答复的问题,需在投标预备会前7天以书面形式送达招标单位;对于在招标预备会期间产生的招标文件的修改,按本须知中招标文件修改的规定,以补充通知形式发出。

⑥投标文件的份数和签署:投标文件应明确标明"投标文件正本"和"投标文件副本",按前附表规定的份数提交,若投标文件的正本与副本不一致时,以正本为准。投标文件均应使用不能擦去的墨水打印和书写,由投标单位法定代表人亲自签署并加盖法人公章和法定代表人印鉴。

全套投标文件应无涂改和行间插字,若有涂改和行间插字处,应由投标文件签字人签字并加盖印鉴。

(5)投标文件的递交

①投标文件的密封与标志:

a.投标单位应将投标文件的正本和副本分别密封在内层包封内,再密封在一个外层包封内,并在内包封上注明"投标文件正本"或"投标文件副本"。

b.外层和内层包封都应写明招标单位和地址,合同名称、投标编号并注明开标时间以前不得开封。在内层包封上还应写明投标单位的邮政编码、地址和名称,以便投标出现逾期送达时能原封退回。

c.如果在内层包封未按上述规定密封并加写标志,招标单位将不承担投标文件错放或提前开封的责任,由此造成的提前开封的投标文件将予以拒绝,并退回投标单位。

②投标截止日期:

a.投标单位应按前附表规定的投标截止日期之前递交投标文件。

b.招标单位因补充通知修改招标文件而酌情延长投标截止日期的,招标和投标单位在投标截止日期方面的全部权力、责任和义务,将适用延长后新的投标截止期。

③投标文件的修改与撤回:

投标单位在递交投标文件后,可以在规定的投标截止时间之前以书面形式向招标单位递交修改或撤回其投标文件的通知。在投标截止时间之后,则不能修改与撤回投标文件,否则,将没收投标保证金。

(6)开标

招标单位应在前附表规定的开标时间和地点举行开标会议,投标单位的法人代表或授权的代表应签名报到,以证明出席了开标会议。投标单位未派代表出席开标会议的视为自动弃权。

开标会议在招标管理机构监督下,由招标单位组织主持,对投标文件开封进行检查,确定投标文件内容是否完整和按顺序编制,是否提供了投标保证金,文件签署是否正确。按规定提交合格撤回通知的投标文件不予开封。

投标文件有下列情况之一者将视为无效:投标文件未按规定标志和密封;未经法定代表人签署或未盖投标单位公章或未盖法定代表人印鉴的;未按规定格式填写,内容不全或字迹模糊、辨认不清的;投标截止日期以后送达的。

招标单位在开标会议上当众宣布开标结果,包括有效投标名称、投标报价、主要材料用量、工期、投标保证金以及招标单位认为适当的其他内容。

(7)评标

①评标内容的保密:公开开标后,直到宣布授予中标单位为止,凡属于评标机构对投标文件的审查、澄清、评比和比较的有关资料和授予合同的信息、工程标底情况都不应向投标单位和与该过程无关的人员泄露。在评标和授予合同过程中,投标单位对评标机构的成员施加影响的任何行为,都将导致取消投标资格。

②资格审查:对于未进行资格预审的,评标时必须首先按招标文件的要求对投标文件中投标单位填报的资格审查表进行审查,只有资格审查合格的投标单位,其投标文件才能进行评比与比较。

③投标文件的澄清:为有助于对投标文件的审查评比和比较,评标机构可以个别要求投标单位澄清其投标文件。有关澄清的要求与答复,均须以书面形式进行,在此不涉及投标报价的更改和投标的实质性内容。

④投标文件的符合性鉴定:

a.在详细评标之前,评标机构将首先审定每份投标文件是否实质上响应了招标文件的要求。所谓实质响应招标文件的要求,应将与招标文件所规定的要求、条件、条款和规范相符,无显著差异或保留。所谓显著差异或保留是指对工程的发包范围、质量标准及运用产生实质影响,或者对合同中规定的招标单位权力及投标单位的责任造成实质性限制,而且纠正这种差异或保留,将会对其他实质上响应要求的投标单位的竞争地位产生不公正的影响。

b.如果投标文件没有实质上响应招标文件的要求,其投标将被予以拒绝,并且不允许通过修正或撤销其不符合要求的差异或保留使其成为具有响应性的投标。

c.考虑到建筑设备工程投标单位来自全国各地,对各地方的招投标程序及惯例了解不深,在招标文件的规定中应尽量避免非实质性原因的废标,提高招标效率。

⑤错误的修正:

a.评标机构将对确定为实质响应的投标文件进行校核,看其是否有计算和累加的错误,若发现算术错误,应按以下修正:

(a)如果用数字表示的数额与用文字表示的数额不一致时,以文字数额为准。

(b)当单价与合价不一致时,以单价为准,除非评估机构认为有明显的小数点错位,此时应以标出的合价为准,并修改单价。

b.按上述修改错误的方法,调整投标书的投标报价须经投标单位同意后,调整后的报价才对投标单位起约束作用。如果投标单位不同意调整投标报价,则视投标单位拒绝投标,没收其投标保证金。

⑥投标文件的评价与比较:

建设工程项目投标文件的评价与比较通常有以下方法:

a.最低评标价法:最低评标价法作为国际上最常用的评标方法,主要优点有:能较大程度节约资金,提高资金使用效率;遏止腐败现象,规范市场行为;有利于企业走向国际市场;提高企业的经营能力和管理水平。当然,最低评标价法也存在一些问题:价格最低,并不能保证服务和质量最优;投标供应商有危机感(风险太大了,供应商会心有顾虑);成本价不易界定,是最低评标价法受到质疑的核心问题。

b.综合评分法:综合评分法具有更科学、更量化的优点,主要表现在:引入权值的概念,评标结果更具科学性;有利于发挥评标专家的作用;有效防止低价的不正当竞争。同样,综合评分法也存在一些不足,主要有:评标因素及权值难以合理界定(评标因素及权值确定起来比较复杂,用户往往希望产品性能占较高权值,财政部门往往希望价格占较高权值,真正做到科学合理更为不易);评标专家不适应(由于专家组成员属临时抽调性质,在短时间内让他们充分熟悉被评项目资料,全面正确掌握评价因素及其权值,有一定的困难);该评标法赋予了评委较大的权力,由于评委的业务水平不尽相同,如果对评委缺乏有效约束,就有可能出现"人情标"。

c.性价比法:性价比法与综合评分法比较具有相似的优点,但其自身独特的优点是充分考虑使用价值,更能体现政府采购"物有所值"的原则。性价比法与综合评分法比较,同样存在评标因素及权值难以界定的缺点。

建筑设备工程安装项目招投标活动中,为了尽可能做到"公正、公平"并保证工程"最优性价比",在评标环节尽可能选择科学、合理、适合工程项目的评标方法。同时,应注意以下方面:

建筑设备工程安装项目招标采用低价中标法对某些工艺简单、技术成熟的设备较为合适,但对有一定技术含量、加工工艺需一定要求的设备安装不太合适。因为技术配置先进、质量性能稳定、功能全面的设备安装公司可能会因为价格高而不能中标,而价格低的设备又不能完全达到理想的技术指标。可采用综合评标法较为合理,关键是要科学合理编制招标文件的技术要求、合理设置技术标与报价标的权重,由于不同种类的设备、不同厂家之间价格差距不是固定的,在设置权重时既要考虑到不同厂家之间合理竞争,又要考虑技术的先进性和使用的稳定性。

(8)合同授予

①中标通知书:经评标确定出中标单位后,在投标有效期截止前,招标单位将以书面的形式向中标单位发出"中标通知书",说明中标单位按本合同实施、完成和维修本工程的中标报价(合同价格),以及工期、质量和有关签署合同协议书的日期和地点,同时声明该"中标通知书"为合同的组成部分。

②履约保证(指发包人在招标文件中规定的要求承包人提交的保证履行合同义务的担保,是工程发包人为防止承包人在合同执行过程中违反合同规定或违约,并弥补给发包人造成的经济损失):中标单位应按规定提交履约保证,履约保证可由在中国注册银行出具的银行保函(又称保证书,是指银行、保险公司、担保公司或担保人应申请人的请求,向受益人开立的一种书面信用担保凭证,保证在申请人未能按双方协议履行其责任或义务时,由担保人代其履行一定金额、一定时限范围内的某种支付或经济赔偿责任。保证数额一般为合同价的5%),也可由具有独立法人资格的经济实体企业出具履约担保书(保证数额为合同价的10%)。投标单位可以选其中一种,并使用招标文件中提供的履约保证格式。中标后不提供履约保证的投标单位,将没收其投标保证金。

③合同协议书的签署:中标单位按"中标通知书"规定的时间和地点,由投标单位和招标单位的法定代表人按招标文件中提供的合同协议书签署合同。若对合同协议书有进一步的修

改或补充,应以"合同协议书谈判附录"形式作为合同的组成部分。

④其他事项:中标单位按文件规定提供履约保证后,招标单位应及时将评标结果通知未中标的投标单位。

3)施工合同通用条款和施工合同专用条款

(1)施工合同概述

招标文件中的合同通用条款和专用条款,是招标人单方面提出的招标人、投标人、监理工程师等各方权利义务关系的设想和意愿,是对合同签订、履行过程中遇到的工程进度、质量、检验、支付、索赔、争议、仲裁等问题的示范性、定式性阐述。

其中,施工合同通用条款是运用于各类工程项目的普遍适应性的标准化条件,凡双方未明确提出或声明修改、补充或取消的条款,就是双方都要遵守的;施工合同专用条款是针对某一特定工程项目对通用条件的修改、补充或取消。

(2)作用

招标人在招标文件中应明确说明招标工程采用的合同通用条款和专用条款;而投标人则必须对招标文件中的合同通用条款和专用条款做出响应,表明同意或不同意的态度,并在投标文件中一一注明。中标后,双方同意的施工合同通用条款和协商一致的专用条款,是双方统一意愿的体现,成为双方合同文件的组成部分。

(3)内容

《建设工程施工合同示范文本》中的合同通用条款,共41条,分为10个方面:词语含义及合同文件;双方一般责任;施工组织设计和工期;质量与验收;合同价款与支付;材料设备供应;设计变更;竣工与结算;争议、违约和索赔;其他。

《建设工程施工合同示范文本》中的合同专用条款是依照合同条件的顺序拟定的,主要是为修改、补充或不予采用的合同条件中的某些条款提供一个协议的格式。按照这个格式,招标人在招标文件中针对工程的实际情况,提出协议条款的具体内容,投标人在投标文件中进行响应。根据工程实践,其主要内容集中在:工期、质量、材料设备供应、工程付款、保修、分包、违约责任、对施工工艺的特殊要求等。

4)合同格式

合同格式包括合同协议书格式(具体格式见下例)、银行履约保函格式、履约担保格式、预付款银行保函格式。为了便于投标和评标,这些文件都用统一的格式。

5)技术规范

招标文件中的技术规范,反映了招标人对工程项目的技术要求。通常分为工程现场条件和本工程采用的技术规范两大部分。

(1)工程现场条件

工程现场条件主要包括现场环境、地形、地貌、地质、水文、气温、雨雪量、风向、风力等自然条件,以及工程范围、建设用地面积、建筑物占地面积、场地平整情况、施工用水、用电、工地内外交通、环保、防护设施等施工条件。

合同协议书

_____（发包人名称，以下简称"发包人"）为实施_____

_____（项目名称），已接受_____（承包人名称，以下简称"承

包人"）对该项目_____标段施工的投标。发包人和承包人共同达成如下协议。

1.本协议书与下列文件一起构成合同文件：

（1）中标通知书；.

（2）投标函及投标函附录；

（3）专用合同条款；

（4）通用合同条款；

（5）技术标准和要求；

（6）图纸；

（7）已标价工程量清单；

（8）其他合同文件。

2.上述文件互相补充和解释，如有不明确或不一致之处，以合同约定次序在先者

为准。

3.签约合同价：人民币（大写）_____元（¥_____）。

4.承包人项目经理：_____ 。

5.工程质量符合_____ 标准。

6.承包人承诺按合同约定承担工程的实施、完成及缺陷修复。

7.发包人承诺按合同约定的条件、时间和方式向承包人支付合同价款。

8.承包人应按照监理人指示开工，工期为_____日历天。

9.本协议书一式_____份，合同双方各执一份。

10.合同未尽事宜，双方另行签订补充协议。补充协议是合同的组成部分。

发包人：_____（盖单位章）　　　承包人：_____（盖单位章）

法定代表人或其委托代理人：_____　　　法定代表人或其委托代理人：_____

　　　　　　　　（签字）　　　　　　　　　　　　　　　　（签字）

_____年___月___日　　　　　　　　　　_____年___月___日

（2）本工程采用的技术规范

对工程的技术规范，国家有关部门有一系列规定。招标文件要结合工程的具体环境和要求，写明已选定的适用于本工程的技术规范，列出编制规范的部门和名称。同时，技术规范体现了设计要求，招标文件应尽量对招标设备的技术要求、规格参数、功能要求、售后服务要求、合同主要条款等提出明确要求。这样，各个厂家的投标产品在技术性能上也可以尽量接近，以便评标。

6）图纸、技术资料及附件

招标文件中的图纸，不仅是投标人拟定施工方案、确定施工方法、提出替代方案、计算投标报价必不可少的资料，也是工程合同的组成部分。

一般说来，图纸的详细程度取决于设计的深度和发包承包方式。招标文件中的图纸越详细，越能使投标人比较准确地计算报价。招标人应对这些资料的正确性负责，而投标人根据这些资料做出的分析与判断，招标人不负责任。

7）其他

投标书及投标书附录，工程量清单与报价表，辅助资料表，资格审查表均有参考格式，此处略。

4.3.4　业主的招标管理

1）业主的招标组织管理

建设单位主持招标工作的负责人和参谋人员，应通晓建设项目招标的主要策略，不断地提高评标、定标的水平，方能在众多的投标中选择能胜任拟建工程的承包单位，才能达到质量好、效率高、工期合理、价格公道的目标。必要时，建设单位可以聘请有资格的工程咨询公司编制标书和进行评标、定标工作。

评标和决标是招标过程中最重要的两个过程，均由依法组建的评标委员会负责。建设单位代表作为评标委员会的成员由建设单位提名，报请主管部门批准。评委会的组成应符合国家有关部委的规定：成员人数应为 5 人以上的单数，其中具有建设项目招标经验的专家和学者不得少于成员总数的 2/3，而这些成员由当地有关部门随机选取，以保证评标工作的公平性。因此，作为建设单位派出的评标人员，必须具有对该招标项目的相关工程技术知识，才能在评标过程中既达到评标委员会的要求又满足建设单位的具体情况。

建设单位参与评标工作，必须具备公正性，防止评标委员会的成员对任何单位带有倾向性，也要防止根据上级主管部门的授意或暗示来评定中标单位。同时，还必须对投标书的报价、工期、质量保证、设计方案、工艺技术水平、经济效益以及投标单位的社会信誉等情况进行综合考虑。在整个评标过程中，由有关部门负责监督并检查评标的公正性、独立性和严肃性，切实做到招标工作的"公开""公平""公正"。

2）业主的其他相关事务管理

对于招标形式，招标单位可以根据项目的大小和技术的复杂程度选定。安装工程总承包招标一般可采用邀请招标；工程设计招标、单项安装工程施工招标和设备招标宜采用公开招标方式,在较大的范围内进行;专用设备招标宜采用邀请招标。

对于联合体共同投标,招标单位不得强制投标单位的组成,对于投标单位在投标过程中的竞争,招标单位不得加以限制。

建设单位通过招标,从众多的投标者中进行评选,既要从其突出的侧重面进行衡量,又要综合考虑工期、价格、质量等方面的因素,最后确定中标者。因此,从建设单位的利益出发,并非低价就有利于建设方,不合理的低价会给建设方的项目建设带来更多隐患。

招标单位应严格做好标底。标底是招标工程的预期价格,标底实际上是"契约型商品"的预期价格。标底的作用:一是使建设单位预先明确在拟建工程上应承担的财务义务;二是给上级主管部门和投资单位提供核实投资的依据;三是作为衡量投标单位标价的标准和评标的尺度。因此,制定招标文件和确定标底时,应做到"客观、公正、科学"。

招标文件是由招标单位或委托工程咨询公司编制并发布的纲领性和实施性文件,是向投标单位介绍工程情况和招标条件的文件,也是签订承发包合同的基础文件。标书文件应与合同文件同时提出。文件中提出的各项要求,各投标单位必须遵守。但是,招标单位必须意识到此类文件对招标单位本身同样具有法律约束力。

招标单位在编写招标文件时应做到:内容要全面,文字要简明,概念要准确,逻辑要严密,表达要科学,层次要清楚。因此,招标文件质量的好坏与招标工作的成败和项目建设期的科学管理紧密相关。

4.4 建筑安装工程投标

4.4.1 投标概述

投标是与招标相对应的概念,它是指投标人应招标人特定或不特定的邀请,按照招标文件规定的要求,在规定的时间和地点主动向招标人递交投标文件并以中标为目的的行为。

1)投标人应具备的条件

投标人是响应招标、参加投标竞争的法人或者其他组织,应具备下列条件:

①投标人应具备承担招标项目的能力,国家有关规定或者招标文件对投标人资格条件有规定的,投标人应当具备规定的资格条件。

②投标人应当按照招标文件的要求编制投标文件,投标文件应当对招标文件提出的要求和条件做出实质性响应。投标文件的内容应当包括拟派出的项目负责人与主要技术人员的简历、业绩和拟用于完成招标项目的机械设备等。

③投标人应当在招标文件所要求提交投标文件的截止时间前,将投标文件送达投标地点。招标人收到投标文件后,应当签收保存,不得开启。招标人对截止时间后收到的投标文件,应当原样退还,不得开启。

④投标人在招标文件要求提交投标文件的截止时间前,可以补充、修改或者撤回已提交的投标文件,并书面通知招标人。补充、修改的内容为投标文件的组成部分。

⑤投标人根据招标文件载明的项目实际情况,拟在中标后将中标项目的部分非主体、非关键性工作交由他人完成的,应当在投标文件中载明。

⑥两个以上法人或者其他组织可以组成一个联合体,以一个投标人的身份共同投标。联合体中标的联合体各方应当共同与招标人签订合同,就中标项目向招标人承担连带责任,但共同投标协议另有约定的除外。

⑦投标人不得相互串通投标报价,不得排挤其他投标人的公平竞争,损害招标人或者他人的合法权益。

⑧投标人不得以低于合理预算成本的报价竞标,也不得以他人名义投标或者以其他方式弄虚作假,骗取中标。所谓合理预算成本,即按照国家有关成本核算规定计算的成本。

2)投标组织

进行工程投标,需要有专门的机构和人员对投标的全部活动过程加以组织和管理,实践证明,建立一个强有力的、内行的投标班子是投标获得成功的根本保证。为迎接技术和管理方面的挑战,在竞争中取胜,投标人的投标班子应由如下 3 种类型的人才组成:经营管理类人才、技术专业类人才和商务金融类人才。

（1）经营管理类人才

经营管理类人才是指专门从事工程承包经营管理、制定和贯彻经营方针与规划,负责工作的全面筹划和安排具有决策水平的人才。这类人才应具备以下基本条件:知识渊博、视野广阔;具备一定的法律知识和实际工作经验;必须勇于开拓,具有较强的思维能力和社会活动能力;掌握一套科学的研究方法和手段,诸如科学的调查、统计、分析、预测的方法。

（2）技术专业类人才

技术专业类人才主要包括工程及施工中的各类技术人员,如建筑师、土木工程师、暖通工程师、电气工程师、机械工程师等各类专业技术人员。他们应拥有本学科最新的专业知识,具备熟练的实际操作能力,以便在投标时能从本公司的实际技术水平出发,考虑各项专业实施方案。

（3）商务金融类人才

商务金融类人才是指具有金融、贸易、税法、保险、采购、保函、索赔等专业知识的人才。财务人员要懂税收、保险、涉外财会、外汇管理和结算等方面的知识。

除上述关于投标班子的组成和要求外,一个公司还需注意保持投标班子成员的相对稳定,不断提高其素质和水平,对于提高投标的竞争力至关重要;同时,逐步采用或开发有关投标报价的软件,使投标报价工作更加快速、准确。如果是国际工程(包含境内涉外工程)投标,则应配备懂得专业和合同管理的外语翻译人员。

4.4.2 投标程序及各阶段的主要工作

1)投标程序

投标过程涉及从填写资格预审表开始,到正式投标文件送交业主为止所进行的全部工作,其步骤见图 4.3。这一阶段工作量很大,时间紧迫,一般需要完成下列各项工作:

①填写资格预审调查表,申报资格预审。

②购买招标文件(当资格预审通过后)。

③组织投标班子。

④进行投标前调查与现场考察。

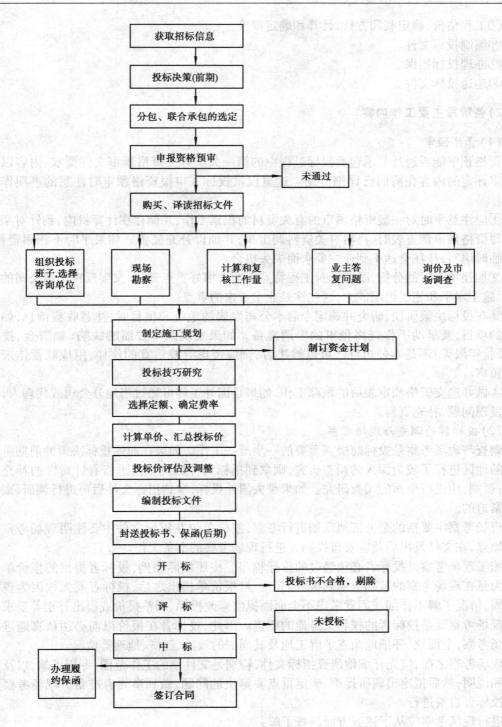

图 4.3　投标程序

⑤选择咨询单位。

⑥分析招标文件,校核工程量,编制施工规划。

⑦工程估价,确定利润方针,计算和确定报价。

⑧编制投标文件。

⑨办理投标担保。

⑩递送投标文件。

2)各阶段主要工作内容

（1）资格预审

资格预审能否通过是承包商投标过程中的第一关。有关资格预审文件要求、内容以及资格预审评定的内容在前面已详细介绍。这里仅就投标人申报资格预审时注意的事项作简要介绍。

①应注意平时对一般资格预审的有关资料的积累工作,并储存在计算机内,到针对某个项目填写资格预审调查表时,再将有关资料调出来,并加以补充完善。如果平时不积累资料,完全靠临时填写,往往会达不到业主要求而失去机会。

②加强填表时的分析,既要针对工程特点下功夫填好重点部位,又要反映出本公司的施工经验、施工水平和施工组织能力,这往往是业主考虑的重点。

③在投标决策阶段,研究并确定今后本公司发展的地区和项目时,注意收集信息,如果有合适的项目,及早动手作资格预审的申请准备。如果发现某个方面的缺陷（如资金、技术水平、经验年限等）不是本公司自己可以解决者,则应考虑寻找适宜的伙伴,组成联营体来参加资格预审。

④做好递交资格预审表后的跟踪工作,如果是国外工程可通过当地分公司或代理人,以便及时发现问题,补充资料。

（2）投标前的调查与现场考察

调查与现场考察是投标前极其重要的一步准备工作。如果在前述投标决策的前期阶段对拟去的地区进行了较为深入的调查研究,则拿到招标文件后就只需进行有针对性的补充调查即可;否则,应进行全面的调查研究。如果是去国外投标,拿到招标文件后再进行调研,则时间是很紧迫的。

现场考察主要指的是去工地现场进行考察,招标单位在招标文件中要注明现场考察的时间和地点,在文件发出后就应安排投标者进行现场考察的准备工作。

施工现场考察是投标者必须经过的投标程序。按照国际惯例,投标者提出的报价单一般被认为是在现场考察的基础上编制报价的。一旦报价单提出之后,投标者就无权因为现场考察不周,情况了解不详细或因素考虑不全面而提出修改投标、调整报价或提出补偿等要求。

现场考察既是投标者的权利又是他的职责。因此,投标者在报价以前必须认真地进行施工现场考察,全面地、仔细地调查了解工地及其周围的政治、经济、地理等情况。

现场考察之前,应先仔细地研究招标文件,特别是文件中的工作范围、专用条款,以及设计图纸和说明,然后拟定出调研提纲,确定重点要解决的问题,做到事先有准备。现场考察费用均由投标者自费进行。

进行现场考察应从下述五方面调查了解:

①工程的性质以及与其他工程之间关系。

②投标人投标的那一部分工程与其他承包商或分包商之间的关系。

③工地地貌、地质、气候、交通、电力、水源等情况,设备安装的具体位置等。

④工地附近有无住宿条件,加工条件,设备维修条件等。

⑤工地附近治安情况。

(3)分析招标文件、校核工程量、编制施工规划

①分析招标文件:招标文件是投标的主要依据,应仔细地分析研究。研究招标文件,重点应放在投标者须知、合同条件、设计图纸、工程范围以及工程量表上,最好有专人或小组研究技术规范和设计图纸,弄清其特殊要求。

②校核工程量:对于招标文件中的工程量清单,投标者一定要进行校核,因为它直接影响到投标报价及中标机会,如当投标人大体上确定了工程总报价之后,对某些项目工程量可能增加的,可以提高单价,而对某些项目工程量估计会减少的,可以降低单价。如发现工程量有重大出入的,特别是漏项的,必要时可找招标人核对,要求招标人认可,并给予书面证明,这对于总价固定合同,尤为重要。

③编制施工规划:该工作对于投标报价影响很大。在投标过程中,必须编制全面的施工规划,但其深度和广度都比不上施工组织设计。如果中标,需再编制施工组织设计。施工规划的内容,一般包括施工方案和施工方法、施工进度计划、施工机械、材料、设备和劳动力计划,以及临时生产、生活设施。制定施工规划的依据是设计图纸,执行的规范,经复核的工程量,招标文件要求的开工、竣工日期以及对市场材料、机械设备、劳力价格的调查。编制的原则是在保证工期和工程质量的前提下,使成本最低,利润最大。

a.选择和确定施工方法。根据工程类型,研究可以采用的施工方法。对于一般的管道安装工程,可结合已有施工机械及工人技术水平来选定实施方法,努力做到节省开支,加快进度。

对于复杂的安装施工工艺,则要考虑几种施工方案,进行综合比较。如高层建筑工程中的设备吊装问题,对工程造价及工期均有很大影响,投标人应结合施工进度计划及能力进行研究确定。

b.选择施工设备和施工设施。一般与研究施工方法同时进行,在工程估价过程中还要不断进行施工设备和施工设施的比较,利用旧设备还是采购新设备,国内采购还是国外采购,须对设备的型号、配套、数量(包括使用数量和备用数量)进行比较,还应研究哪些类型的机械可以采用租赁办法,对于特殊的、专用的设备折旧率须进行单独考虑,订货设备清单中还应考虑辅助和修配机械以及备用零件,尤其是订购外国机械时应特别注意这一点。

c.编制施工进度计划。编制施工进度计划应紧密结合施工方法和施工设备。施工进度计划中应提出各时段应完成的工程量及限定日期。施工进度计划是采用网格进度计划还是线条进度计划,需根据招标文件要求而定。在投标阶段,一般用线条进度即可满足要求。

(4)投标报价的计算

投标报价计算包括定额分析、单价分析、计算工程成本、确定利润方针,最后确定标价。

(5)编制投标文件

编制投标文件也称填写投标书,或称编制报价书。投标文件应完全按照招标文件的各项要求编制。一般不能带任何附加条件,否则将导致投标作废。

(6)准备备忘录提要

招标文件中一般都有明确规定,不允许投标者对招标文件的各项要求进行随意取舍、修改或提出保留。但在投标过程中,投标人对招标文件反复深入地进行研究后,往往会发现很多问题。这些问题大体可分为三类:

第一类是对投标人有利的,可以在投标时加以利用或在以后提出索赔要求的,这类问题投标者一般在投标时是不提的。

第二类是发现的错误明显对投标人不利的,如总价包干合同工程项目漏项或是工程量偏少的,这类问题投标人应及时向业主提出质疑,要求业主更正。

第三类是投标者企图通过修改某些招标文件和条款或是希望补充某些规定,以使自己在合同实施时能处于主动地位。

上述问题在准备投标文件时应单独写成一份备忘录提要,但这份备忘录提要不能附在投标文件中提交,只能自己保存。第三类问题留待合同谈判时使用,也就是说,当该投标使招标人感兴趣且邀请投标人谈判时,再把这些问题根据当时情况,逐个地拿出来谈判,并将谈判结果写入合同协议书的备忘录中。

(7)递送投标文件

递送投标文件也称递标,是指投标人在规定的截止日期之前,将准备完善的所有投标文件密封递送到招标单位的行为。

对于招标单位,在收到投标人的投标文件后,应签收或通知投标人已收到其投标文件,并记录收到日期和时间;同时,在收到投标文件到开标之前,所有投标文件均不得启封,并应采取措施确保投标文件的安全。

关于投标文件的内容详见 4.5.2 节。

除上述规定的投标书外,投标者还可以写一封更为详细的致函,对自己的投标报价做必要的说明,以吸引招标人、咨询工程师和评标委员会对递送这份投标书的投标人感兴趣和有信心。例如,关于降价的决定,说明编完报价单后考虑到同业主友好的长远合作的诚意,决定按报价单的汇总价格无条件地降低某一个百分比,即总价降到多少金额,并愿意以这一降低后的价格签订合同。又如若招标文件允许替代方案,并且投标人又制订了替代方案,可以说明替代方案的优点,明确如果采用替代方案,可能降低或增加的标价。还应说明愿意在评标时,同业主或咨询公司进行进一步讨论,使报价更为合理,等等。

4.5 建筑安装工程投标管理

4.5.1 投标决策

1)投标决策的含义

投标人通过投标取得项目,是市场经济条件下的必然结果。但是,作为投标人来说,并不是每标必投,因为投标人要想在投标中获胜,然后又要从承包工程中赢利,就需要研究投标决策的问题。所谓投标决策,包括 3 方面内容:其一,针对项目招标是投标,或是不投标;其二,倘若去投标,是投什么性质的标;其三,投标中如何采用以长制短,以优胜劣的策略和技巧。投标决策的正确与否,关系到能否中标和中标后的效益;关系到施工企业的发展前景和职工的经济利益。因此,企业的决策班子必须充分认识到投标决策的重要意义,把这一工作摆在企业的重要议事日程上。

2)投标决策阶段的划分

投标决策可以分为投标决策的前期阶段和投标决策的后期阶段两阶段进行。

投标决策的前期阶段必须在购买投标人资格预审资料前后完成。决策的主要依据是招标广告,以及公司对招标工程、业主情况的调研和了解的程度,如果是国际工程,还包括对工程所在国和工程所在地的调研和了解程度。前期阶段必须对投标与否做出论证。通常情况下,下列招标项目应放弃投标:

a.本施工企业主管和兼营能力之外的项目;

b.工程规模、技术要求超过本施工企业技术等级的项目;

c.本施工企业生产任务饱满,招标工程的盈利水平较低或风险较大的项目;

d.本施工企业技术等级、信誉、施工水平明显不如竞争对手的项目。

如果决定投标,即进入投标决策的后期,它是指从申报资格预审至投标报价(封送投标书)前完成的决策研究阶段。主要研究投什么性质的标,以及在投标中采取的策略问题。

按性质分,投标有风险标和保险标;按效益分,投标有盈利标和保本标。

(1)风险标

明知工程承包难度大、风险大,在技术、设备、资金上都有未解决的问题,但由于无后续项目,或因为工程盈利丰厚,或为了开拓新技术领域而决定参加投标,同时设法解决存在的问题,即风险标。投标后,如问题解决得好,可取得较好的经济效益,可锻炼出一支好的施工队伍,使企业更上一层楼;解决得不好,企业的信誉就会受到损害,严重者可能导致企业亏损甚至破产。因此,投风险标必须审慎从事。

(2)保险标

对可以预见的情况从技术、设备、资金等重大问题都有了解决的对策之后再投标,谓之保险标。企业经济实力较弱,经不起失误的打击,往往投保险标。当前,我国施工企业多数都愿意投保险标。特别是在国际工程承包市场上投保险标。

(3)盈利标

如果招标工程既是本企业的强项,又是竞争对手的弱项;或建设单位意向明确;或本企业任务饱满,利润丰厚,才考虑让企业超负荷运转时,此种情况下的投标,称投盈利标。

(4)保本标

当企业无后继工程,或已经出现部分窝工,必须争取中标。但招标的工程项目本企业无优势可言,竞争对手又多,此时即可投保本标。

需要强调的是在考虑和决策的同时,必须牢记招投标活动应当遵循公开、公平、公正和诚实信用的原则。按照《中华人民共和国招标投标法》规定:投标人相互串通投标报价,排挤其他投标人的公平竞争,损害招标人、其他投标人合法权益的;或者投标人与招标人串通投标,损害国家利益、社会公共利益或者他人合法权益的,中标无效,处中标项目金额 5‰以上 10‰以下的罚款,对单位直接负责的主管人员和其他直接责任人员处单位罚款数额 5%以上 10%以下的罚款;有违法所得的,并处没收违法所得;情况严重的,取消其 1~2 年内的投标资格并予以公告,直至由工商行政管理机关吊销营业执照;构成犯罪的,依法追究刑事责任。给他人造成损失的,依法承担赔偿责任。投标人以低于合理预算成本的报价竞标的责令改正;有违法所得的,没收违法所得;已中标的,中标无效。投标人以他人名义投标或者以其他方式弄虚作假,骗取中标的,中标无效,处中标项目金额 5‰以上 10‰以下的罚款,对单位直接负责的主要人员和其他直接责任人员处单位罚款数额 5%以上 10%以下的罚款;有违法所得的,并处没收违法所得;情况严重的,取消其 1~3 年内参加依法必须进行招标的项目的投标资格并予以公告,直至由工商行政管理机关吊销营业执照。

3)影响投标决策的主观因素

"知彼知己,百战不殆。"工程投标决策研究就是知彼知己的研究。这个"彼"即影响投标决策的客观因素,"己"即影响投标决策的主观因素。投标或是弃标,首先取决于投标单位的实力,其表现在如下几方面:

(1)技术方面的实力

①有精通本行业的造价师、建筑师、建筑设备工程师,会计师和管理专家组成的组织机构。

②有工程项目设计、施工专业特长,能解决技术难度大和各类工程施工中的技术难题的能力。

③有国内外与招标项目同类型工程的施工经验。

④有一定技术实力的合作伙伴,如实力强的分包商、合营伙伴和代理人。

(2)经济方面的实力

①具有垫付资金的能力。如:预付款是多少? 在什么条件下拿到预付款? 应注意国际上有的业主要求"带资承包工程""实物支付工程",根本没有预付款。所谓"带资承包工程",是指工程由承包商筹资兴建,从建设中期或建成后某一时期开始,业主分批偿还承包商的投资及利息,但有时这种利率低于银行贷款利息。承包这种工程时,承包商需投入大部分工程项目建设投资,而不止一般承包所需的少量流动资金。所谓"实物支付工程",是指有的发包方用该国滞销的农产品、矿产品折价支付工程款,而承包商推销上述物资来谋求利润将存在一定难度。因此,遇上这种项目需要慎重对待。

②具有一定的固定的资产和机具设备及其投入所需的资金。大型施工机械的投入,不可能一次摊销。因此,新增施工机械将会占用一定资金;另外,为完成项目必须要有一批周转材料,如高空施工用的脚手架等,这也是占用资金的组成部分之一。

③具有一定的资金周转用来支付施工用款。已完成的工程量需要监理工程师确认后,并经过一定手续、一定的时间后才能将工程款付出。

④承担国际工程尚须筹集承包工程所需外汇。

⑤具有支付各种担保的能力。承包国内工程需要担保,承包国际工程更需要担保,不仅担保的形式多种多样,而且费用也较高,如投标保函(或担保),履约保函(或担保)、预付款保函(或担保)、缺陷责任期保函(或担保)等。

⑥具有支付各种纳税和保险的能力。尤其在国际工程中,税种繁多,税率也高,诸如关税、进口调节税、营业税、印花税、所得税,建筑税、排污税以及临时进入机械押金等。

⑦由于不可抗力带来的风险。即使是属于业主的风险,承包商也会有损失;如果不属于业主的风险,则承包商损失更大,要有财力承担不可抗力带来的风险。

⑧承担国际工程往往需要重金聘请有丰富经验或有较高地位的代理人,以及其他"佣金",这也需要承包商具有这方面的支付能力。

(3)管理方面的实力

建筑承包市场属于买方市场,承包工程的合同价格由作为买方的发包方起支配作用。承包商为打开承包工程的局面,应以低报价甚至低利润取胜。为此,承包商必须在成本控制上下功夫,向管理要效益。如缩短工期,进行定额管理,辅以奖罚办法,减少管理人员,工人一专多能,节约材料,采用先进的施工方法不断提高技术水平,特别是要有"重质量""重合同"的意识,并有相应的切实可行的措施。

（4）信誉方面的实力

承包商一定要有良好的信誉，这是投标中标的一条重要标准。要建立良好的信誉，就必须遵守法律和行政法规，或按国际惯例办事；同时，认真履约，保证工程的施工安全、工期和质量，且各方面的实力都要雄厚。

4）决定投标或弃标的客观因素及情况

（1）业主和监理工程师的情况

业主的合法地位、支付能力、履约能力；监理工程师处理问题的公正性、合理性等是投标决策的影响因素之一。

（2）竞争对手和竞争形势的分析

是否投标，应注意竞争对手的实力、优势及投标环境的优劣情况。另外，竞争对手的在建工程情况也十分重要。如果对手的在建工程即将完工，可能急于获得新承包项目心切，投标报价不会很高；如果对手在建工程规模大、时间长，如仍参加投标，则标价可能很高。从总的竞争形势来看，大型工程的承包公司技术水平高，善于管理大型复杂工程，其适应性强，可以承包大型工程；中小型工程由中小型工程公司或当地的工程公司承包可能性大。这是因为当地中小型公司在当地有自己熟悉的材料、劳力供应渠道，管理人员相对比较少，有自己惯用的特殊施工方法等优势。

（3）法律、法规的情况

对于国内工程承包，自然适用本国的法律和法规，而且其法制环境基本相同（因为我国的法律、法规具有统一或基本统一的特点）。如果是国际工程承包，则有一个法律适用问题。法律适用的原则有5条：

①强制适用工程所在地法的原则。

②意思自治原则。

③最密切联系原则。

④适用国际惯例原则。

⑤国际法效力优于国内法效力的原则。

所谓"最密切联系原则"（也叫最强联系原则），是指在合同争议审理中，权衡各种与该投标或合同具有联系的因素，从中找出具有最密切联系的因素，根据该因素的指引，适用解决投标或合同有最密切联系国家或地区的法律原则。至于最密切联系因素，在国际上主要有投标或合同签订地法、合同履行地法、法人国籍所属国的法律、债务人住所地法律、标的物所在地法律、管理合同争议的法院或仲裁机构所在地的法律等。事实上，多数国家是以上述诸因素中的一种因素为主，结合其他因素进行综合判断的。

如很多国家规定，外国承包商或公司在本国承包工程，必须同当地的公司成立联营体才能承包该国的工程。因此，对合作伙伴需作必要的分析，具体来说是对合作者的信誉、资历、技术水平、资金、债权与债务等方面进行全面的分析，然后再决定投标还是弃标。

外汇管制关系到承包公司能否将在当地所获外汇收益转移回国的问题。目前，各国管制法规不一：有的规定，可以自由兑换、汇出，基本上无任何管制；有的规定，则有一定限制，必须履行一定的审批手续；有的规定，外国公司不能将全部利润汇出，而是在缴纳所得税后其剩余部分的50%可兑换成自由外汇汇出，其余50%只能在当地用作扩大再生产或再投资。这是在该类国家承包工程时必须注意的"亏汇"问题。

（4）风险问题

在国内承包工程,其风险相对要小一些,国际承包工程风险要大得多。投标与否,要考虑的因素很多,需要投标人广泛、深入地调查研究,系统地积累资料,并做出全面的分析,才能使投标做出正确决策。决定投标与否,更重要的是它的效益性。投标人应对承包工程的成本、利润进行预测和分析,以供投标决策之用。

4.5.2　投标文件组成和编制

1）投标文件组成

①投标书。

②投标书附件。

③投标保证金。

④法定代表人资格证明书。

⑤授权委托书。

⑥具有标价的工程量清单与报价表:随合同类型而异。单价合同中,一般将各项单价开列在工程量表上,有时业主要求报单价分析表,此时则需按招标文件规定在主要的或全部单价中附上单价分析表。

⑦施工规划:列出各种施工方案(包括建议的新方案)及其施工进度计划表,有时还要求列出人力安排计划的直方图。

⑧辅助资料表。

⑨资格审查表(经资格预审时,此表从略)。

⑩对招标文件中的合同协议条款内容的确认和响应。

⑪按招标文件规定提交的其他资料。

2）投标文件编制

投标文件是承包商参与投标竞争的重要凭证,是评标、决标和订立合同的依据,是投标人素质的综合反映和投标人能否取得经济效益的重要因素。可见,投标人应对编制投标文件的工作倍加重视。

（1）编制投标文件的准备工作

①组织投标班子。确定投标文件编制的人员。

②仔细阅读诸如投标须知、投标书附件等各个招标文件。

③投标人应根据图纸审核工程量表的分项、分部工程的内容和数量。如发现"内容","数量"有误时在收到招标文件 7 日内以书面形式向招标人提出。

④收集现行定额标准、取费标准及各类标准图集,并掌握政策性调价文件。

（2）投标文件编制

根据招标文件及工程技术规范要求,结合项目施工现场条件编制施工组织设计和投标报价书。

投标文件编制完成后应仔细核对和整理成册,并按招标文件要求进行密封和标志。

4.5.3 投标技巧

投标技巧研究,其实是在保证工程质量与工期条件下,寻求一个好的报价的技巧问题。投标人为了中标并获得期望的效益,投标程序全过程几乎都要研究投标报价的技巧问题。

如果以投标程序中的开标为界,可将投标的技巧研究分为两阶段,即开标前的技巧研究和开标至签订合同的技巧研究。

1) 开标前的投标技巧研究

(1) 不平衡报价

不平衡报价是指在总价基本确定的前提下,如何调整内部各个子项的报价,以期既不影响总报价,又在中标后投标人可尽早收回垫支于工程中的资金和获取较好的经济效益。但要注意避免畸高畸低现象,避免失去中标机会。通常采用的不平衡报价有下列几种情况:

①对能早期结账收回工程款的项目(如与管线或设备安装配合的土建等)的单价可报较高价,以利于资金周转;对后期项目(如安装工程中与装饰配合的扫尾工作等)单价可适当降低。

②估计今后工程量可能增加的项目,其单价可提高,而工程量可能减少的项目,其单价可降低。

但上述两点要统筹考虑。对于工程量数量有错误的早期工程,如不可能完成工程量表中的数量,则不能盲目抬高单价,需要具体分析后再确定。

③图纸内容不明确或有错误,估计修改后工程量要增加的,其单价可提高;而工程内容不明确的,其单价可降低。

④没有工程量只填报单价的项目(如与安装配合的预留、预埋工作等),其单价宜高。这样,既不影响总的投标报价,又可多获利。

⑤对于暂定项目、其实施可能性大的项目,价格可定高价;估计该工程不一定实施的可定低价。

(2) 零星用工(计日工)

一般可稍高于工程单价表中的工资单价,因为零星用工不属于承包有效合同总价的范围,发生时实报实销,可多获利。

(3) 多方案报价法

利用工程说明书或合同条款不够明确之处,以争取达到修改工程说明书和合同为目的。当工程说明书或合同条款有些不够明确之处时,往往使投标人承担较大风险。为了减少风险就必须扩大工程单价,增加"不可预见费",但这样又会因报价过高而增加被淘汰的可能性。多方案报价法就是为对付这种两难局面而出现的,其具体做法是在标书上报两价目单价:一是按原工程说明书合同条款报一个价;二是加以注解,如工程说明书或合同条款可作某些改变时,则可降低多少费用,使报价成为最低,以吸引业主修改说明书和合同条款。

还有一种方法是对工程中一部分没有把握的工作,注明按成本加若干酬金结算的办法。若合同的方案不容许改动,这个方法就不能使用。

2) 开标后的投标技巧研究

投标人通过公开开标这一程序可以得知众多投标人的报价。但低价并不一定中标,需要综合各方面的因素,反复审阅,经过议标谈判,方能确定中标人。若投标人利用议标谈判施展竞争手段,就可变自己的投标书的不利因素为有利因素,大大提高获胜机会。

从招标的原则来看,投标人在标书有效期内,是不能修改其报价的,但是,某些议标谈判可以例外。在议标谈判中的投标技巧主要有:

(1)降低投标价格

投标价格不是中标的唯一因素,但却是中标的关键性因素。在议标中,投标者适时提出降价要求是议标的主要手段。需要注意的是:

其一,要摸清招标人的意图,在得到其希望降低标价的暗示后,再提出降低的要求。因为,有些国家的政府关于招标的法规中规定,已投出的投标书不得改动任何文字。若有改动,投标即告无效。

其二,降低投标价要适当,不得损害投标人自己的利益。

降低投标价格可从三方面入手,即降低投标利润、降低经营管理费和设定降价系数。

投标利润的确定,既要围绕争取最大未来收益这个目标而定立,又要考虑中标率和竞争人数因素的影响。通常,投标人准备两种价格,即:既准备了应付一般情况的适中价格,又同时准备了应付竞争特殊环境需要的替代价格,它是通过调整报价利润所得出的总报价。两种价格中,后者可低于前者,也可高于前者。如果需要降低投标报价,即可采用低于适中价格,使利润减少以降低投标报价。

经营管理费,应该作为间接成本进行计算。为了竞争的需要也可以降低这部分费用。

降低系数,是指投标人在投标作价时,预先考虑一个未来可能降价的系数。如果开标后需要降价竞争,就可以参照这个系数进行降价;如果竞争局面对投标人有利,则不必降价。

(2)补充投标优惠条件

除中标的关键因素——价格外,在议标谈判的技巧中,还可以考虑其他许多重要因素,如缩短工期,提高工程质量,降低支付条件要求,提出新技术和新设计方案,以及提供补充物资和设备等,以此优惠条件得到招标人的赞许,争取中标。

思考题

4.1 针对公开招标项目阐述招标程序和内容。

4.2 试举例说明投文件无效的条件。

4.3 针对某具体项目,试做一投标文件。

5

建筑能源管理

5.1 建筑能源与能耗形势

5.1.1 世界能源形势概述

1) 能源的概念和分类

能源是能够转换为机械能、热能、电能、化学能等各种能量的自然资源。它是发展农业、工业、国防、科学技术和提高人民生活水平的物质基础。

按照来源,能源可分为三大类:第一类是来自太阳的能量,包括直接由太阳辐射所产生的光能、热能和间接来自太阳的能量包括煤炭、石油、天然气等矿物燃料以及风能、水能和海洋能等。第二类是地下热水、地下蒸汽、干热岩体等地热能和地下储藏的核燃料,如铀、钍等物质在进行原子核反应时所释放出来的能量。第三类是太阳和月球等对地球的引力所产生的能量,如海水涨落而形成的潮汐能。

按照能源的形成可分为一次能源和二次能源,按照能否再生还可分为再生能源和非再生能源,按其开发和利用的广泛程度又可分为常规能源和新能源。

能源的分类如图 5.1 所示。

2) 世界能源形势

各能源机构都预测,在 21 世纪中叶以前,世界能源总需求仍会进一步增长,世界人口的增长亦将促进能源需求的增长。今后经济和能源需求的增长将主要集中在发展中国家,从地区来看,将主要来自亚洲和大洋洲发展中国家,其次是中东和北非以及拉丁美洲。

进入 21 世纪以来,在一次能耗消费构成中,煤炭和天然气所占比例上升,石油和一次电力(主要是核能)所占比例有所下降。目前,水电和核能仍是最大的非化石能源,两者合计占一次能源消费比例约为 11.3%。尽管风能、太阳能、生物质能等来势迅猛,但毕竟基数很小,在 21 世纪前半叶化石能源仍将居主导地位。由于煤层气、页岩气勘探开发技术日趋成熟,使得天然

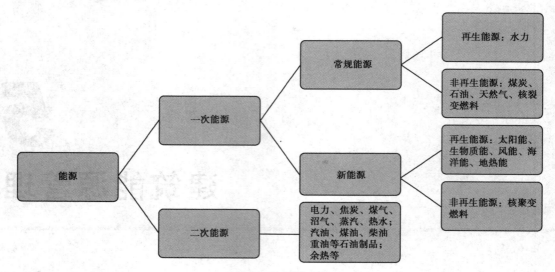

图 5.1　能源的分类

气(包括非常规天然气)的储量和产量迅速增长。预测 2040 年,天然气可能占到世界能源消费总量的 25%,从而成为超过煤炭、仅次于石油的第二大能源。由于非常规原油储量和产量的迅速增长,弥补了常规原油储量和产量的下滑。石油替代燃料的研究也受到普遍重视。目前,研究中的四大石油替代燃料领域有:气体燃料、合成燃料、醇醚类燃料和生物质燃料。其中,发展最快而又比较普遍的是生物质燃料。从长远看生物质燃料会有较大发展空间,但未来 20~30 年内很难实现大规模替代,几十年内石油仍然是生产运输燃料的主要原料。

5.1.2　世界能源储备情况

1)常规能源储备情况

根据 2017 年《BP 世界能源统计年鉴》,截止到 2016 年底,全世界剩余石油探明可采储量为 2 407 亿 t,其中,中东地区约占 48%,北美洲约占 13%,中南美洲约占 19%,欧洲及欧亚大陆约占 10%,非洲约占 7%,亚太地区约占 3%。2016 年世界石油产量为 43.82 亿 t,比上年度增加 0.3%。2016 年世界石油储产比为 50.6 年。中东和北美洲的石油储量占世界石油储量的一半以上,为石油资源最为丰富的地区,如图 5.2(a)所示。

煤炭资源的分布存在着巨大的不均衡性。截止到 2016 年底,世界煤炭剩余可采储量为 11 393.31 亿 t,产量为 74.60 亿 t,储产比为 153 年,欧洲、北美和亚太三个地区是世界煤炭主要分布地区,三个地区合计占世界煤碳存储总量的 94.1% 左右,如图 5.2(b)所示。

2016 年底,天然气剩余可采储量为 186.6 万亿 m³,产量为 3.551 6 万亿 m³,比上年增长 0.3%,储产比为 52.5 年。中东和欧洲是世界天然气资源最丰富的地区,两个地区占世界总量的 72.9%,而其他地区的份额仅分别为 4.1%~9.4%,如图 5.2(c)所示。

广义的水能资源包括河流水能、潮汐水能、波浪能、海流能等能量资源;狭义的水能资源指河流的水能资源。世界上水能比较丰富,但分布不均。水能的最有效利用是水力发电,2016 年全球水电消费量为 910.3 百万吨油当量,其中,北美洲占 16.9%,中南美洲占 17.1%,欧洲及欧亚大陆占 22.2%,亚太地区占 40.4%,其他地区不足 4%。根据最新评估显示,我国水能资源可开发装机容量约 6.6 亿 kW,年发电量约 3 万亿 kW·h,按利用 100 年计算,相当于 1 000 亿 t 标准煤,在常规能源资源剩余可开采总量中仅次于煤炭。经过多年发展,我国水电装机容量和年发电量已突破 3 亿 kW 和 1 万亿 kW·h,分别占全球的 20.9% 和 19.4%。

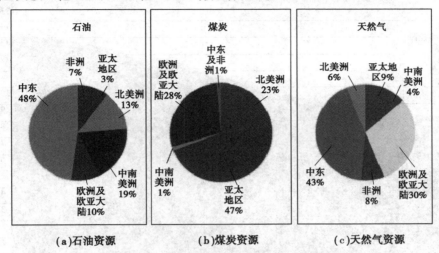

(a)石油资源   (b)煤炭资源   (c)天然气资源

图 5.2　世界一次能源探明储量分布(2016 年)

另外,世界上有比较丰富的核资源,核燃料有铀、钍氘、锂、硼等,世界上铀的储量约为 417 万 t。地球上可供开发的核燃料资源,可提供的能量是矿石燃料的十多万倍。核能应用作为缓和世界能源危机的一种经济有效的措施有许多的优点。2016 年全球核能消费量为 592.1 百万吨油当量,北美洲占 36.7%,欧洲及欧亚大陆占 43.6%,亚太地区占 17.9%。

2)新能源储备情况

据估算,每年辐射到地球上的太阳能为 17.8 亿 kW,其中可开发利用 500 亿~1 000 亿 kW·h,但因其分布很分散,目前能利用的甚微。地热能资源指陆地下 5 000 m 深度内的岩石和水体的总含热量。其中,全球陆地部分 3 km 深度内、150 ℃ 以上的高温地热能资源为 140 万 t 标准煤。目前,一些国家已着手商业开发利用。世界风能的潜力约 3 500 亿 kW,因风力断续分散,难以经济地利用。今后,输能、储能技术如有重大改进,风力利用将会增加。海洋能包括潮汐能、波浪能、海水温差能等,理论储量十分可观。限于技术水平,现尚处于小规模研究阶段。

当前,由于新能源的利用技术尚不成熟,故只占世界所需总能量的很小部分,但今后会有很大发展前途。

5.1.3　世界能源消费现状

1)全球一次能源消费量

进入 21 世纪以来,世界能源消费量仍在不断增长。根据英国石油公司(BP)的统计,2016 年全球一次能源消费量增长 1.0%,远低于十年平均增速 1.8%,且为连续第三年增速不高于 1%。除欧洲及欧亚大陆以外,其他所有地区的增速均低于平均水平。除石油和核能外的所有燃料增速均低于平均水平。化石能源仍是世界的主要能源,在世界一次能源供应中约占

85.5%。石油仍然是世界主导燃料,占全球能源消费量的 33.3%;煤炭的份额为 28.1%,相比 2015 年有所降低;天然气占 24.1%,仍有逐渐上升的趋势;非化石能源和可再生能源虽然增长很快,但仍保持较低的比例,约为 14.5%,如图 5.3 所示(彩图详见封三)。

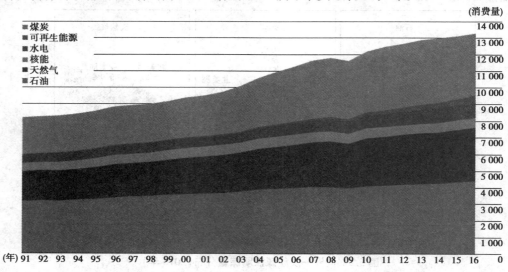

图 5.3　1991—2016 年全球一次能源消费量(单位:百万吨油当量)

2)全球一次能源各区域消费量

世界各地区一次能源消费结构分布不均。亚太地区是世界能源消费量最大的区域,占全球能源消费总量的 42%。煤炭是亚太地区的主要燃料,占全球煤炭消费总量的 73.8%,占该地区能源消费量的 49%。该地区的石油消费量和水力发电量也位列世界前茅。石油在非洲和美洲仍是主要燃料,而天然气则是欧洲及欧亚大陆以及中东的主导燃料。2016 年,煤炭在北美洲、欧洲及欧亚大陆以及非洲的一次能源中占比降至数据序列的最低水平,如图 5.4 所示(彩图详见封三)。

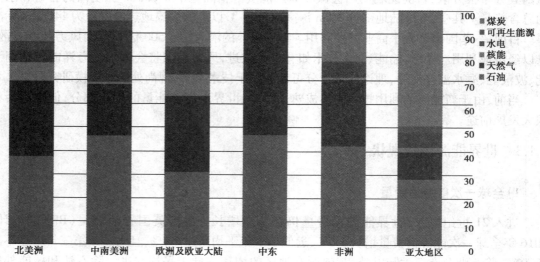

图 5.4　2016 年全球一次能源各区域消费量(以百分比显示)

注:数据均来自《BP 世界能源统计年鉴》(2017 年 6 月)

5.1.4 世界能源形势展望

1)世界能源需求量预测

在 20 世纪中叶以前,世界能源总需求仍会进一步增长。图 5.5 是美国能源信息署(EIA)和英荷皇家壳牌集团(Shell)对世界能源需求的预测。

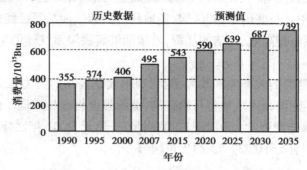

图 5.5 1990—2035 年世界能源需求量现状及预测

注:1 Btu = 1 055.06 J。

2)世界能源消费结构变化预测

伴随着世界能源储量分布集中度的日益增大,对能源资源的争夺将日趋激烈,争夺的方式也更加复杂,由能源争夺而引发冲突或战争的可能性依然存在。

随着世界能源消费量的增大,二氧化碳、氮氧化物、灰尘颗粒物等环境污染物的排放量逐年增长,化石能源对环境的污染和全球气候的影响将日趋严重。据 EIA 统计:2001 年世界二氧化碳的排放量约为 239.0 亿 t,2010 年为 277.2 亿 t,预计 2025 年达到 371.2 亿 t,年均增长 1.85%;2015—2040 年,全球电力需求会增长 60%,但全球电力部门二氧化碳排放量仅增长 5%。

面对以上挑战,未来世界能源供应和消费将向多元化、清洁化、高效化、全球化和市场化方向发展。

(1)多元化

世界能源结构先后经历了以薪柴为主、以煤为主和以石油为主的时代,现在正在向以天然气为主转变;同时,水能、核能、风能、太阳能也正得到更广泛的利用。可持续发展、环境保护、能源供应成本和可供应能源的结构变化决定了全球能源多样化发展的格局。天然气消费量将稳步增加,在某些地区,燃气电站有取代燃煤电站的趋势。未来,在发展常规能源的同时,新能源和可再生能源将受到重视。

(2)清洁化

随着世界能源新技术的进步及环保标准的日益严格,未来世界能源将进一步向清洁化的方向发展。不仅能源的生产过程要实现清洁化,而且能源工业要不断生产出更多、更好的清洁能源,清洁能源在能源总消费中的比例也将逐步增大。在世界消费能源结构中,2016年煤炭在全球一次能源消费中的占比降至28.1%,达到自2004年以来的最低水平,预测2040年将降至22%。而天然气的需求将逐年增长,且年均增长率要超过石油,达到1.6%,到2040年,天然气将会占全球能源需求的四分之一,从而成为全球能源结构中仅次于石油的第二大燃料。同时,过去被认为是"脏"能源的煤炭和传统能源薪柴、秸秆、粪便的利用将向清洁化方面发展,洁净煤技术(如煤液化技术、煤气化技术、煤脱硫脱尘技术)、沼气技术、生物柴油技术等将取得突破并得到广泛应用。一些国家,如法国、奥地利、比利时、荷兰等已经关闭其国内的所有煤矿而发展核电,认为核电是高效、清洁的能源,希望能够解决温室气体的排放问题。

(3)高效化

世界能源加工和消费的效率差别较大,能源利用效率提高的潜力巨大。随着世界能源新技术的进步,未来世界能源利用效率将日趋提高,能源强度将逐步降低。例如,以1997年美元不变价计,1990年世界能源强度为0.354 1 t油当量/千美元,2001年已降到0.312 1 t油当量/千美元;预计,2025年将降到0.237 5 t油当量/千美元。

(4)全球化

由于世界能源资源分布及需求分布的不均衡性,世界各个国家和地区已经越来越难以依靠本国的资源来满足其国内的需求,越来越需要依靠世界其他国家或地区的资源供应,世界贸易量将越来越大,贸易额呈逐渐增加的趋势。以石油贸易为例,世界石油净进口量将逐年增加,预计年均增长率将达到2.96%;以此增长速率,2020年将达到4 080万桶/日,2025年将达到4 850万桶/日。世界能源供应与消费的全球化进程将加快,世界主要能源生产国和能源消费国将积极加入到能源供需市场的全球化进程中。

(5)市场化

由于市场化是实现国际能源资源优化配置和利用的最佳手段,故随着世界经济的发展,特别是世界各国市场化改革进程的加快,世界能源利用的市场化程度越来越高,世界各国政府直接干涉能源利用的行为将越来越少,而政府为能源市场服务的作用则相应增大,特别是在完善各国、各地区的能源法律法规并提供良好的能源市场环境方面,政府将更好地发挥作用。

5.1.5 我国能源现状

"十二五"时期,我国能源发展较快,供给保障能力不断增强,发展质量逐步提高,创新能力迈上新台阶,新技术、新产业、新业态和新模式开始涌现,能源发展站在转型变革的新起点。

1)供应保障能力显著增强

2017年1—9月份,原煤产量25.9亿t,同比增长5.7%;原油产量1.4亿t,同比下降4.4%。在清洁能源消费需求旺盛带动下,天然气生产持续快速增长。2017年9月,天然气产量111.5亿m^3,同比增长10.7%,2017年前三季度天然气产量1 087.2亿m^3,同比增长9.1%。另外1—9月份,发电量46 891.4亿kW·h,同比增长6.4%,水电产量大幅增长,同比增长18.6%,火电增速回落,同比下降0.5%,核能、风力和太阳能发电比重比上年同期提高1.1个百分点,电力生产结构进一步优化。

纵观我国历年来能源生产总量变化情况,从 2010—2014 年,我国能源产量整体保持稳中有升趋势,2014 年达到产量最高峰 36.19 亿 t 标准煤。但自 2015 年开始,能源产量出现小幅下滑,2016 年全国能源生产总量下降到近五年最低值 34.6 亿 t 标准煤,与上一年同期相比减少了 4.28%。其主要原因是,能源领域供给侧结构性改革初见成效,能源供给质量进一步提高。2016 年能源整体情况是:化解煤炭过剩产能年度任务超额完成,原煤产量下降明显;国际原油价格持续低迷,原油产量明显减少,天然气产量稳定增长,发电量增长较快,电力生产结构进一步优化。

能源综合运输体系发展较快。截至 2015 年,我国油气长输管线总里程 10.87 万 km,天然气占比较高,目前总长度约 6.4 万 km。按照国家发展和改革委员会制定的《中长期油气管网规划》,至 2020 年底,我国油气长输管道里程数将达到 16.9 万 km,按国家统计局的统计口径,届时总里程数将为 2015 年的 1.555 倍,5 年内新增里程数为 6.03 万 km。

2)能源节约效果明显

大力推进能源节约。2017 年全国万元国内生产总值能耗下降 3.7%。重点耗能工业企业单位烧碱综合能耗下降 0.3%,吨水泥综合能耗下降 0.1%,吨钢综合能耗下降 0.9%,吨粗铜综合能耗下降 4.8%,每千瓦时火力发电标准煤耗下降 0.8%。全国万元国内生产总值二氧化碳排放下降 5.1%。"十二五"期间节能减排工作也取得显著成效。各地区、各部门认真贯彻落实党中央、国务院决策部署,把节能减排作为优化经济结构、推动绿色循环低碳发展、加快生态文明建设的重要抓手和突破口,各项工作积极有序推进。"十二五"时期,全国单位国内生产总值能耗降低 18.4%,化学需氧量和二氧化硫、氨氮、氮氧化物等主要污染物排放总量分别减少 12.9% 和 18%、13%、18.6%,超额完成节能减排预定目标任务,重点淘汰小火电 2 000 万 kW、炼铁产能 4 800 万 t、炼钢产能 4 800 万 t、水泥产能 3.7 亿 t、焦炭产能 4 200 万 t、造纸产能 1500 万 t 等,为经济结构调整、环境改善、应对全球气候变化做出了重要贡献。

3)非化石能源快速发展

积极发展新能源和可再生能源。2017 年,可再生能源发电量 1.7 万亿 kW·h,同比增长 1 500 亿 kW·h;可再生能源发电量占全部发电量的 26.4%,同比上升 0.7 个百分点。其中,水电 11 945 亿 kW·h,同比增长 1.7%;风电 3 057 亿 kW·h,同比增长 26.3%;光伏发电 1 182 亿 kW·h,同比增长 78.6%;生物质发电 794 亿 kW·h,同比增长 22.7%。

截至 2017 年底,我国可再生能源发电装机达到 6.5 亿 kW,同比增长 14%;其中,水电装机 3.41 亿 kW、风电装机 1.64 亿 kW、光伏发电装机 1.3 亿 kW、生物质发电装机 1 488 万 kW,分别同比增长 2.7%、10.5%、68.7% 和 22.6%。可再生能源发电装机约占全部电力装机的 36.6%,同比上升 2.1 个百分点,可再生能源的清洁能源替代作用日益突显。

4)科技水平迅速提高

建成了比较完善的石油天然气勘探开发技术体系,复杂区块勘探开发、提高油气田采收率等技术在国际上处于领先地位。3 000 m 深水钻井平台建造成功。千万吨炼油和百万吨乙烯装置实现自主设计和制造。具有世界先进水平和自主知识产权的煤炭直接液化和煤制烯烃技术取得突破。全国采煤机械化程度达到 60% 以上，井下 600 万 t 综采成套装备全面推广。百万千瓦超超临界、大型空冷等大容量高参数机组得到广泛应用，70 万 kW 水轮机组设计制造技术达到世界先进水平。基本具备百万千瓦级压水堆核电站自主设计、建造和运营能力，高温气冷堆、快堆技术研发取得重大突破。3 MW 风电机组批量应用，6 MW 风电机组成功下线。形成了比较完备的太阳能光伏发电制造产业链，光伏电池年产量占全球产量的 40% 以上。特高压交直流输电技术和装备制造水平处于世界领先地位。

5) 用能条件大为改善

积极推进民生能源工程建设，提高能源普遍服务水平。2005 年我国天然气消费量为 468 亿 m³，2015 年消费量增至 1 931 亿 m³。2005—2015 年，天然气消费年均增速 16%，是我国一次能源消费年均增速的 3 倍。天然气在一次能源消费结构中的比例从 2005 年的 2.4% 增至 2015 年的 5.9%，人均年用气量约 140 m³。国内常规天然气主要来自新疆、陕甘宁、川渝、青海和东北五大产气区。根据"十三五"规划要求，"十三五"期间将新增探明地质储量 3 万亿 m³，到 2020 年将实现 16 万亿 m³ 的累计探明地质储量。我国的进口管道气主要来自中亚的土库曼斯坦，已经投入使用的中亚 ABC 线合计输气能力达 550 亿 m³/年，在建的中亚 D 线预计 2020 年投产，输气能力达 300 亿 m³/年。

近年来，我国开展了多项能源惠民利民工程，取得了突出成效：

①实施新一轮农网改造升级工程。2016 年共为全国 350 万农村用户实施了低电压综合治理，为 1.41 万个贫困村通动力电或实施动力电改造，青海、四川、甘肃、云南四省藏区大电网覆盖率提升至 96.2%。

②完善居民用能基础设施。针对人民群众普遍关心的大气污染治理问题，在居民采暖、生产制造领域，通过推广或试点电采暖、工业电锅炉等方式，实施电能替代散烧煤和燃油；全面实施配电网建设改造，全年变(配)电容量、线路长度均同比增长 8%；加快推动电动汽车充电基础设施建设。

③实施光伏扶贫工程。2016 年，关于实施光伏发电扶贫工作的意见出台，下达了第一批光伏扶贫项目建设计划，全面推进光伏扶贫工作。目前光伏扶贫项目已并网发电约 200 万 kW，惠及约 60 万建档立卡贫困户。

④提高行业监督服务水平。针对弃风弃光、成品油质量升级等问题实施专项监管，着力解决人民群众在用能过程中遇到的突出问题。

6) 环境保护成效突出

在环境保护方面，国家进一步加大化解过剩产能、淘汰落后产能工作力度。2014 年，钢铁、水泥、电解铝行业固定资产投资同比分别下降近 4%、19%、18%，落后产能严重过剩行业扩张势头得到遏制。2011—2014 年，全国淘汰钢铁 1.55 亿 t、水泥 6 亿 t 余、造纸 3 266 万 t，分别是"十二五"目标任务的 1.6 倍、1.6 倍、2.2 倍，"十二五"重点行业淘汰落后产能任务提前一年完成。节能环保产业以 15%~20% 的速度增长，占 GDP 的比重达到 6.5% 以上。产业结构升级带来单位产品主要污染物排放强度的大幅降低和资源能源效率的大幅提升。"十二五"前四年，我国单位工业增加值化学需氧量（COD）排放强度下降 36%（由 18.4 t/亿元下降至 11.8 t/亿元），单位工业增加值氨氮排放强度下降 40%（由 1.5 t/亿元下降至 0.9 t/亿元），全国单位 GDP 能耗累计下降 13.4%，单位 GDP 二氧化碳排放累计下降 16% 左右，单位工业增加值的用水量降低 24%，资源产出率提高 10% 左右。

7）体制机制不断完善

市场机制在资源配置中发挥出越来越大的作用。能源领域投资主体实现多元化，民间投资不断发展壮大。煤炭生产和流通基本实现市场化。电力工业实现政企分开、厂网分离，监管体系初步建立。能源价格改革不断深化，价格形成机制逐步完善。开展了煤炭工业可持续发展政策措施试点。制定了风电与光伏发电标杆上网电价制度，建立了可再生能源发展基金等制度。加强能源法制建设，近年来新修订出台了《中华人民共和国节约能源法》《中华人民共和国可再生能源法》《中华人民共和国循环经济促进法》《中华人民共和国石油天然气管道保护法》以及《民用建筑节能条例》《公共机构节能条例》等法律法规（《中华人民共和国节约能源法》后简称《节约能源法》）。

5.1.6 我国建筑能耗现状与特点

1）我国建筑能耗现状

2015 年，我国建筑运行的总商品能耗为 8.46 亿 t 标准煤，约占全国能源消费总量的 20%。其中，建筑商品能耗和生物质能共计 9.64 亿 t 标准煤（生物质能能耗约 1 亿 t 标准煤）。2015 年建筑运行的总碳排放为 22.2 亿 t CO_2。

表 5.1 我国建筑能源消耗分类和现状

建筑能源用户	宏观参数 （面积，户数）	电（亿 kW·h）	总商品能耗 （亿 t 标准煤）
北方城镇供暖	132 亿 m²	282	1.91
城镇住宅 （不含北方地区供暖）	2.72 亿户， 219 亿 m²	4 300	1.99
公共建筑 （不含北方地区供暖）	116 亿 m²	6 507	2.60
农村住宅	1.58 亿户， 238 亿 m²	2 060	2.13
合计	573 亿 m²	13 149	8.63

注：标准煤按发电效率折合等效电能，1 kW·h 电 =319 g 标准煤。

2) 我国各类建筑能耗特点

(1) 北方建筑采暖能耗

由表 5.1 中可以看出，2015 年北方城镇供暖能耗为 1.91 亿 t 标准煤，占全国城镇建筑总能耗的 22%。2001—2015 年，北方城镇建筑供暖面积从 50 亿 m² 增长到 132 亿 m²，而能耗总量增加不到 1 倍，能耗总量的增长明显低于建筑面积的增长，体现了节能工作取得的显著成绩——单位面积供暖能耗，从 2001 年的 22.8 kg 标准煤/m² 降低到 2015 年的 14.1 kg 标准煤/m²，降低了 38%。

(2) 城镇住宅(不含北方供暖)

2015 年，城镇住宅能耗(不含北方供暖)为 1.99 t 标准煤，占建筑总商品能耗的 23%，其中电力消耗 4 300 kW·h。2001—2015 年，我国城镇住宅各终端用能途径的能耗总量增长近两倍，城镇人口增加了 2.9 亿，城镇住宅面积增加了 1 倍多。从用能的分项来看，炊事、家电和照明是我国城镇住宅除北方集中供暖外耗能比例最大的三个分项。由于我国已经采取了各项提高炊事效率、家电和照明效率的政策并推广相应的重点工程，所以这三项终端能耗的增长趋势已经得到了有效控制，近年来的能耗总量年增长率均比较低。

(3) 公共建筑能耗(不含北方供暖)

2015 年，全国公共建筑面积约为 116 亿 m²，其中农村公共建筑约占 10%。公共建筑总能耗(不含北方供暖)为 2.60 亿 t 标准煤，占建筑总能耗的 30%，其中电力消耗为 6 507 亿 kW·h。公共建筑面积的增加、大体量公共建筑占比的增长以及用能需求的增长等因素导致了公共建筑能耗总量的大幅增长。2001—2015 年，公共建筑能耗总量增长 3 倍以上，公共建筑单位面积能耗从 16.8 kg 标准煤/m² 增长到 22.5 kg 标准煤/m²，能耗强度增长了约 34%。

(4) 农村建筑能耗

2015 年，农村住宅的商品能耗为 2.13 亿 t 标准煤，占建筑能耗的 25%，其中电力消耗为 2 060 亿 kW·h。此外，农村生物质能(秸秆，薪柴)的消耗约合为 1 亿 t 标准煤。随着城镇化的发展，2001—2015 年农村常住人口从 8.0 亿减少到 6.0 亿人，而农村住房面积从人均 26 m²/人增加到 39 m²/人，随着城镇化的逐步推进，农村住宅的规模已经基本稳定在 230 亿~240 亿 m²。

随着农村电力普及率和农村收入水平的提高，以及农村家电数量和使用的增加，农村户均电耗呈快速增长趋势。同时越来越多的生物质能被散煤和其他商品能源代替，这就导致农村生活用能中生物质能源的比例迅速下降。以家庭户为单位来看农村住宅能耗的变化，户均能耗没有明显的变化，但生物质能占总能耗的比例大幅下降，户均商品能耗从 2001—2015 年增长了一倍多。

(5) 长江流域大面积新增采暖需求能耗

我国长江流域以往的建筑设计都没有考虑采暖，大多数建筑冬、夏期间的室内热环境很差。目前，这一地区夏季空调已广泛普及，而建设采暖系统、改善冬季室内热环境的要求也日趋增长。

预计到 2020 年，长江流域将有 50 亿 m² 左右的建筑面积需要采暖。如果该地区采用北方集中供热的采暖模式，预计每年除用电外新增采暖用 1 亿 t 标准煤左右，接近目前我国北方建筑采暖能耗总和。这将带来严重的能源负担,不仅影响长江流域城市建设和能源供应,还会加剧我国能源供应紧缺的状况。

总之,从2001—2015年的变化,从各类能耗总量上看,除农村用生物质能持续降低外,各类建筑用能总量都有明显增长。分析各类建筑能耗情况,进一步发现以下特点:

①北方城镇供暖能耗强度较大,近年来持续下降,显示了节能工作的成效;

②公共建筑单位面积能耗强度持续增长,各类公共建筑终端用能需求的增长,是建筑能耗强度增长的主要原因,尤其是近年来许多城市新建的一些大体量并应用大规模集中系统的建筑,能耗强度大大高出同类建筑;

③城镇住宅户均能耗强度增长,这是由于生活热水、家电等用能需求增加,夏热冬冷地区冬季供暖问题也引起了广泛的讨论,由于节能灯具的推广,住宅中照明能耗没有明显增长,炊事能耗强度也基本维持不变;

④农村生物质能使用量持续减少,农村住宅商品能耗总量大幅增加,全国农村户均商品能耗已经与城镇户均住宅商品能耗水平一致,甚至有超过城镇的趋势;

⑤长江流域建筑供暖需求日益增长,不断加大我国建筑供暖能耗、加剧该地区及我国能源供应紧缺的现状。

5.2　我国建筑节能工作综述

5.2.1　建筑节能发展现状及已取得的成就

1)建筑节能工作全面推进,全面实现建筑节能目标和要求

(1)新建建筑

到2015年底,全国城镇新建建筑设计阶段和施工阶段执行节能强制性标准的比例为99.98%,分别比2010年提高了40个百分点和36个百分点,完成了国务院提出的"新建建筑全面执行新颁布的节能设计标准,执行比例达到95%以上"的工作目标。"十二五"期间,累计建成节能建筑面积70亿 m²,节能建筑占城镇民用建筑面积比重超过40%。北京、天津、河北、山东、新疆等地开始在城镇新建居住建筑中实施节能75%的强制性标准。

(2)既有居住建筑节能改造全面推进

截至2015年底,北方采暖地区共完成既有居住建筑供热计量及节能改造面积9.9亿 m²,超额完成了国务院提出的4亿 m²改造任务目标,节能改造惠及超过1 500万户居民,老旧住宅舒适度明显改善,年可节约650万 t标准煤。夏热冬冷地区完成既有居住建筑节能改造面积7 090万 m²,是国务院下达任务目标的1.42倍。

(3)公共建筑节能力度不断加强

"十二五"时期,在33个省市(含计划单列市)开展能耗动态监测平台建设,对9 000余栋建筑进行能耗动态监测,在233个高等院校、44个医院和19个科研院所开展建筑节能监管体系建设及节能改造试点,确定公共建筑节能改造重点城市11个,实施改造面积4 864万 m²,带动全国实施改造面积1.1亿 m²。

(4)可再生能源建筑应用规模持续扩大

"十二五"期间,住房和城乡建设部(简称"住建部")会同财政部继续按照"项目示范、区域示范、全面推广"的"三步走"战略,采取示范带动、政策保障、技术引导、产业配套的工作思路,积极推进可再生能源在建筑领域的应用,规模化效应逐步显现,五大体系建设成效显著。目前,共确定46个可再生能源建筑应用示范市、100个示范县和8个太阳能综合利用省级示范,实施398个太阳能光电建筑应用示范项目,装机容量683 MW。截至2015年底,全国城镇太阳能光热应用面积超过30亿 m²,浅层地能应用面积超过5亿 m²,可再生能源替代民用建筑常规能源消耗比重超过4%。

(5)绿色建筑实现跨越式发展

全国省会以上城市保障性安居工程、政府投资公益性建筑、大型公共建筑开始全面执行绿色建筑标准,北京、天津、上海、重庆、江苏、浙江、山东、深圳等地开始在城镇新建建筑中全面执行绿色建筑标准,推广绿色建筑面积超过10亿 m²。截至2015年底,全国累计有4 071个项目获得绿色建筑评价标识,建筑面积超过4.7亿 m²。

(6)农村建筑节能实现突破

①农村危房改造试点建筑节能示范:截至2015年底,严寒及寒冷地区结合农村危房改造,对117.6万户农村居住建筑实施节能改造。在青海、新疆等地区农村开展被动式太阳能房建设示范。②绿色农房建设:促进节能节材型的砌体材料在农房建筑节能示范中推广应用,装配式建筑、建筑保温与结构一体化、轻钢结构复合墙板装配式节能房屋、EPS空腹模块墙体结构体系等在农村居住建筑节能示范中得到批量化应用。③农村建筑节能产业化发展:北方地区农村危房改造建筑节能示范任务逐年增加,促进了农村建筑节能材料和产品、技术的发展,带动了农村建筑节能材料和产品的产业化发展,一些从事城市建筑节能的厂家开始进入农村建筑节能市场。

(7)支撑保障能力持续增强

全国有15个省级行政区域出台地方建筑节能条例,江苏、浙江率先出台绿色建筑发展条例。组织实施绿色建筑规划设计关键技术体系研究与集成示范等国家科技支撑计划重点研发项目,在部科技计划项目中安排技术研发项目及示范工程项目上百个,科技创新能力不断提高。组织实施中美超低能耗建筑技术合作研究与示范、中欧生态城市合作项目等国际科技合作项目,引进消化吸收国际先进理念和技术,促进我国相关领域取得长足发展。

2)形成较为完善的建筑节能和绿色建筑工作支撑体系

(1)法律法规体系

结合建筑法、节约能源法的修订,将实践证明切实有效的制度、措施上升为法律制度。加强立法前瞻性研究,评估《民用建筑节能条例》实施效果,适时启动条例修订工作,推动绿色建筑发展相关立法工作。2013年2月,国务院以"国办发〔2013〕1号"文件转发了国家发展改革委、住房和城乡建设部制定的《绿色建筑行动方案》,设定了推进绿色建筑发展进程的"十项制度"，为绿色建筑和绿色生态城区的发展做出了新的部署。据统计，"十项制度"中，绿色建筑评价标识制度、绿色建筑设计专项审查制度、节水器具和太阳能建筑一体化强制推广制度等均得到广泛执行且执行效果较好。同时，引导地方根据本地实际，出台建筑节能及绿色建筑地方法规；不断完善覆盖建筑工程全过程的建筑节能与绿色建筑配套制度，落实法律法规确定的各项规定和要求；强化依法行政，提高违法违规行为的惩戒力度。建筑节能与绿色建筑部分标准的修编计划见表5.2。

表5.2 建筑节能与绿色建筑部分标准修编计划

序号	标准类型	具体修编内容
1	建筑节能标准	研究编制建筑节能与可再生能源利用全文强制性技术规范；逐步修订现行建筑节能设计、节能改造系列标准；制（修）订《建筑节能工程施工质量验收规范》《温和地区居住建筑节能设计标准》《近零能耗建筑技术标准》
2	绿色建筑标准	逐步修订现行绿色建筑评价系列标准；制（修）订《绿色校园评价标准》《绿色生态城区评价标准》《绿色建筑运行维护技术规范》《既有社区绿色化改造技术规程》《民用建筑绿色性能计算规程》
3	可再生能源及分布式能源建筑应用标准	逐步修订现行太阳能、地源热泵系统工程相关技术规范；制（修）订《民用建筑太阳能热水系统应用技术规范》《太阳能供热采暖工程技术规范》《民用建筑太阳能光伏系统应用技术规范》

（2）财税政策体系

"十二五"期间，建筑节能和绿色建筑发展的财税政策体系进一步完善。中央财政安排大量资金，用于支持北方采暖地区既有居住建筑供热计量及节能改造、可再生能源建筑应用、国家机关办公建筑和大型公共建筑节能监管体系建设、公共建筑节能改造重点城市建设、节约型高校及医院建设等方面。

（3）标准规范体系

"十二五"期间，我国在建筑节能和绿色建筑领域已制定了一系列标准、规范，初步建立了该领域的标准体系。"十三五"期间，根据建筑节能与绿色建筑发展需求，适时制（修）订相关设计、施工、验收、检测、评价、改造等工程建设标准；积极适应工程建设标准化改革要求，编制好建筑节能全文强制标准，优化完善推荐性标准，鼓励各地编制更严格的地方节能标准，积极培育发展团体标准，引导企业制定更高要求的企业标准，增加标准供给，形成新时期建筑节能与绿色建筑标准体系；加强标准国际合作，积极与国际先进标准对标，并加快转化为适合我国国情的国内标准。

（4）能力建设体系

"十二五"期间，建筑节能和绿色建筑发展的能力支撑体系进一步加强。①评价能力：加强了第三方节能量核定评价机构、绿色建筑评价机构、建筑能效测评机构的能力建设。②监管能力：加强了绿色建筑全过程各环节的监管力度，建立了衬托各省、市墙改节能办的建筑节能、绿色建筑监管机构体系，并对各地组织推进绿色建筑发展工作进行指导和监督。③实施能力：

加强了从规划、设计、施工、运行到报废等阶段的建筑节能标准执行能力,建立了建筑节能专业工程师培训体系,提升了建筑节能从业人员整体素质。④创新能力:完善了绿色建筑创新评奖机制,绿色建筑领域创新能力进一步加强。⑤组织协调能力:形成了国家与地方两级主管部门统筹协作、明确目标、有效配合的工作机制,建立了住房、发改、工信、商务、教育等部门的联席会议制度,形成了统一部署、分工负责、协调配合的工作格局。

(5)科技支撑体系

"十三五"期间,我国在建筑节能与绿色建筑技术领域的国家重点研发计划项目及主要研究内容为:超低能耗及近零能耗建筑技术体系及关键技术研究;既有建筑综合性能检测、诊断与评价,既有建筑节能宜居及绿色化改造、调适、运行维护等综合技术体系研究;绿色建筑精细化设计,绿色施工与装备,调适、运营优化,建筑室内健康环境控制与保障、绿色建筑后评估等关键技术研究;城市、城区、社区、住区、街区等区域节能绿色发展技术路线,绿色生态城区(街区)规划,设计理论方法与优化,城区(街区)功能提升与绿色化改造,可再生能源建筑应用,分布式能源高效应用,区域能源供需耦合等关键技术研究,太阳能光伏直驱空调技术研究;农村建筑、传统民居绿色建筑建设及改造,被动式节能应用技术体系,农村建筑能源综合利用模式,可再生能源利用方式等适宜技术研究。

通过"建筑节能与绿色技术建筑"领域的基础理论研究与工程应用技术研发、示范,逐步建立该领域完善的科技支撑体系,推动该领域的应用技术不断进步。目前,该领域主要工作包括以下几个方面:认真落实国家中长期科学和技术发展规划纲要,依托"绿色建筑与建筑工业化"等重点专项,集中攻关一批建筑节能与绿色建筑关键技术产品,重点在超低能耗、近零能耗和分布式能源领域取得突破;积极推进建筑节能和绿色建筑重点实验室、工程技术中心建设;引导建筑节能与绿色建筑领域的"大众创业、万众创新",实施建筑节能与绿色建筑技术引领工程;健全建筑节能和绿色建筑重点节能技术推广制度,发布技术公告,组织实施科技示范工程,加快成熟技术和集成技术的工程化推广应用;加强国际合作,积极引进、消化、吸收国际先进理念、技术和管理经验,增强自主创新能力。

在国家重点研发计划支持建筑节能研究开发的同时,各地围绕建筑节能工作发展需要,结合地区实际,积极筹措资金、安排科研项目,为建筑节能深入发展提供科技储备。

(6)宣传培训体系

近年来,国家积极以各种形式开展节能减排、建筑节能相关宣传活动。组织开展了《节约能源法》《民用建筑节能条例》宣传贯彻活动;每年定期组织"国际绿色建筑与建筑节能大会",搭建国内外建筑节能和绿色建筑领域专家学者的交流平台;以节能宣传周、无车日、节能减排全民行动、绿色建筑国际博览会等活动为载体,利用各种媒体,采取专题节目、设置专栏以及宣贯会、推介会、现场展示、发放宣传册等多种方式,广泛宣传建筑节能的重要意义和政策措施,提高了全社会的节能意识。同时,各地住房和城乡建设主管部门不断加大建筑节能培训力度,组织相关单位的管理和技术人员,对建筑节能相关法律法规、技术标准进行培训,有效提升了建筑节能管理、设计、施工、科研等相关人员对建筑节能的理解和执行能力。

(7)产业支撑体系

到目前为止,国家已相继颁布了可再生能源建筑应用、村镇宜居型住宅、既有建筑节能改造等技术推广目录,引导建筑节能相关技术、产品、产业发展;实施可再生能源建筑规模化应用示范和太阳能光电建筑应用示范项目,带动了太阳能光伏发电等可再生能源相关行业发展;通过建立建筑节能能效测评标识及绿色建筑评价标识制度,推动了建筑节能第三方能效服务机构的发展;积极落实国务院加快推行合同能源管理促进节能服务产业发展的意见,培育建筑节能服务市场,加快推行合同能源管理,重点支持专业化节能服务公司提供节能诊断、设计、融资、改造、运行管理一条龙服务。

5.2.2　建筑节能发展存在的主要问题

（1）部分地方政府对建筑节能工作的认识不到位

一方面,部分地区政府对建筑节能和绿色建筑工作认识不到位,导致对建筑节能和绿色建筑工作的重视和投入不够。另一方面,市场主体也还未形成建筑节能和绿色建筑主流意识,不能做到以节能和绿色为己任,部分企业社会责任担当有待加强。此外,居民的建筑节能理念尚未养成,还存在较大的能源、资源浪费现象,节能践行不够。

（2）建筑节能法规与经济支持政策仍不完善

①针对绿色建筑推广的法律法规体系还不完善,建筑节能监管法律体系亦需加强。《节约能源法》《建设工程质量管理条例》以及《民用建筑节能条例》等领域的法律体系尚未涵盖绿色建筑发展相关内容;《绿色建筑评价标准》为推荐性标准,不具有强制效力。②完善的建筑能效提升长效激励机制还未形成,无法将市场潜力充分转变为节能现实需求。③基于政府引导,市场推动发展的体制机制尚未形成,建筑节能和绿色建筑市场仍然存在诸多问题,市场环境、融资环境有待进一步建立和完善。

（3）新建建筑能效标准水平仍需提高、执行能力有待加强

一方面,与发达国家相比,我国当期建筑能效标准水平仍然偏低。比较研究表明,现阶段我国北方住宅全年供暖能耗设计指标为发达国家的 1.5～2 倍,公共建筑的供冷供热全年能耗计指标为发达国家的 1.2～1.5 倍。另一方面,虽然我国建筑节能标准执行率已基本达到100%,但存在地区发展不平衡、高性能建筑占比小、执行质量参差不齐、综合效果多数停留在设计阶段及少部分建筑节能工程偷工减料等现象,建筑节能质量和工程质量水平有待提高。

（4）既有建筑节能改造工作任重道远

我国北方地区既有居住建筑改造存量依然巨大,目前的改造主要是围护结构及末端改造,尚未形成同步提升供热系统能效的最优化改造模式;夏热冬冷地区居住建筑舒适度亟待提高,但改造速度缓慢,尚未形成适宜的改造模式、有效的技术路线及合理的解决方案;夏热冬暖地区节能改造尚未启动;公共建筑节能改造刚刚起步,市场化程度低,以政府引导、市场推动的成熟改造模式尚未建立。

（5）可再生能源建筑应用推广任务依然繁重

我国在建筑领域推广应用可再生能源总体上仍处于起步阶段,据测算,目前可再生能源建筑应用量占建筑用能比重的5%左右,这与我国丰富的资源禀赋相比、与快速增长的建筑用能需求相比、与调整用能结构的迫切要求相比都有很大的差距。此外,可再生能源建筑应用有效推广机制仍待进一步完善;技术产品或系统未能进入工程管理的闭合环节,技术应用水平参差

不齐;部分核心技术仍未掌握,技术研发、制造和配套能力有待提高;系统集成、工程咨询、运行管理等能力有待提升。

(6)大部分省市农村建筑节能工作尚未形成规模

整体来看,严寒地区农村建筑节能技术发展和推广应用工作开始形成规模;夏热冬冷地区农村建筑节能工作正在启动。农村籍农房建筑节能工程的标准体系仍不健全,基础性国家标准(设计、施工、验收)体系尚未建立,基于本地化的农房建筑节能应用技术的技术目录和经济适用的技术体系仍然缺失。农村建筑、农房的设计和施工过程无法实现规范及闭合管理,部分新建农房,农民自建房质量不高。

(7)以全寿命期理念指导建筑能效提升的格局、机制尚未形成

我国建筑大拆大建现象较为突出,建筑平均寿命短,浪费严重。指导建筑设计、施工、运行、报废以及建筑垃圾回收利用的全生命期标准体系、管理体系尚未形成。建筑的绿色化施工尚处在示范阶段,可循环建材的使用量偏低,建材等资源节约潜力较大。

(8)建筑能效提升产业及绿色建筑支撑能力尚需提升

①针对建筑能效提升的绿色产业链结构不完善,现有产业支撑体系中存在诸多薄弱环节亟须进行引导。②市场机制配置资源的基础性作用强度不够,新兴产业的兴起尚未对建筑节能和绿色建筑发展起到充分作用,无法带动全产业链及关键领域的建筑能效提升。

5.2.3 建筑节能发展面临的形势

(1)快速城镇化过程中,建筑能源资源消耗过快增长的趋势明显,对我国未来能源总量控制目标的实现构成较大的压力

国务院办公厅发布的《能源发展战略行动计划(2014—2040)》中明确,到2020年,一次能源消费总量控制在48亿t标准煤左右,煤炭消费总量控制在42亿t标准煤左右。我国在《中美气候联合声明》中承诺,到2030年左右二氧化碳排放达到峰值且将努力早日达峰,并计划到2030年非化石能源占一次能源消费比重提高到20%左右。根据我国能源可供应量预测,到2020年,我国建筑领域的能源消费总量不应超过11亿t标准煤,占社会总能耗的比例为23%。建筑能耗占全社会能源消费比例每增加一个百分点,将多占用5 000万t标准煤的能源空间,有效减缓城市能源资源消耗过快增长的趋势就意味着为国家能源总量控制目标的实现让渡出更大的空间。

(2)在确保建筑能耗不过快增长的前提下,对建筑品质的需求大幅提升

北方采暖地区"干燥不热"和"高烧不退"的现象较为普遍。夏热冬冷地区缺乏合理有效的采暖空调技术路线和措施,同时,遮阳、自然通风等被动式节能措施未被有效利用,室内舒适性不高的同时也增加了建筑能耗。经济和社会的发展使得居民对居住模式、建筑功能与布局的认知正在发生改变,对建筑的室内环境质量(室内热、光、声等物理环境及空气品质)和基础设施(包括水、电、气、交通、绿化,污水及垃圾收集处理等)服务水平的需求日益增长。

(3)老旧建筑功能亟待改善、能效亟待提高

截至目前,全国城镇建筑共有约350亿 m^3,其中非节能建筑占比达到70%。大量的棚户区和达不到节能基本功能要求的老旧小区与建筑是影响我国城镇总体环境与居住质量的两大

薄弱环节。目前,我国仍有超过 3 000 万户城镇低收入和少量中等偏下收入家庭,一亿居民居住在棚户区中。此外,各地还有不少"城中村"、城镇旧危房。随时间推移,过去按建筑节能 50%标准建成的 74.8 亿 m³ 的城镇建筑,由于外保温结构已达到使用年限且本身能效低,也将逐步进入须进行改造的行列。

(4)建筑运行管理水平低带来的能源资源浪费仍十分突出

通过公共建筑能耗监管发现,建筑在实际运行过程中能源和水资源等利用效率普遍较低,公共建筑普遍存在节能潜力。其中仅通过提高运行管理水平即可实现 10%左右的节能量。为此,未来形成促使建筑按资源节约、环境友好方式运行的政策法规、技术标准、运行管理能力、商业模式以及相关产业的需求是紧迫、巨大的。

(5)主要是依靠行政力量推动,市场机制未充分发挥作用

我国推进建筑节能与绿色建筑工作,仍主要依靠自上而下的行政手段,是"要我节约",而以需求为导向的市场化推进建筑节能和绿色建筑的机制尚未建立,难以形成"我要节约"的市场氛围。

5.3　我国建筑节能发展规划

5.3.1　我国建筑节能的发展目标、指导思想、发展路径

1)总体目标

到"十三五"期末,建筑能耗控制在 9.3 亿 t 标准煤节以内。其中,发展绿色建筑,加强新建建筑节能工作,使城镇住宅商品能源能耗(不含北方采暖地区采暖能耗)控制在 2.3 亿 t 标准煤节以内;深化供热体制改革,全面推行供热计量收费,推进北方采暖地区既有建筑供热计量及节能改造,使北方城镇采暖商品能源能耗控制在 2.2 亿 t 标准煤节以内;加强公共建筑节能监管体系建设,推动节能改造与运行管理并促使高能耗建筑进行节能改造,使公共建筑商品能源能耗(不含北方采暖地区采暖能耗)控制在 2.6 亿 t 标准煤节以内。推动可再生能源与建筑一体化应用,具备资源条件和使用条件的地区均应使用可再生能源,可再生能源利用占建筑总能耗 13%以上。

2)具体目标

(1)提高新建建筑能效水平,提高节能和绿色发展质量

①新建居住建筑:从 2016 年起,每 5 年提升一次能效,每次提升能效 20%。条件成熟的城市开始推行超低能耗标准,逐步实现与国际先进标准同步发展。②新建公共建筑:"十三五"期间,建筑面积 5 000 m² 及以上的公共建筑达到当期最低的绿色建筑标准要求,建筑能效在 2016 年的基础上提升 20%,设计阶段和施工阶段当期能效标准执行率达到 100%。③绿色建筑:2016 年起,所有新建城区均按绿色建筑集中示范区的要求进行规划、设计、施工、运行。

"十三五"规划期末,城镇绿色建筑占新建建筑的比例达到50%。

（2）加快推进既有居住建筑节能改造,扩大节能建筑的覆盖范围

①既有居住建筑节能改造:到2020年,完成严寒和寒冷地区老旧住宅节能改造面积8亿 m^2,综合改造后建筑采暖能耗强度下降25%以上。启动夏热冬暖地区既有居住建筑节能改造5 000万 m^2,探索适宜夏热冬暖地区的既有居住建筑节能改造模式和技术途径。②既有公共建筑节能改造:到2020年,完成公共建筑节能改造6亿 m^2,其中,开展公共建筑节能改造重点示范城市试点面积超过1亿 m^2,带动全国公共建筑节能改造面积5亿 m^2。改造后建筑能效提升20%以上。

（3）实现建造方式转型,大力推进绿色施工,推进建筑产业现代化发展,提高建材绿色化和循环利用水平

到2020年,建筑产业化建筑比例达到10%以上,住宅精装修交房率达到30%以上;建筑垃圾资源利用比例达到30%以上;现代木结构、钢结构建筑规模明显提高。

（4）开展可再生能源建筑应用集中连片推广,进一步丰富可再生能源建筑应用形式,促进可再生能源研究成果转化

可实施再生能源建筑应用省级推广、拓展应用领域,"十三五"期末,城市可再生能源消费比例达到13%以上,长江流域应用可再生能源采暖的比例达到20%以上。

（5）扩大农村建筑节能示范的覆盖面

进一步提高严寒和寒冷地区、夏热冬冷地区新建农村住房按节能标准要求建设的比例。推动严寒和寒冷地区既有农房建筑节能改造。强化村镇绿色住宅产业关键技术的研究与示范,加强绿色民居适宜建材研发及综合利用技术研究。

（6）大力推进新型墙体材料革新,开发推广新型节能墙体和屋面体系

依托大中型骨干企业建设新型墙体材料研发中心和产业化基地。新型墙体材料产量占墙体材料总量的比例达到65%以上,建筑应用比例达到75%以上。

（7）形成以《节约能源法》和《民用建筑节能条例》为主体,部门规章、地方性法规、地方政府规章及规范性文件为配套的建筑节能法规体系

规划期末实现地方性法规省级全覆盖,建立、健全支持建筑节能工作发展的长效机制,形成财政、税收、科技、产业等体系共同支持建筑节能发展的良好局面。建立省、市、县三级职责明确、监管有效的体制和机制。健全建筑节能技术标准体系。建立并实行建筑节能统计、监测、考核制度。

3）指导思想

全面贯彻党的十九大和十八届六中全会精神,深入学习、贯彻习近平总书记系列重要讲话精神,牢固树立创新、协调、绿色、开放、共享发展理念,紧紧抓住国家推进新型城镇化建设、生态文明建设、能源生产和消费革命的重要战略机遇期,以增强人民群众获得感为工作出发点,以提高建筑节能标准、促进绿色建筑全面发展为工作主线,落实"适用、经济、绿色、美观"建筑方针,完善法规、政策、标准、技术、市场、产业支撑体系,全面提升建筑能源利用效率、优化建筑用能结构、改善建筑居住环境品质,为住房和城乡建设领域绿色发展提供支撑。

4) 发展路径

(1) 绿色化推进

促进建筑节能向绿色、低碳转型。根据不同建筑类型的特点,将绿色指标纳入城市规划和建筑的规划、设计、施工、运行和报废等全寿命期各阶段监管体系中,最大限度地节能、节地、节水、节材,保护环境和减少污染,开展绿色建筑集中示范,引导和促进单体绿色建筑建设,推动既有建筑的改造,试点绿色农房建设。

(2) 区域化推进

引导建筑节能工作区域推进,充分评估各地区建筑用能需求和资源环境特点,结合实际制定区域内建筑节能政策措施,因地制宜地推动建筑节能工作深入开展。以区域推进为重点规模化发展绿色建筑,将既有建筑节能改造与城市综合改造、旧城改造、棚户区改造结合起来,集中连片地开展可再生能源建筑应用工作,发挥综合效益。

(3) 产业化推进

立足国情,借鉴国际先进技术和管理经验,提高自主创新能力,突破制约建筑节能发展的关键技术,形成具有自主知识产权的技术体系和标准体系。推动创新成果工程化应用,引导新材料、新能源等新兴产业的发展,限制和淘汰高能耗、高污染产品,培育节能服务产业,促进传统产业升级和结构调整,推进建筑节能的产业化发展。

(4) 市场化推进

引导建筑节能市场由政府主导逐步发展为市场推动,加大支持力度,完善政策措施,充分发挥市场配置资源的基础性作用,提升企业的发展活力,构建有效市场竞争机制,加大市场主体的融资力度。

(5) 统筹兼顾推进

控制增量,提高新建建筑能效水平,加强新建建筑节能标准执行的监管。改善存量,提高建筑管理水平,降低运行能耗,实施既有建筑节能改造。注重建筑节能的城乡统筹,农房建设和改造要考虑新能源应用和农房保温隔热性能的提高,鼓励应用可再生能源、生物质能,因地制宜地开发应用节能建筑材料,改进建造方式,保护农房特色。

5.3.2 我国建筑节能的重点任务

1) 加快提高建筑节能标准及执行质量

(1) 加快提高建筑节能标准

修订城镇新建建筑相关节能设计标准。推动严寒及寒冷地区城镇新建居住建筑加快实施更高水平节能强制性标准,提高建筑门窗等关键部位节能性能要求,引导京津冀、长三角、珠三角等重点区域城市率先实施高于国家标准要求的地方标准,在不同气候区树立引领标杆。积极开展超低能耗建筑、近零能耗建筑建设示范,提炼规划、设计、施工、运行维护等环节共性关键技术,引领节能标准提升进程,在具备条件的园区、街区推动超低能耗建筑集中连片建设。鼓励开展零能耗建筑建设试点。

（2）严格控制建筑节能标准执行质量

进一步发挥工程建设中建筑节能管理体系作用,完善新建建筑在规划、设计、施工、竣工验收等环节的节能监管,强化工程各方主体建筑节能质量责任,确保节能标准执行到位。探索建立企业为主体、金融保险机构参与的建筑节能工程施工质量保险制度。对超高超限公共建筑项目,实行节能专项论证制度。加强建筑节能材料、部品、产品的质量管理。

2）全面推动绿色建筑发展、量质齐升

（1）实施建筑全领域绿色倍增行动

进一步加大城镇新建建筑中绿色建筑标准强制执行力度,逐步实现东部地区省级行政区域城镇新建建筑全面执行绿色建筑标准,中部地区省会城市及重点城市、西部地区省会城市新建建筑强制执行绿色建筑标准。继续推动政府投资保障性住房、公益性建筑以及大型公共建筑等重点建筑全面执行绿色建筑标准。积极推进绿色建筑评价标识。推动有条件的城市新区、功能园区开展绿色生态城区（街区、住区）建设示范,实现绿色建筑集中连片推广。

（2）实施绿色建筑全过程质量提升行动

逐步将民用建筑执行绿色建筑标准纳入工程建设管理程序。加强和改进城市控制性详细规划编制工作,完善绿色建筑发展要求,引导各开发地块落实绿色控制指标,建筑工程按绿色建筑标准进行规划设计。完善和提高绿色建筑标准,完善绿色建筑施工图审查技术要点,制定绿色建筑施工质量验收规范。有条件地区适当提高政府投资公益性建筑、大型公共建筑、绿色生态城区及重点功能区内新建建筑中高性能绿色建筑建设比例。加强绿色建筑运营管理,确保各项绿色建筑技术措施发挥实际效果,激发绿色建筑的需求。加强绿色建筑评价标识项目质量事中事后监管。

（3）实施建筑全产业链绿色供给行动

倡导绿色建筑精细化设计,提高绿色建筑设计水平,促进绿色建筑新技术、新产品应用。完善绿色建材评价体系建设,有步骤、有计划地推进绿色建材评价标识工作。建立绿色建材产品质量追溯系统,动态发布绿色建材产品目录,营造良好市场环境。开展绿色建材产业化示范,在政府投资建设的项目中优先使用绿色建材。大力发展装配式建筑,加快建设装配式建筑生产基地,培育设计、生产、施工一体化龙头企业;完善装配式建筑相关政策、标准及技术体系。积极发展钢结构、现代木结构等建筑结构体系。积极引导绿色施工,推广绿色物业管理模式,以建筑垃圾处理和再利用为重点,加强再生建材生产技术、工艺和装备的研发及推广应用,提高建筑垃圾资源化利用比例。

3）稳步提升既有建筑节能水平

（1）持续推进既有居住建筑节能改造

严寒及寒冷地区省市应结合北方地区清洁取暖要求,继续推进既有居住建筑节能改造、供热管网智能调控改造。完善适合夏热冬冷和夏热冬暖地区既有居住建筑节能改造的技术路线,并积极开展试点。积极探索以老旧小区建筑节能改造为重点,多层建筑加装电梯等适老设施改造、环境综合整治等同步实施的综合改造模式。研究推广城市社区规划,制定老旧小区节

能宜居综合改造技术导则。创新改造投融资机制,研究探索建筑加层、扩展面积、委托物业服务及公共设施租赁等吸引社会资本投入改造的利益分配机制。

（2）不断强化公共建筑节能管理

深入推进公共建筑能耗统计、能源审计工作,建立健全能耗信息公示机制。加强公共建筑能耗动态监测平台建设管理,逐步加大城市级平台建设力度。强化监测数据的分析与应用,发挥数据对用能限额标准制定、电力需求侧管理等方面的支撑作用。引导各地制定公共建筑用能限额标准,并实施基于限额的重点用能建筑管理及用能价格差别化政策。开展公共建筑节能重点城市建设,推广合同能源管理、政府和社会资本合作模式（PPP 模式）等市场化改造模式。推动建立公共建筑运行调适制度。会同有关部门持续推动节约型学校、医院、科研院所建设,积极开展绿色校园、绿色医院评价及建设试点。鼓励有条件的地区开展学校、医院节能及绿色化改造试点。

4）深入推进可再生能源建筑应用

（1）扩大可再生能源建筑应用规模

引导各地做好可再生能源资源条件勘察和建筑利用条件调查,编制可再生能源建筑应用规划。研究建立新建建筑工程可再生能源应用专项论证制度。加大太阳能光热系统在城市中低层住宅及酒店、学校等有稳定热水需求的公共建筑中的推广力度。实施可再生能源清洁供暖工程,利用太阳能、空气热能、地热能等解决建筑供暖需求。在末端用能负荷满足要求的情况下,因地制宜建设区域可再生能源站。鼓励在具备条件的建筑工程中应用太阳能光伏系统。做好"余热暖民"工程。积极拓展可再生能源在建筑领域的应用形式,推广高效空气源热泵技术及产品。在城市燃气未覆盖和污水厂周边地区,推广采用污水厂污泥制备沼气技术。

（2）提升可再生能源建筑应用质量

做好可再生能源建筑应用示范实践总结及后评估,对典型示范案例实施运行效果评价,总结项目实施经验,指导可再生能源建筑应用实践。强化可再生能源建筑应用运行管理,积极利用特许经营、能源托管等市场化模式,对项目实施专业化运行,确保项目稳定、高效。加强可再生能源建筑应用关键设备、产品质量管理。加强基础能力建设,建立健全可再生能源建筑应用标准体系,加快设计、施工、运行和维护阶段的技术标准制定和修订,加大从业人员的培训力度。

5）积极推进农村建筑节能

（1）积极引导节能绿色农房建设

鼓励农村新建、改建和扩建的居住建筑按《农村居住建筑节能设计标准》（GB/T 50824—2013）、《绿色农房建设导则》（试行）等进行设计和建造。鼓励政府投资的农村公共建筑、各类示范村镇农房建设项目率先执行节能及绿色建设标准、导则。紧密结合农村实际,总结出符合地域及气候特点、经济发展水平、保持传统文化特色的乡土绿色节能技术,编制技术导则、设计图集及工法等,积极开展试点示范。在有条件的农村地区推广轻型钢结构、现代木结构、现代夯土结构等新型房屋。结合农村危房改造稳步推进农房节能改造。加强农村建筑工匠技能培训,提高农房节能设计和建造能力。

（2）积极推进农村建筑用能结构调整

积极研究适应农村资源条件、建筑特点的用能体系，引导农村建筑用能清洁化、无煤化进程。积极采用太阳能、生物质能、空气热能等可再生能源解决农房采暖、炊事、生活热水等用能需求。在经济发达地区、大气污染防治任务较重地区的农村，结合"煤改电"工作，大力推广可再生能源采暖。

5.3.3　建筑节能保障措施

1）完善法律法规，加强政策引导，依法推动建筑节能和绿色建筑发展

（1）扎实推进"建筑能效提升工程"

根据《建筑能效提升工程指导意见》尽快制定适宜本地区发展的中长期建筑能效提升路线图及量化指标体系，落实相应的重点任务领域，出台配套措施。

（2）严格执法，加强研究，确保法律法规执行落地

已经出台建筑节能条例等行政法规的地区，要针对实施情况进行调查研究，认真总结经验、教训，完善相关政策与措施，确保法规制度落地，提升实施效果。根据建筑节能与绿色建筑的发展进程，适时对相关行政法规进行修订和完善。

（3）同步构建国家和地方的激励政策体系

一是建立国家层面的激励政策体系；二是同步构建省级层面的激励政策体系；三是建立以市（县）为主的责任体系。

2）健全标准体系，严格制度落实，提升建筑能效水平和建筑节能质量

一是要进一步完善现有建筑节能标准体系，强化新建建筑节能标准落实；二是完善建筑节能和绿色建筑监管体系，继续强化新建建筑节能监管和指导。

强化目标监管，将建筑节能和绿色建筑纳入国家节能总体目标，纳入落实省级政府和地方政府降低单位国内生产总值能耗考核体系，纳入国务院节能减排检查并提高考核权重，实施建筑领域节能减排检查。各省级住房和城乡建设主管部门要研究建立建设领域节能减排统计、监测和考核体系，严格落实节能减排目标责任制和问责制，组织开展节能减排专项检查督察，对本地区住房和城乡建设主管部门落实国务院节能减排综合性工作方案的情况进行督察，及时向住房和城乡建设部报告。住房和城乡建设部每年组织开展建筑节能专项检查行动，严肃查处各类违法违规行为和事件。各级相关主管部门，要完善配套措施，加强机构、人才队伍建设，落实激励政策，按照法律法规和强制性标准进行考核评价，落实责任制，实行问责制，对不能实现责任目标的依法依规进行处理，对贡献突出的单位和个人予以表彰奖励。

3）强化市场推动，创新体制机制，加速建筑节能和绿色建筑的市场化进程

（1）推广建筑节能和绿色建筑发展商业模式

一是既有居住建筑节能改造；二是既有公共建筑节能改造；三是可再生能源应用；四是各省制定政策，鼓励企业积极探索适宜不同发展程度地区的节能改造商业模式。

（2）建立并完善市场诚信体系

一是建立并完善市场诚信体系，完善规划、设计、施工企业的资质管理制度，建立企业"诚信档案"，对企业的诚信记录进行专项备案并及时、定期公示。二是建立针对节能产品的推荐目录和禁止目录，把住建筑节能和绿色建筑产品的市场准入关，强化建筑材料及建筑用能产品的质量控制。

4）完善统计体系，加强能耗管理，建立全生命期能耗监测管理体系

（1）科学推进能耗统计分析及公示工作

建设主管部门应同统计主管部门进一步完善建筑能耗统计办法，完善建筑能耗统计体系，确保统计数据的科学性、合理性，切实提高统计数据的准确性、及时性。

（2）深入开展建筑合理用能制度建设，促进建筑节能的市场化进程

各省应进一步完善、推进建筑能效标识制度和民用建筑能耗统计报表制度。

5）增强能力建设，加强国际合作，强化建筑节能和绿色建筑支撑体系

增强第三方节能量审核评价机构、绿色建筑评定机构的能力建设；推动技术进步，增强科技支撑能力；加强国际合作，总结借鉴先进经验。

6）强化产业支撑，改善薄弱环节，促进建筑全生命绿色产业链形成

以质量为核心，以市场化为导向，推动建筑产业化；强化新兴产业的支撑作用；完善现有产业支撑体系，着力改善绿色建筑产业链薄弱环节。

7）构建宣传体系，完善专业教育，提升各方主体建筑节能意识

构建立体化的建筑节能宣传体系；完善大学、高等职业技术学校、高等专科学校专业体系设计，提升从业人员的综合素质及技术水平。

5.3.4 建筑节能组织与实施

1）完善政策保障机制

会同有关部门积极开展财政、税收、金融、土地、规划、产业等方面的支持政策创新。研究建立事权对等、分级负责的财政资金激励政策体系。各地应因地制宜创新财政资金使用方式，放大资金使用效益，充分调动社会资金参与的积极性。研究对超低能耗建筑、高性能绿色建筑项目在土地转让、开工许可等审批环节设置绿色通道。

2）强化市场机制创新

充分发挥市场配置资源的决定性作用，积极创新节能与绿色建筑市场运作机制，积极探索节能绿色市场化服务模式，鼓励咨询服务公司为建筑用户提供规划、设计、能耗模拟、用能系统调适、节能及绿色性能诊断、融资、建设、运营等"一站式"服务，提高服务水平。引导采用政府

和社会资本合作模式、特许经营等方式投资、运营建筑节能与绿色建筑项目。积极搭建市场服务平台,实现建筑领域节能和绿色建筑与金融机构、第三方服务机构的融资及技术能力的有效连接。会同相关部门推进绿色信贷在建筑节能与绿色建筑领域的应用,鼓励和引导政策性银行、商业银行加大信贷支持,将满足条件的建筑节能与绿色建筑项目纳入绿色信贷支持范围。

3)深入开展宣传培训

结合"节俭养德全民节约行动""全民节能行动""全民节水行动""节能宣传周"等活动,开展建筑节能与绿色建筑宣传,引导绿色生活方式及消费。加大对相关技术及管理人员的培训力度,提高执行有关政策法规及技术标准的能力。强化技术工人专业技能培训。鼓励行业协会等对建筑节能设计施工、质量管理、节能量及绿色建筑效果评估、用能系统管理等相关从业人员进行职业资格认定。引导高等院校根据市场需求设置建筑节能及绿色建筑相关专业学科,做好专业人才培养。

4)加强目标责任考核

各省级住房和城乡建设主管部门应加强本规划目标任务的协调落实,重点加强约束性目标的衔接,制定推进工作计划,完善由地方政府牵头,住房和城乡建设、发展改革、财政、教育、卫生等有关部门参与的议事协调机制,落实相关部门责任、分工和进度要求,形成合力,协同推进,确保实现规划目标和任务。组织开展规划实施进度年度检查及中期评估,以适当方式向社会公布结果,并把规划目标完成情况作为国家节能减排综合考核评价、大气污染防治计划考核评价的重要内容,纳入政府综合考核和绩效评价体系。对目标责任不落实、实施进度落后地区,进行通报批评,对超额完成、提前完成目标的地区予以表扬奖励。

5.4 新建建筑全过程节能监管

住宅或房屋建筑在我国是一种特殊的产品,由于其产权和土地所有权的分离,因此仅能作为一种不动产,具有不完全的流通性。建筑因其使用功能、平面与空间组合、结构与结构形式及建筑产品所用材料的物理力学性能的特殊性,决定了建筑节能的监管与一般产品的质量管理有很大的区别。一项房屋建筑工程的完成需要消耗大量的生产资料和相对较多的资源,这些生产资料和资源一旦通过劳动和技术凝结在一起构成房屋建筑的使用价值,就很难恢复到其原有的状态。因此,要保证房屋建筑的质量,就应该注重对房屋建筑从规划设计到竣工验收的整个施工过程的监管,否则任何返工和修缮工作都会造成施工成本的增加和材料、资源的巨大浪费。从建筑节能的角度讲,对新建建筑节能全过程监管可以从工程建设的全过程保证建筑节能标准得到切实执行,能有效地降低新建建筑能耗。

城市民用建筑工程一般是指房地产开发的工程项目,是通过土地、资金、技术、劳动力、材料等诸设施的动作,建成社会必需的构筑物的一大产业。一般房地产项目开发程序可分为4个阶段:开发投资决策分析阶段;开发前期工作阶段;开发建设实施阶段;房地产的出售(租)

阶段。节能质量监督控制点就是要在这四个阶段中对建筑物执行节能标准进行监管,保证新建建筑降低能耗水平。

1) 投资审批及核准、备案

依据我国 2004 年 7 月 19 日颁布的《国务院关于投资体制改革的决定》的有关规定,对于企业不使用政府投资建设的项目,一律不再实行审批制,应区别不同情况实行核准制和备案制。

各级人民政府相关管理部门对需要核准的建筑工程项目,在审批项目申请报告时,以及对建筑工程的资源开发利用、生态环境保护及重大布局等情况进行审查时,核查建筑工程能源消耗和节约状况。对需要进行备案的建筑工程项目,各级地方人民政府在制定具体实施办法时可以对备案的资料范围进行界定,应包括建筑工程对建筑节能设计的可行性论证。

2) 项目建议书与立项审批

项目建议书是我国工程建设程序中最初阶段的工作,主要是从宏观上来分析拟建项目的必要性,同时初步分析项目建设的可行性,以考察项目是否符合国家、地区或行业的政策、规划和要求,是否值得进行深入研究。

项目建议书是国家选择建设项目的依据。依据国家计划委员会(现为国家发展和改革委员会)《关于简化基本建设项目的审批手续的通知》的规定,一般项目建议书包括:建设项目提出的必要性和依据;产品方案,拟建规模和建设地点的初步设想;资源情况、建设条件、协作关系和引进国别、厂商等的初步设计;投资估算和资金筹措设想;项目的进度安排;经济效果和社会效益的初步估计(包括初步的财务评价和国民经济评价);主要附件(预可行性研究报告)。

3) 项目选址意见书的申请

建设用地规划选址是一项综合分析、反复论证的工作,应考虑建设项目与城市规划布局,交通、通信、能源、市政、防灾规划及城市环境保证规划相协调,珍惜土地资源,节约用地。因此,在建筑节能立法中,可以考虑对建设用地选址应当综合考虑城市规划、能源环境条件、节约土地等做出明确规定。

4) 项目可行性研究报告与审批

项目建议书通过主管部门批准后,项目法人即可组织进行该项目的可行性研究工作。可行性研究是保证建设项目以最少的投资耗费取得最佳经济效果的科学手段,也是实现建设项目在技术上先进、经济上合理和建设上可行的科学分析方法,一般由建设单位委托专门的咨询机构完成。

项目可行性研究报告中的环境影响评价经环保部门组织审批。依据中华人民共和国国土资源部《建设用地地质灾害危险性评估》的规定,国家规定的大中型建设项目还必须进行建设场地地震安全性评价的审批。

5) 建设工程规划许可证的申办

依照住建部有关部令的规定,申请建设工程规划许可证应当报送的资料包括:地形图;总平面设计图;建筑施工图;建设基地的土地使用权属证件(复印件);基础施工平面图、基础详图及桩位平面布置图;建设项目可行性研究报告批准文件;建筑工程预算书;消防、环保、卫生和交通等有关部门的审核意见;绿化部门的审核意见;民防办和市新型墙体材料办的审核意见;要求附送的其他有关文件、资料。

完善的建筑节能管理体制应当要求报送资料提交建筑能耗测评或咨询机构出具的建筑节能设计的评价结果为合格的评价报告,作为颁发建设工程规划许可证的重要条件之一。

6) 施工图设计文件审查

建筑工程施工图设计文件审查是为了加强工程项目设计质量的监督和管理,保护国家和人民生命财产安全,保证建筑工程设计质量而实施的行政管理。国务院《建设工程质量管理条例》相关规定:"建设单位应该将施工图设计文件报县级以上人民政府建设行政主管部门或者其他有关部门审查……施工图设计文件示经审查批准,不得使用。"

7) 施工许可证的审办

为加强对建筑活动的监督管理,维护建筑市场秩序,保证建筑工程质量和安全,《中华人民共和国建筑法》《建设工程质量管理条例》中对建筑工程施工均做出了明确规定:建设工程中必须取得施工许可证或按国务院规定的权限和程序批准的开工报告,方可施工。依据规定,民用居住建筑除投资额在 50 万元以下的、抢险救灾、临时性建筑、农民自建 2 层以下(含 2 层)住宅工程外均应申请施工许可证。

8) 建筑单位、设计单位、施工单位、建立单位的节能义务

设计单位应当根据建设单位的委托及节能设计标准、规范的要求进行工程的节能设计,严格执行国家建筑节能标准强制性条文,重点对建筑物维护结构、供能系统节能等方案进行研究论证,优化建筑节能设计质量。

施工单位应但按照审查合格的设计文件和节能施工技术标准的要求进行施工,采购符合节能标准的材料、产品、设备,保证施工质量,确保工程施工符合节能标准和设计要求。监理单位要依照法律、法规,以及节能技术标准、节能设计文件、建设工程承包合同及监理合同,对节能工程建设实施监理。监理单位应当对施工质量承担监理责任。

9) 建筑工程质量监督机构的监督责任

建筑工程质量监督机构在工程节能质量监管中应当承担重要的监督职责,在抽查、指导、评审过程中,应将建筑节能设计的实施状况、建筑的能耗水平作为重要的监督内容。墙体、屋面等保温工程隐蔽前,施工单位应当通知建设行政主管部门或其委托的建设工程质量监督机构对保温工程进行监督。

10) 工程竣工验收及备案

工程竣工验收是项目建设全过程的最后一个程序,是全面考核建设工作,检查设计、工程

质量是否合格,审查投资使用是否合理的重要环节,也是投资成果转入生产或使用的标志。我国关于工程项目竣工验收的概念是:各建设单位、施工单位和项目验收委员会,以项目批准的可行性研究报告和设计文件(如施工图),以及国家(或部门)颁发的施工验收规范和质量检验标准为依据,按照一定的程序和手续在项目建成并试生产合格后(工业生产性项目),对项目工程的总体进行检验和认证(综合评价、鉴定)的活动。

11)新建建筑能效标识

房地产开发企业在销售商品房时,应当向买受人明示所售商品房的耗热量或耗电量指标、节能措施及其保护要求、节能工程质量保修期等基本信息,并在商品房买卖合同和住宅质量保证书、住宅使用说明书中予以载明。在商品房竣工验收后,房地产开发企业应当将商品房的能效在显著位置予以标识。房地产开发企业应当对所其基本信息和能效标识的真实性、准确性负责。政府办公建筑和大型公共建筑在竣工验收前,建设单位应当委托建筑节能测评单位进行建筑能效测评,达不到建筑节能标准的,不得竣工验收。在建筑物竣工验收后,建设单位应当将建筑物的能效在建筑物显著位置予以标识。国家鼓励采用优于节能标准的建筑物,建设单位可以自愿向建筑节能测评单位提出更低能耗建筑测评申请,经测评合格后,取得更低能耗建筑测评证书,在建筑物的显著位置标识。

5.5 既有建筑的节能改造

5.5.1 既有居住建筑和中小型公共建筑的节能改造

对于既有居住建筑和中小型公共建筑的节能改造,在做好能耗统计的前提下,根据试验实测和理论研究,提出改造方案和制定改造标准,辅以经济激励和具有梯级的能源价格,促使业主自愿接受对现有建筑的改造,其过程可参见图5.6。

既有居住建筑和中小型公共建筑节能改造的主要内容有:①外墙、屋面、外门窗等围护结构的保温改造;②采暖系统分户供热计量及分室温度调控的改造;③热源(锅炉房或热力站)和供热管网的节能改造;④涉及建筑物修缮、功能改善和采用可再生能源等的综合节能改造。

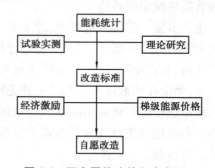

图 5.6 既有居住建筑和中小型
公共建筑的节能改造

建筑物的围护结构节能改造须与供热计量改造同时进行,节能改造应与建筑物修缮、环境整治和改善城市景观相结合;且应以独立锅炉房或换热站为单位成片实施改造,通过供热计量和温度调节控制,使建筑节能效果真正反馈到热源端,以取得最大的节能减排效果。

针对既有居住建筑和中小型公共建筑的特殊性,应当从以下几个方面入手:

1）遵循"自觉自愿"的原则

对于节能改造,就大部分业主而言,是非常愿意做节能的。如北方建筑面积为 200 m² 的住宅,每年冬季的采暖费用为 8 000~10 000 元。如果做了外墙外保温、门窗节能改造,那么冬季采暖费用将有所降低。

我国 400 亿 m² 建筑中,有 1/3 的建筑需要做节能改造。为了提高业户进行节能改造的热情,住建部也出台了一系列措施。目前,在北方各地进行的供热体制改革就是其中重要的方法之一。

供热体制改革的核心是要把热变成商品,通过合理的热价和收费系统达到供热节能的目的。传统的按建筑面积分摊供热费用的方式,由于用户用热多少与用户付费无关,用户很少关心供热能耗问题,使使用户对节能没有积极性,用户没有温度调节手段,气温高了就开窗,这既影响了人们生活的舒适度,也不利于建筑的可持续发展。

由于房屋产权已归属个人,那么业主就是进行既有建筑节能改造工程的主体。如何让业主了解这项工作,除了从国家宏观形势入手外,还应为业主算好经济账。如采用节能技术后,每个冬天可以节约多少取暖费,采用节水器具后每年可以节约多少自来水,让老百姓心里有本节能账,以支持既有建筑节能改造的进行。

总之,对于既有居住建筑和中小型公共建筑的节能改造应当遵循自觉自愿的原则进行,国家政策法规只能作为一个引导的渠道。

2）通过示范工程推动

树立示范典型是政府多年来推广工作的有效手段,开展既有建筑节能改造也是如此,真正好的节能建筑示范效应不可小视。

建筑节能工作推进过程中,除了要为既有建筑节能改造制定一系列政策法规,推进这一工作在全国的深入开展外,还要在各地寻找成效好、技术新的节能改造建筑,将其树立成为节能示范建筑、示范小区,这包括居住建筑和公共建筑。值得注意的是,示范建筑不能只是开发商的卖点,而应在该地区真正起到引领建筑节能技术潮流的作用。

示范建筑要在建造期间就进行检查,并经过严格验收。验收时,必须提供详实的技术、经济和围护结构热工性能与设备能源效率的检测报告;还要要求示范建筑运行一两年后提供详实的能耗检测。

目前,示范工程的作用是非常重要的,它不仅让不了解节能改造的人能够了解,而且也为从事节能改造工作的人积累了经验。

3）以经济激励为主要手段

政府应当借鉴国外的先进经验,利用公共财政支持节能工作,制定基于市场的节能激励、约束与规范政策,引导不同群体出于自身利益自觉节能。对既有建筑节能改造,应建立"既有建筑节能改造专项基金",用于既有建筑的节能改造补助。

另一方面通过政策引导,在既有建筑节能改造费用上形成多方分担的局面。这样,未来的既有住宅节能改造费用可由社区物业公司、住户、政府补贴、既有建筑节能改造专项基金、当地政府等各出资一定比例来解决。

4）推广建筑节能和绿色建筑发展商业模式

鼓励供热企业参与北方供暖地区既有居住建筑和中小型公共建筑供热计量及节能改造，探索并形成基于市场的节能改造商业模式。同时，鼓励其他地区探索适宜本地区的推进既有居住建筑和中小型公共建筑节能改造市场机制。鼓励采用税收优惠、无息贷款等手段，推进既有居住建筑和中小型公共建筑节能改造工作。鼓励运用合同能源管理方式实施既有居住建筑和中小型公共建筑节能改造。

5）扎实推进既有居住建筑能效提升

深入开展北方采暖地区既有居住建筑供热计量及节能改造。①以老旧小区为重点，区域化、集成化、绿色化地推进既有居住建筑节能及供热计量改造；②因地制宜提高改造标准，探索市场化推进途径；③优化资源配置，坚持以集中供热为主，多种方式互为补充的供热方式。

积极推进夏热冬冷、夏热冬暖地区既有居住建筑节能改造。①总结"十二五"经验，优化夏热冬冷地区既有居住建筑节能改造推进方式；②探索适宜夏热冬暖地区既有居住建筑节能改造的模式。

5.5.2 既有国家机关办公建筑和大型公共建筑节能改造

既有国家机关办公建筑和大型公共建筑节能改造的主要内容有：①外墙、屋面、外门窗等围护结构的保温改造；②暖通空调系统节能改造，如输送设备能耗的控制与调节、冷热源设备能耗的计量与控制调节、办公区域室内温度控制等；③照明设备改造及节水器具的配置；④涉及建筑物修缮、功能改善和采用可再生能源等的综合节能改造。

既有国家机关办公建筑和大型公共建筑的节能，就单从采暖节能而言与其他类型建筑差别不大，可按照相同原则考虑。而除采暖外的其他能耗（尤其是耗电），则属于大型公共建筑的特殊问题，也就是这类建筑节能的重点。目前所面临的情况是应当逐步建立起全国联网的国家机关办公建筑和大型公共建筑能耗监测平台，对全国重点城市重点建筑能耗进行实时监测，并通过能耗统计、能源审计、能效公示、用能定额和超定额加价等制度，促使国家机关办公建筑和大型公共建筑提高节能运行管理水平，培育建筑节能服务市场，为高能耗建筑的进一步节能改造准备条件。

图 5.7 中给出了对于既有大型公共建筑节能改造的一般步骤，其中：

能耗统计：对国家机关办公建筑和大型公共建筑的基本情况、能源消耗分季度、年度的调查统计与分

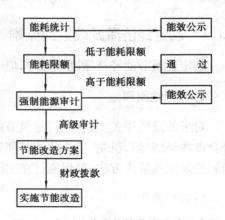

图 5.7 大型公共建筑的节能改造示意图

析。这是对该建筑节能改造的依据,也是整个过程的基础数据,具有非常重要的意义。

建筑能源审计:也称为建筑能源诊断或检查,是由专职能源审计机构或具备审计资格的人员受政府主管部门或业主的委托,对用能单位的部分或全部能源活动进行检查、诊断、审核,对能源利用的合理性做出评价并提出改进措施的建议,以增强政府对用能活动的监控能力和提高能源利用的经济效果。能源审计通常是指定和实施节能技术方案的一个必备步骤,还可以作为取得政府和有关部门财政援助、税收优惠和筹集节能资金资格的一个信贷保证。通过能源审计,可非常直观地得到所审计建筑的能源消耗状况,为改造方案的提出打好基础。

能效公示:在政府或其指定的官方网站以及本地主流媒体对能耗统计结果和能源审计结果进行公示。公共建筑的能耗将接受全社会的共同监督。建设部门还将对能耗较高的建筑单位进行节能改造。

各地区应尽快出台公共建筑节能审计的规定办法,对重点用能公共建筑和大型公共建筑应强制实施节能审计。将审计结果作为节能改造的重要依据,总结公共建筑节能改造重点城市经验,因地制宜地设计公共建筑节能改造市场化推动政策,鼓励PPP、合同能源管理等创新模式。支持以城市(区)为单位规模化开展公共建筑节能改造,积极推动高校、医院、科研院所等重点公共建筑和公共机构率先开展节能改造或绿色改造示范。

同时,各省应制定本地区绿色建筑中长期发展规划,落实《新型城镇化规划(2014—2020)》的绿色建筑发展目标。建立绿色建筑进展定期报告及考核制度,督促所辖各地区落实年度绿色建筑发展规划。积极出台支持绿色建筑的激励政策,包括财政激励、容积率奖励、减免配套费等多种措施。鼓励先进地区结合旧区改造,建设绿色建筑集中示范区。

利用各种可再生的大自然能源和电能形成复合型的能源系统是建筑节能的发展趋势,如地热能、太阳能、生物质能、风能等。为此,在既有建筑节能改造中,应充分利用已有的可再生能源应用研究成果,加强太阳能、地热能、风能、生物能等可再生能源的应用。

5.6 建筑节能经济激励政策

5.6.1 制定经济激励政策的原则

制定建筑节能经济激励政策时,应遵循下列原则:

1) 可行性原则

对于涉及的相关主题而言,建筑节能经济激励政策首先应具备可行性,政策的制定应做到符合市场经济运行机制、适合建筑节能和社会经济发展状况以及充分考虑到实施过程中可能遇到的风险及解决方法,确保能够在实践中得以顺利推行。

2) 有效原则

政策是为达到某一特定目标而采取的各项措施。如果政策所发挥的作用是无效的,那么预期目标将无法实现,因此必须确保建筑节能经济激励政策是有效性的,即通过政策的实施能够有步骤、按计划地达到建筑节能的阶段性目标,以期最终实现全社会的可持续发展。

3)灵活性原则

由于建筑节能涉及众多生产、消费环节和领域,且与建筑物所处地区的自然、经济、社会条件等因素密切相关,因此建筑节能经济激励政策应具备灵活性和多样性,能够随着公众节能意识、节能技术和产品、节能投资等因素的变化及政策实施效果的反馈,及时进行调整和修改,结合建筑节能市场的不同阶段,充分发挥经济杠杆的积极作用。

4)全局性原则

以往的建筑活动是以牺牲生态利益为代价来实现经济和社会利益的,现今在以科学发展观和可持续发展为各项活动指导思想的基础上,必须从"能源—经济—环境"一体化系统协调发展的角度来设计和制订建筑节能经济激励政策,才能确保经济效益、社会效益和生态效益的共同实现,即政策的设计和指定应从整体性、全局性的角度来考虑问题。

5)最优性原则

由于实现目标的手段是多种多样的,建筑节能经济激励政策的设计过程中也会存在多项备选方案,因此需要对被选方案进行比较和分析,从中选择最优的政策方案,以加快建筑节能的步伐、促进预期目标的早日实现。

6)适用性原则

建筑节能涉及政府、企业、社会民众等不同利益主体,其经济激励政策的设计应充分考虑到我国节能建筑的发展现状;应充分考虑到各个主体的利益不低于市场平均收益;应充分考虑到中央政府及地方政府对建筑节能支持的财政资金的承担力度,以确保建筑节能经济激励政策的适用性。

7)协调性原则

地方出台的经济激励政策与中央出台的建筑节能经济激励政策及其他节能法律法规、制度标准之间应很好地衔接,形成有机的整体,以保证整个政策体系的协调运作,为建筑节能发挥最大效益。

5.6.2 经济激励政策的指向

公共财政体制下,政府支持节能的主要领域为:节能技术的研究与开发项目,示范性项目,能源审计(诊断)项目,节能宣传、推广和教育活动,政策法规的制定与能效标准的制定以及对企业和个人购买节能设备进行支持等。对于能够进入商业化运作的项目,不再提供资金支持。

政府在节能方面支持的对象包括3个方面:一是节能技术、设备的研究开发和生产单位;二是购买了节能型设备或技术的企业或消费者;三是实施节能宣传、教育的社会中介组织。此外,增加对政府节能管理机构人员的编制与经费预算,这也是公共财政节能的重要内容。

5.6.3 经济激励政策

1）现有经济激励政策

（1）政府财政补贴

政府财政补贴的方式主要有两种：一是贴息补贴，即政府用财政收入或发行债券的收入支付企业因节能投资或用于节能研究与开发而发生的银行贷款利息（全部或部分）；二是直接补贴，即政府以公共财政部门预算的形式直接向节能项目提供财政援助。

（2）税收优惠

税收优惠主要是对企业节能投资提供优惠。以英国为例，政府首先制定了一个详细的产品名录，如果企业购买了名录上所列的节能技术或设备，政府将给予一定的税收优惠。其次政府规定用电 1 度应缴纳 4 便士的消费税，但对使用风力发电和热电联产则不征税，这本身就是对发展可再生能源和促进热电联产的鼓励。另外，根据《综合污染预防和控制计划》，企业可以和政府签订减少碳排放的自愿协议，如果企业达到了协议要求的指标，则企业可以减免 20% 的能源消费税，如果达不到协议要求的指标，则需交纳 100% 的能源消费税。如果企业不和政府签订这一协议，即使企业的排放达到了这一指标，企业仍需缴纳 100% 的能源消费税。

（3）贷款优惠或对贷款提供担保

对节能技术开发和设备投资给予减息、免息甚至贴息贷款，是各国对节能工作支持的通常做法。我国总体建筑规模和用能状况决定我国建筑节能工作量大、面广，新建建筑执行节能设计标准及既有建筑的节能改造都需要大量的资金投入。经估算，目前如果完成我国既有建筑节能改造 400 亿 m^2 的话，就需投资 6 万多亿元人民币。要满足这些巨大的投资，只能通过多种融资渠道，而优惠贷款是最可行的渠道之一。

（4）特别折旧制度

政府为鼓励企业购买节能型设备，允许企业每年一次折旧规定额度的新购置资产，以及允许企业加速折旧其固定资产，将其新购置设备支出从每年度应税收入中扣除，以此鼓励企业更新设备。

（5）其他类型经济激励政策

其他类型经济激励政策主要指鼓励类激励和限制类激励两大类，其中鼓励类包括专项基金、工程类政府节能采购、示范和奖励等；限制类激励是指对建设单位、施工单位等未执行建筑节能标准要求的行为采取一定的经济处罚。

2）经济激励政策建议

（1）创新建筑节能投融资政策

在大多数公共建筑中，通常由建筑开发商提供能源设备，而建筑使用者负责缴纳能源费，这种结构性原因导致双方都不愿意为节能改造投资。这个时候就需要银行等金融机构的支持，但节能改造项目涉及方案设计、专用设备采购、安装、运行管理等多个方面，银行对技术经济方面的情况不了解，对预期的节能投资收益不清楚，节能项目的融资申请难以被置于优先考虑的地位。国家应鼓励金融机构根据公共建筑节能的融资需求特点，拓宽担保产品的范围，创新信贷产品,成立专门的建筑节能融资机构或担保基金,简化融资申请审批程序,克服金融机构在节能技术及收益方面的信息障碍,实行商业化的运作体系,普及建筑节能项目。

（2）建立阶梯能源价格体系

能源价格杠杆是有效的经济激励措施之一,它可以具体体现节能效益,从而刺激业主进行建筑节能。将能源阶梯价格作为经济调节手段,建立用能定额制度和超定额加价制度等能源价格机制。通过超定额加价收取的能源费用,可以抽取一定的比例补充到建筑节能专项资金中,用于支持公共建筑节能的改造。

（3）设立建筑节能专项基金

各级政府应对节能专项资金进行划分,建立建筑节能专项资金,发挥建筑节能专项资金的杠杆作用,调动公共建筑节能各主体的积极性,通过财政激励建立良好的市场机制。在建筑节能的前期阶段,专项资金应向节能宣传教育、试点示范、节能新材料、新技术研发和基础理论研究倾斜;在中期阶段,建筑节能专项资金应主要用于补贴公共建筑的节能改造,维护公共建筑节能市场机制。同时,要多渠道吸收社会资金,弥补政府财政拨款的有限性,进一步充实建筑节能专项基金。

（4）建立多元化的资金筹措机制

地方财政部门要把既有建筑节能改造、可再生能源建筑规模化应用、公共建筑节能监管和改造、绿色建筑作为节能减排资金安排的重点,建立稳定、持续的财政资金投入机制,创新财政资金使用方式,放大资金使用效率。居住建筑和教育、科学、文化、卫生、体育等公益事业使用的公共建筑节能改造费用,由政府、建筑所有权人共同承担。要落实好已发布的节能服务机制的优惠政策,积极支持采用合同能源管理方式、能效限额下的能效交易机制。搭建建筑节能交易平台,促使建筑通过节能改造或者购买节能量的方式实现降低能耗的目标。激发改造需求,增大节能服务市场。

（5）建立多方位的激励政策配套措施

健全信息服务机制。当前我国节能建筑产品的能效具体是多少并没有可靠的消息公布,公共建筑节能改造后的具体收益也缺乏可衡量的标准。政府应积极推行公共建筑的能效测评标识,让购买者对能效信息了解起来更便捷,政府还要致力于建立较权威的第三方评估检测机构,对建筑产品的实际能效和节能改造后的收益进行科学评估,消除消费者的信息盲区,从而解决公共建筑节能市场信息不对称问题。同时,还应当宣传普及建筑节能知识,建立建筑能效标识体系,让公众对建筑节能产品、材料、技术及效果等有充分的了解。建立公共建筑能源审计体系,把能源审计作为工程审计的内容之一,以促进公共建筑节能。

思考题

5.1　作为能源管理公司,可以通过哪些市场行为进行能源管理?

5.2　从建筑节能出发,在设备管理中应做好哪些工作? 请分系统进行讨论。

6

建筑设备安装工程管理

6.1 工程概、预算和决算

从建筑设备安装工程招、投标过程以及工程施工到竣工的过程,均与工程概、预算和决算发生关联。工程概算编制在初步设计阶段,依据初步设计文件、参照概算定额而来,是向国家和地区报批投资的文件,经审批后用以编制固定资产计划,是控制建设项目投资的依据;预算编制在施工图设计阶段,依据施工图设计文件、参照预算定额得出,它起着控制建筑产品价格的作用,是工程价款的标底;而决算是建设项目竣工后,施工单位与建设方对建筑产品的最终价格认定,也是建设单位或主管部门对项目进行审计的依据。

定额是在社会化施工生产中,在正常的施工条件、先进合理的施工工艺和施工组织下,采用科学方法制定每完成一定计量单位的质量合格产品所必须消耗的人工、材料、机械设备及其价值的数量标准。

建筑安装工程概算以概算定额为基础,是国家或其授权机关规定完成一定计量单位的建筑中,设备安装扩大结构或扩大分项工程所需要的人工、材料和施工机械台班耗量以货币形式表示的标准。建筑安装工程概算指标是在设备安装工程概算定额的基础上,以主体项目为主,合并相关部分进行综合扩大而成,也称为扩大定额。

预算和决算以预算定额为基础。预算定额是在基础定额(劳动定额、材料消耗定额、机械台班消耗定额)的基础上,将项目综合后,按工程分部分项划分,以单一的工程项目为单位计算的定额。建筑安装工程预算定额确定了设备安装工程产品中每一分部分项工程的每一计量单位所消耗的人工和材料数量以及需要的机械台班数量的标准。

概算定额与预算定额相比较而言,概算定额的工程项目划分的较粗,每一项目所包括的工程内容较多;预算定额的工程项目划分得较细,每一项目所包括的工程内容较单一。换言之,概算定额把预算定额中的多项工程内容合并到一项之中了。因此,概算定额中的工程项目较预算定额中的项目要少得多。

在概算定额与预算定额基础上,可分别计算得到建筑安装工程的相应工程费用。

6.1.1 建设安装工程费用项目组成

建筑安装工程费由直接工程费、间接费、计划利润、税金4部分组成。

1)直接工程费

由直接费、其他直接费、现场经费组成。

（1）直接费

直接费是指施工过程中耗费的构成工程实体和有助于工程形成的各项费用,包括人工费、材料费、施工机械使用费。

①人工费:直接从事建筑安装工程施工的生产工人开支的各项费用。其内容包括:

a.基本工资是指发放给生产工人的基本工资;

b.工资性补贴是指按规定标准发放的物价补贴,如煤、燃气补贴,交通费补贴,住房补贴,流动施工津贴,地区津贴等;

c.生产工人辅助工资是指生产工人年有效施工天数以外非作业天数的工资,包括职工学习、培训期间的工资,调动工作、探亲、休假期间的工资,因气候影响的停工工资,女工哺乳期间的工资,病假在6个月以内的工资及产、婚、丧假期的工资;

d.职工福利费是指按规定标准计提的职工福利费;

e.生产工人劳动保护费是指按规定标准发放的劳动保护用品的购置费及修理费、服装补贴、防暑降温费、在有碍身体健康环境中施工的保健费用等。

②材料费:施工过程中耗用的构成工程实体的原材料、辅助材料、构配件、零件、半成品的费用和周转使用材料的摊销(或租赁)费用,内容包括:

a.材料原价(或供应价);

b.供销部门手续费;

c.包装费;

d.材料来源地运至工地仓库或指定堆放地点的装卸费、运输费及途耗;

e.采购及保管费。

③施工机械使用费:使用施工机械作业所发生的机械使用费以及机械安、拆和进出场费用,内容包括:

a.折旧费;

b.大修费;

c.经修费;

d.安拆费及场外运输费;

e.燃料动力费;

f.人工费;

g.运输机械养路费、车船使用税及保险费。

（2）其他直接费

直接费以外施工过程中发生的费用,称为其他直接费用,内容包括:

①冬雨季施工增加费。

②夜间施工增加费。

③二次搬运费。

④仪器仪表使用费是指通信、电子等设备安装工程所需安装、测试仪器仪表摊销及维修费用。

⑤生产工具用具使用费是指施工生产所需、不属于固定资产的生产工具及检验用具等的购置、摊销和维修费,以及支付给工人自备工具的补贴费。

⑥检验试验费是指对建筑材料、构件和建筑安装物进行一般鉴定、检查所发生的费用,包括自设试验室进行试验所耗用的材料和化学药品等费用,以及技术革新和研究试制试验费。

⑦特殊工种培训费。

⑧工程定位复测、工程点交、场地清理等费用。

⑨特殊地区施工增加费是指铁路、公路、通信、输电、长距离输送管道等工程在原始森林、高原、沙漠等特殊地区施工增加的费用。

（3）现场经费

现场经费是指为施工准备、组织施工生产和管理所需费用,内容包括:

①临时设施费:施工企业为进行建筑安装工程施工所必需的生活和生产用的临时建筑物、构筑物和其他临时设施费用等,包括:临时设施的搭设、维修、拆除费及摊销费。

临时设施包括:临时宿舍、文化福利及公用事业房屋与构筑物,仓库、办公室、加工厂以及规定范围内道路、水、电、管线等临时设施和小型临时设施。

②现场管理费:

a.现场管理人员的基本工资、工资性补贴、职工福利费、劳动保护费等;

b.办公费是指现场管理办公用的文具、纸张、账表、印刷、邮电、书报、会议、水、电、燃料等费用;

c.差旅交通费是指职工因公出差期间的旅费、住勤补助费,市内交通费和误餐补助费,职工探亲路费,劳动力招募费,职工离退休、退职一次性路费,工伤人员就医路费,工地转移费以及现场管理使用的交通工具的油料、燃料、养路费及牌照费;

d.固定资产使用费是指现场管理及试验部门使用的属于固定资产的设备、仪器等的折旧、大修理、维修费或租赁费等;

e.工具用具使用费是指现场管理使用的不属于固定资产的工具、器具、家具、交通工具和检验、试验、测绘、消防用具等的购置、维修和摊销费;

f.保险费是指施工管理用财产、车辆保险,高空、井下、海上作业等特殊工种安全保险等;

g.工程保修费是指工程竣工交付使用后,在规定保修期以内的修理费用;

h.工程排污费是指施工现场按规定交纳的排污费用;

i.其他费用。

2）间接费

间接费由企业管理费、财务费和其他费用组成。

（1）企业管理费

企业管理费是指施工企业为组织施工生产经营活动所发生的管理费用,内容包括:

①管理人员的基本工资、工资性补贴及按规定标准计提留的职工福利费。

②差旅交通费是指企业职工因公出差、工作调动的差旅费,住勤补助费,市内交通及误餐补助费,职工探亲路费,劳动力招募费,离退休职工一次性路费及交通工具油料、燃料、牌照、养

路费等。

③办公费是指企业办公用文具、纸张、账表、印刷、邮电、书报、会议、水、电、燃料等费用。

④固定资产折旧、修理费是指企业属于固定资产的房屋、设备、仪器等折旧及维修等费用。

⑤工具用具使用费是指企业管理使用不属于固定资产的工具、用具、家具、交通工具、检验、试验、消防等的摊销及维修费用。

⑥工会经费是指企业按职工工资总额计提的工会经费。

⑦职工教育经费是指企业为职工学习先进技术和提高文化水平按职工工资总额计提的费用。

⑧劳动保险费是指企业支付离退休职工的退休金(包括提取的离退休职工劳保统筹基金)、价格补贴、医药费、易地安家补助费、职工退职金、6个月以上的病假人员工资、职工死亡丧葬补助费、抚恤费,按规定支付给离休干部的各项经费。

⑨职工养老保险费及待业保险费是指职工退休养老金的积累及按规定标准计提的职工待业保险费。

⑩保险费是指企业财产保险、管理用车辆等保险费用。

⑪税金是指企业按规定交纳的房产税、车船使用税、土地使用税、印花税及土地使用费等。

⑫其他费用包括技术转让费、技术开发费、业务招待费、排污费、绿化费、广告费、公证费、法律顾问费、审计费、咨询费等。

(2)财务费用

财务费用是指企业为筹集资金而发生的各项费用,包括企业经营期间发生的短期贷款利息净支出、汇兑净损失、调剂外汇手续费、金融机构手续费,以及企业筹集资金发生的其他财务费用。

(3)其他费用

其他费用是指按规定支付工程造价(定额)管理部门的定额编制管理费及劳动定额管理部门的定额测定费,以及按有关部门规定支付的上级管理费。

3)计划利润

计划利润是指按规定应计入建筑安装工程造价的利润。依据不同投资来源或工程类别实施差别利率。

4)税金

税金是指国家税法规定的,应计入建筑安装工程造价内的营业税、城市维护建设税及教育费附加税等。

6.1.2 建筑安装工程费的定额计算方法

实际工程中,为了简化计算,建筑安装工程费在计算程序表中将其他直接费、现场经费、间接费(不含间接费中的劳动保险及其他费用)合并列为综合费,并以基价直接费或基价人工费为计费基础,结合综合费率进行计算。

从而,建筑安装工程费就简化为直接费、综合费、劳动保险费、利润、定额编制管理费与劳动定额测定费、税金。建筑安装工程费的工程简化计算与理论计算之间的构成对比如表6.1所示。由此可见,直接费由人工费、材料费、施工机械使用费和其他直接费四部分组成。直接费中的人工费、材料费、施工机械使用费三项费用是通过计算工程量套预算定额（单位估价表）计算出来的。

表 6.2 为建筑安装工程费以基价直接费和基价人工费为计费基础的计算程序。

表 6.1 建筑安装工程费理论计算与工程简化计算组成对比

	理论计算费用构成			工程简化计算费用构成
建筑安装工程费用	直接工程费（含未计价材料费）	直接费	人工费	直接费
			材料费	
			施工机械使用费	
		其他直接费		综合费
		现场经费	临时设施费	
			现场管理费	
	间接费	企业管理费(不含劳动保险金)		
		财务费		
		其他费用（定额编制管理费和劳动定额测定费）		其他费用（定额编制管理费和劳动定额测定费）
		劳动保险费		劳动保险费
	利　润			利　润
	税　金			税　金

表 6.2 工程造价计算程序

以基价直接费为取费基础的计算程序：

序号	费用名称	计算式
1	基价直接费(含未计价材料费)	按基价表计算
2	综合费	1×规定费率
3	劳动保险费	1×规定费率
4	利　润	1×规定费率
5	允许按实计算的费用及材料价差	按规定
6	定额编制管理费和劳动定额测定费	(1+2+3+4+5)×规定费率
7	税　金	(1+2+3+4+5+6)×规定费率
8	造　价	1+2+3+4+5+6+7

以基价人工费为取费基础的计算程序：

序号	费用名称	计算式
1	基价直接费(含未计价材料费)	按基价表计算
2	基价人工费	按基价表计算

续表

序号	费用名称	计算式
3	综合费	2×规定费率
4	劳动保险费	2×规定费率
5	利　润	2×规定费率
6	允许按实计算的费用及材料价差	按规定
7	定额编制管理费和劳动定额测定费	(1+3+4+5+6)×规定费率
8	税　金	(1+3+4+5+6+7)×规定费率
9	造　价	1+3+4+5+6+7+8

6.1.3　设备及工器具购置费用组成

设备及工器具购置费用由原价及交货地点至工地仓库的运杂费用所组成。由于供应渠道及交货方式不同、其费用组成也有所不同,主要有以下几种:

1)国产标准设备

①由生产厂家直接供货:

设备购置费=出厂(或销售)价格+运杂费

②由设备成套部门组织供货:

设备购置费=出厂(或销售)价格+设备成套供应业务费+运杂费

设备购置费=出厂(或销售)价格×(1+设备成套供应业务费率)+运杂费

③除运输设备除出厂(或销售)价格和运杂费外,还应包括车辆购置附加费。

设备购置费=出厂(或销售)价格+车辆购置附加费+运杂费

设备购置费=出厂(或销售)价格×(1+车辆购置附加费率)+运杂费

2)非标准设备

非标准设备是指国家未定型、非批量生产的设备,须依制造图纸委托承制单位或施工企业在加工厂或施工现场制造,其价格应根据设备的类型、材质、结构、质量及加工工艺的难易程度,以制造当年的价格计算设备原价。非标准设备估价方法,主要有成本估价法、系列设备插入估价法、分部件组合估价法、定额估价法等。由施工企业加工制造时,应按《全国统一安装工程预算定额》非标准设备制造手册,采用定额估价法确定原价。

3)引进设备

(1)设备原价

引进设备以与外商协商一致的合同价或协议价格确定原价,按交货地点不同主要有以下几种:

①内陆交货价是指陆地接壤国之间供需双方约定交货地点的交货价,包括:

a.铁路交货价是指约定在铁路交货点的交货价(F.O.R)。

b.制造厂交货价是指约定在出口国制造厂交货的交货价(E.X.W)。

c.公路交货价是指约定在公路交货点的交货价(F.O.T)。

②装运港交货价是指约定在出口国装运港交货的交货价,包括:

a.装运港船边交货价(F.A.S)。

b.离岸价是指在装运港船上交货的交货价(F.O.B)。

c.到岸价包括海运费、运输保险费在内的交货港的交货价(C.I.F)。

(2)引进设备从属费用

依据引进设备合同或协议约定的不同交货条件计算至到岸价格后,另加从属费,主要有:

①关税:按《中华人民共和国海关进出口税则》规定税率计入的关税。

②增值税:按《中华人民共和国增值税条例》(暂行条例)规定计入的增值税。

③外贸手续费。

④银行财务费。

⑤海关监管手续费。

⑥商检费。

(3)国内运杂费

引进设备国内运杂费是指按合同或协议约定的到岸港口或接壤的陆地交货地至工地仓库或施工现场存放地点,所发生的运输费、运输保险费、装卸费、包装费、供销部门手续费、仓库保管费以及超限设备运输措施费等。

引进设备按合同或协议约定币种结算的,均应以当期人民币对外币牌价折成人民币计算。

(4)确定设备及安装工程预算造价的计算公式

设备预算价格=设备原价+设备运杂费

设备安装工程直接费=$\sum$（设备安装单价×设备安装工程量）

设备安装工程综合费=定额人工工资总数×综合费率

设备及其安装工程预算造价=$\sum$ 设备预算价格+直接费+综合费+定额管理费+材料价差
调整+大型机械进出场和安拆费+施工机构迁移费+营业税
金+城市维护建设税+教育费附加

6.1.4 编制单位工程预算书的步骤

1)搜集各种编制资料

其主要搜集标准图集、预算定额、地区材料预算价格、设备价目表,各项取费标准等。

2)熟悉与审核施工图纸

施工图纸是计算工程量的主要依据。因此,预算人员在编制单位工程预算书之前,应当熟悉施工图纸,对照审核图纸,以便了解工程全貌和各结构部位的具体尺寸、规格、数量等情况,检查施工图纸有无错误,如发现错误或疑点,应及时与设计人员取得联系,加以妥善解决。

3)熟悉施工组织设计和施工现场情况

为了正确计算工程量,选套定额单价,计取有关费用,预算人员在编制单位工程预算以前,必须掌握施工组织设计中的有关施工方法、运输方式和距离等情况,并深入施工现场调查研究,掌握现场地质、水文、土壤类别和标高等资料。

4)确定工程量计算项目

根据施工图纸要求,结合定额项目的划分,确定工程量计算的项目。

5)计算工程量

根据确定的工程量计算项目,按照施工图纸和工程量计算规则,计算工程量。

6)计算直接费

根据计算出来的工程量,按照施工组织设计和预算定额的有关规定,选套相应的工程预算单价,计算单位工程直接费(包括其他直接费)。

7)计算综合费和有关规定费用

根据综合费标准和有关规定,计算综合费、定额管理费、材料价差调整、大型机械进出场和安拆费、施工机构迁移费、营业税、城市维护建设税和教育费附加。

8)计算单位工程预算造价及其技术经济指标

汇总单位工程直接费、综合费和有关规定费用,求得单位工程预算总造价;然后,按规定的计量单位,计算单位工程相应的技术经济指标。

建筑安装工程费用组成如下:

预算编制说明

一、编制依据:

1.图纸按_____设计的施工图和____年____月____日设计技术交底纪要,以及有关的标准图册。

2.定额按照_____建委规定执行____年《全国统一安装工程预算:____定额____省估价表》的有关分册,不足部分参照_____专业预算定额。

3.未计价的主材费按____年____市《建筑工程材料预算价格》,不足部分参照_____等有关资料进行编制。

4.费用执行国家、省、市现行文件规定的费用项目和费率标准。(主要文件有市建委的_____)

二、工程范围及内容:

本预算根据_____中确定的工程范围进行编制,其主要工程内容为:_____具体项目详预(决)算表。

三、本预算不包括下列内容:

_____

四、本预算是按国家、省、市有关部门的现行规定和取费标准进行编制,若今后上级有新规定时,则按新规定执行。

五、其他：

【案例1】 附录3提供了某地源热泵空调工程室内部分的预算表。

6.2 设备安装工程施工管理

设备安装工程施工管理,一般是由这一工程项目的项目经理或施工员负责。项目经理是施工的直接组织者,工程设计图纸、施工组织设计的内容、国家规范标准的规定,最终都要由项目经理的施工管理工作来实现。项目经理必须对自己的工作范围、工作职责、工作标准有比较深刻的认识和理解,才能充分发挥自己的能力,使工程施工圆满、高质量地按期完工,并取得建设单位、监理单位和设计单位的较高评价。

6.2.1 施工组织设计

一般安装工程必须有多个工种共同完成,无论是施工技术还是施工组织,通常都有多个可行的方案可供施工人员选择。在综合各项因素,做出科学合理的决定后,就可以对施工组织和相关各项施工活动做出全面的安排和部署,编制出指导施工准备工作和施工全过程的技术经济文件,即安装工程的施工组织设计。

1)施工组织设计编制的原则与环保要求

（1）施工组织设计的原则

①认真贯彻党和国家对基本建设的各项方针政策,严格执行基本建设程序。

②根据工程合同要求,以确保履约为前提,结合工程及施工力量的实际情况,做好施工部署和施工方案的选定。

③统筹全局,组织好施工协作,分期分批组织施工,以达到缩短工期,尽早交工并同时达到使用要求。

④合理安排施工顺序,组织好平行流水、立体交叉作业。

⑤坚持质量第一,确保施工安全。对重点、关键部位的质量、安全问题认真周密地制定措施。

⑥积极采用推广新技术、新工艺、新材料、新设备,努力提高劳动生产率。

⑦用科学的方法组织施工,优化资源配置,以达到低投入、高产出的目的。

⑧做好人力、物力的综合调配,做好季节性施工安排,力争全年均衡施工。

⑨合理紧凑地布置临时设施,节约施工费用。

（2）施工组织设计编制的环保要求

编制施工组织计划时,要周密考虑环保环卫措施,减少环境污染和扰民,做到文明施工。

2)施工组织设计前的准备工作及编制依据

（1）施工组织设计前的准备工作

①收集原始资料:要搞清工程合同对工程的工期、造价、质量、工程变更洽商及相关的经济事项的具体要求;应搞清设计文件的内容,以了解设计构思及要求。根据上述各项以及会审图纸情况,收集有关的技术规范、标准图集及相关的国家和地方政府的有关法规。

②现场条件调查:

a.了解水源条件:在城市要了解离施工现场最近的自来水干管的距离及管径大小;在农村无自来水或距现场较远时,需了解附近的水源及水质情况,能否满足施工及消防用水的要求;

b.了解电源条件:可能提供的电源形式及容量,能否满足施工用电负荷。

③生产条件调查:必须细致研究工程合同条款,对工程性质、施工特点、重要程度(国家重点、市或地区重点、重要还是一般工程)、工期要求、质量、技术经济要求(如工程变更洽商可发生的费用限额及支付方式等)要搞清楚。

④会审图纸:接到施工图后,应及时组织有关人员熟悉与会审图纸,根据图纸情况及合同要求,尽快与业主、协作单位进行项目划分工作,明确各自工作范围;同时将图纸上的问题及合理化建议提交业主、工程监理及设计人员,共同协商,争取将重大工程变更洽商集中在施工前完成。

⑤及时编制工程概预算:工程概预算是编制施工组织设计提供数据(工程量和单方分析)的依据,是选定施工方法和进行多方案比较提供技术经济效果的依据,也是主要生产资料的供应准备的依据。

(2)施工组织设计的编制依据

其主要包括:建筑工程设计任务书及工程合同,工程项目一览表,概算造价,建筑总平面图,建筑区域平面图,房屋及结构物平、剖面示意图,建筑场地竖向设计,建筑场地及地区条件资料,现行定额、技术规范,分期分批施工与交工要求,工期定额、参考数据等。

3)施工组织设计的内容

(1)建设工程概况

在建设工程概况中,应说明工程的性质、规模、地点、地质、水质情况,工程合同中对土建质量的要求,工程项目、施工任务的划分,结构特点、施工力量及其条例,如材料的来源及供应情况、其他加工件的生产能力、机具的配备及可能的协作力量。

(2)施工部署

根据工程合同的要求和安装项目的性质,首先确定工程的开工顺序,安排好施工部署。

①任务配套:为了确保工程竣工使用,安装项目必须按配套齐全的原则,安排合理的施工顺序,使工程完工能满足使用要求。

②合理组织施工力量和规模:权衡施工任务的要求与力量的可能性,在均衡生产的前提下,确定组织施工力量规模,以使其在施工工程中的比例合理。

③分期分批施工:在保证工期的前提下,实施分批施工,即可使各具体项目迅速建成,尽早投入使用,又可在全局上实现施工的连续性和均衡性,减少临时设施数量,降低工程成本。

④统筹施工:统筹安排各类项目施工,保证重点,兼顾其他,确保工程项目按期投入使用。

(3)主要工程项目施工方案

施工部署确定以后,施工组织设计中要拟定一些主要工程项目的施工方案。这些项目通常是安装项目中工程量大、施工工艺复杂、周期长,对整个建设项目的完成起关键性作用的项目。拟定主要工程项目施工方案的目的是为了进行技术和资源的准备工作,同时也为了施工的顺利展开和现场的合理部署。施工方案的主要内容包括确定施工方法、施工工艺流程、施工机械设备等。对施工方法的确定要兼顾技术工艺的先进性和经济上的合理性;对施工机械的选择,应使其性能既能满足施工需要,又能发挥其效能。

（4）施工进度计划

根据施工部署所决定的各安装工程的开工顺序、施工方案和施工力量，定出各主要安装工程的施工期限，并用进度表的方式表达出来。

（5）主要材料、设备及劳动力需用计划

根据施工进度计划、各安装工程的开竣工时间及初步设计，可估算出各主要工程项目的实物量，并概略地估算出各种主要材料、设备及劳动力的需用计划，以便交有关部门拟出相应的供应计划。

（6）主要施工机具计划

根据施工部署、主要安装工程的施工方案和施工进度计划的要求，提出主要施工机具的数量、供应办法和进场日期，以保证施工中所需的机械能得到及时供应。

【案例2】 附录4提供了某制药厂净化工程的施工组织设计。

6.2.2 工程施工的进度计划

1）工程施工进度计划的作用

工程施工进度计划是控制工程施工进程和工程竣工期限等各项活动的依据。施工组织设计中其他有关问题，都要服从工程进度计划的要求，诸如平衡月、旬作业计划，平衡劳动力计划，供应材料、设备计划，安排施工机具的调度等，均需以施工进度计划为基础。工程施工进度计划反映了从施工准备工作开始，直到工程竣工、交付验收使用为止的全部施工过程，反映出安装工程与土建等各工种的配合关系。所以，施工进度计划的合理编制，有利于在工程施工中统筹全局，合理布置人力、物力，正确指导安装员工的顺利进行，有利于员工明确目标，更好发挥主观能动性，有利于各交叉施工单位及时配合、协同作战。

2）工程施工进度计划的组成

工程施工进度计划通常用图表表示，它可以采用水平图表、垂直图表。这种图表是由两部分组成的。一部分是以分部分项为主要内容的表格，包括了相应的工程量、定额和劳动量等计算依据；另一部分则是指示图表，它是由上部分表格中的有关数据经计算而得到的。指示图表用横向线条形象地表现出各分部分项工程的施工进度，各施工阶段的工期和总工期，并且综合反映了各分部分项工程相互之间的关系。

【案例3】 附录5提供了某大厦的空调工程的施工水平进度表，该项目建筑面积3.5万 m^2，空调面积2.6万 m^2，为办公、展览、宾馆等设施的综合大楼。

3）编制施工进度计划的依据及步骤

（1）编制施工进度计划需依据的原始资料

①工程的全部施工图纸及有关水电供应与气象等其他技术经济资料。

②规定的开工、竣工日期。

③预算文件。

④主要施工过程的施工方案。

⑤劳动定额及机械使用定额。

⑥劳动、机械供应能力，安装单位配合土建施工的能力。

（2）编制工程施工进度计划的步骤

①研究施工图纸和有关资料，调查施工条件。

②确定施工过程项目划分。

③编制合理的施工顺序。

④计算各施工过程的实际工作量。

⑤确定劳动力需要量和机械台班需要量。

⑥设计施工进度计划。

⑦提出劳动力和物资需要计划。

6.2.3　工程施工的准备

1）技术准备工作

技术准备工作是施工准备工作的核心。由于技术准备不足而产生的任何差错和隐患都可能导致质量和安全事故，考虑不周可能导致施工停滞或混乱，造成生命、经济、信誉的巨大损失，所以必须高度重视技术准备工作。项目经理在技术准备阶段的工作内容常与现场准备工作紧密相关，技术准备工作必须有项目经理的积极参与和现场组织工作的配合。

熟悉、审查施工图纸和有关设计资料，项目经理在这一阶段应着重把握以下工作要点：

①了解设计意图、设计内容、建筑结构特点、设备技术性能、工艺流程及建设单位的要求等。首先粗审图纸，搞清分部分项工程的数量和大致内容。

②细审图纸，掌握设计要求的尺寸，诸如管道的尺寸及长度，设备的规格型号、数量、安装部位及机房的平面尺寸与高度等。还应了解各方面的技术要求、消防与电的具体布置及与土建工程的关系等。同时核对各专业图纸中所述相同部位、相同内容的统一性，掌握其是否存在矛盾和误差。

③结合设计情况，学习相应的标准图集、施工验收规范、质量验收标准和有关技术规定。在此基础上，形成项目经理自己对工程施工的总体印象和施工组织设想。这部分工作是创造性的，其中心是考虑设计和规范要求是否可以得到施工方面的满足，自有的施工力量、施工队伍和技术、装备水平，是否及如何达到要求；设计要求与施工现实差距较大或施工操作困难的，在满足设计意图和质量的前提下，可开展一些有利于施工组织、加快进度的变更；根据上述各项，施工中应考虑采取哪些主要的技术、组织、供应、质量和安全措施。

④综合以上工作，对审查中出现的问题、不明的疑问及施工的合理化建议进行归纳总结，提交技术部门向业主和设计人员反映，尽量把问题解决在开工之前，为工程的施工组织提供尽可能准确、完整的依据。

2）认真学习施工组织设计

施工组织设计作为指导施工全过程的综合性的技术经济文件，对于项目经理而言，与施工图纸和规范规程占有同等重要的地位。因此，应该认真学习施工组织设计，对其所规定的施工部署、施工方案和主要施工方法、进度、质量、技术、安全、环保、降低成本等措施和要求，要了然于胸。同时将各项要求与自己所担负的工作意图向所属班组和人员做出交底和部署。

项目经理向施工班组及相关人员进行施工组织设计、计划和技术交底的目的，是把拟建工程的设计内容、施工计划、进度、技术与质量标准、安全和消防要求等事项详尽地向施工人员加以说明,以保证严格地按照设计图纸、施工组织设计、安全操作规程和施工验收规范进行施工。

(1)现场准备工作

施工现场的准备工作,实际上从施工合同签订之日起即应开始,直至工程正式开工为止。现场准备工作的好坏,直接关系到工程能否按时开工,而且在很大程度上,影响着施工全过程。

①施工用电源、水源:要做好施工用电、用水的准备工作,此项准备工作应与建设单位会同解决。

②施工场地:会同建设单位和土建施工单位解决好安装工程施工的场地条件。如各工种交叉施工,应请建设单位协调解决各工种同时施工的场地,做到互不干扰或少干扰。

③现场施工用临时设施的准备:根据施工组织设计的要求,与建设方协商解决安装用临时设施,如无法解决,则应组织人力、材料,搭设现场的材料库、操作棚、工具间、办公室、休息室及其他生产、生活设施用房。

(2)劳动保护组织准备工作

①熟悉、掌握各工种、各班组情况,包括人员配备、技术力量及施工能力,以便针对各班组的特长,合理使用。

②根据施工组织设计确定的施工顺序、施工进度进行组织安排,明确各工序间的搭接次序、搭接时间和搭接部位,进而明确各班组的工作范围、人员安排、材料供应及分配使用办法等。

③向施工班组及相关人员交底。项目经理向施工班组及相关人员进行交底的工作是劳动组织工作中非常重要的一项内容,其目的是将施工组织、施工方案、质量要求、安全、消防、环保、技术节约等项措施向班组做详尽的说明,使班组对所承担的施工内容、工作目标、操作方法、质量标准及其他管理要求有明确的了解,以便能顺利施工。工程交底的主要内容:

a.计划交底:包括任务的部位、数量、开始及完成时间、该项工作在全部工程中对其他工序的影响和重要程度等。

b.技术质量交底:包括施工工作法、质量标准、自检、互检、交接检的具体时间要求和部位、样板工程和项目的安排与要求等。

c.定额交底:包括任务的劳动定额、材料消耗定额、机械配给台班及每台班产量,以及任务完成情况与班组的收益、奖励关系等。

d.安全生产交底:包括施工操作、运输过程中的安全注意事项,机电设备安全操作事项,消防安全固定及注意事项等。

e.各项管理制度交底:一般包括作息制度、工作纪律、交接班程序、文明施工、场容管理规定和要求等。

(3)资源准备

工程开工前,施工员应根据施工组织设计和施工方案对施工材料、成品、半成品、加工件等资源的供应方式,根据自己对工作范围内各项工作内容的时间安排,提前向生产和材料管理部门提交书面的用料计划,说明需要材料的种类、规格、数量、时间、先后顺序等情况,以便材料部门按需要组织资源供应。

(4)机具、工具的准备工作

对于施工中需要使用的机具、工具,诸如电焊机、煨管机、剪板机、砂轮锯、弯管机、手枪钻、冲击钻、电源箱等的规格、数量、使用时间等应提交使用计划,以便生产和材料部门组织供应。同时,对需要持有专业操作证书方准使用的机具、工具,项目经理要提前组织有关人员参加业务管理部门或政府主管部门的业务培训,使相关人员获得或强化操作知识和操作技术,取得专业操作证书。

对机具、工具的使用,应根据业务部门的管理规定,结合工程具体情况,制定使用、安全管理的规章制度及操作要求,以保证在安全使用的前提下,发挥机具工作效率,提高完好率和使用寿命。

6.2.4 工程施工的技术管理

1) 施工图纸会审

施工图会审是指开工前由设计单位、建设单位和施工单位3方面对全套施工图纸共同进行的核对与检查。图纸会审的目的是领会设计意图,明确技术要求,熟悉图纸内容,并及早消除图纸中的技术错误,提高工程质量。因此,图纸会审是一项严肃的施工技术准备工作。

在图纸会审以前,施工单位必须组织有关人员学习施工图纸,熟悉图纸的内容要求和特点,并由设计单位进行施工交底,以达到弄清设计意图、发现问题、消灭差错的目的。

图纸会审工作由建设单位负责组织。图纸会审的程序是先由有关单位分别会审,最后由设计单位、施工单位、建设单位3方会审。

图纸会审的要点是:建筑、结构、安装有无矛盾;所采用的标准图与设计图有无矛盾;主要尺寸、标高、轴线、空洞、预埋件等是否有错误;设计假定与施工现场实际情况是否相符;推行新技术及特殊工程和复杂设备的技术可能性和必要性;图纸及说明是否齐全、清楚、明确,有无矛盾;某些结构在施工中有无足够的强度和稳定性,对安全施工有无影响等。

图纸会审后,应将会审提出的问题及解决办法、详细记录;经3方会签,形成正式文件,作为施工的依据,并列入工程档案。

2) 技术交底制度

技术交底是指工程开工前,由各级技术负责人将有关工程施工的各项技术要求逐级向下贯彻,直至基层。其目的是使参与施工任务的技术人员和工人明确所担负工程任务的特点、技术要求、施工工艺等,做到心中有数,保证施工顺利进行。因此,技术交底是施工技术准备的必要环节,施工企业应认真组织技术交底工作。

技术交底的主要内容有:施工方法、技术安全措施、规范要求、质量标准、设计变更等。对于重点工程、特殊工程、新设备、新工艺和新材料的技术要求,更需做详细的技术交底。

大型工程项目的技术交底工作应分级进行,分级管理。凡技术复杂的重点工程,重点部位,由企业总工程师向工程处主任工程师、项目经理以及有关职能部门负责人等进行交底。复杂工程的技术交底由工程处主任工程师向项目经理和有关的技术员交底,而后由项目经理向施工员、质检员、安全员以及班组长进行交底。

技术交底的最基层一级是工程技术负责人向班组的交底工作,这是各级技术交底的关键,工程技术负责人在向班组交底时,要结合具体操作部位,贯彻落实上一级技术负责人的要求,明确关键部位的质量要求、操作要点及注意事项,对关键项目、部位、新技术的推广项目应反复、细致地向操作班组进行交底。

技术交底应视工程施工技术复杂程度不同,采取不同的形式。一般采用文字、图表形式交底,或采用示范操作和样板的形式交底。

3)技术复核与技术变更

技术复核是指施工过程中,对重要的涉及工程全局的技术工作,依据设计文件和有关技术标准进行的复查和校核。技术复核的目的是为了避免发生重大差错,影响工程的质量和使用,以维护正常的技术工作秩序。

技术复核除按质量标准规定的复查、检查内容外,一般在分项工程正式施工前,应重点检查关键项目和内容。施工企业应将技术复核工作形成制度,发现问题应及时纠正。

设计变更是指在施工前和施工过程中,须修改原设计文件应遵循的权限和程序。当施工过程中发现图纸仍有差错,或因施工条件变化需进行材料代换,或因采用新技术、新材料、新工艺及合理化建议等原因需变更设计时,由施工单位提出修改意见,交建设单位转设计单位予以修改。若建设单位或设计单位不予变更、修改,则施工单位按原图施工,如果出现任何问题,施工单位不承担责任。

6.2.5　工程施工的质量管理

1)质量计划与质量责任制体系

(1)质量计划

质量计划是一个项目在质量管理、质量保证工作中的纲领性文件,其主要内容包括:本企业的质量方针、质量目标;本工程概况、本工程的质量目标、引用的质量文件,包括国家标准、建设部、省(市)的各种验收规范(要注明有效版本的文号),国家或省(市)检验评定标准;企业自定的施工工艺标准(企业标准)、新工艺、新技术、新材料等作业指导书。在项目经理的直接领导下,施工员要负责所管部位和分项工程全过程的质量,使其符合图纸和规范的要求,使施工过程得到有效的控制。根据质量保证手册和质量体系程序文件所规定的内容进行相应的记录,对本项目用的材料、设备要进行标识。对施工过程中的不合格品要进行追溯,制定相应的整改措施,并进行追踪。对质量计划中确认的关键过程,要按照质量标准体系程序文件中的规定进行控制并做好记录,对特殊过程要按照质量体系文件中规定的过程控制进行控制,并做好记录。

(2)质量责任制体系

质量责任制体系是指把管理各个方面的具体任务、责任要求,落实到每一个部门,每一个岗位或个人,把与质量管理有关的各项工作全面组织起来,形成一个严密的质量管理工作体系。

质量责任制体系是质量管理的一项重要基础工作,是确保施工质量的必要条件。建立和健全质量责任制体系,必须在组织上、制度上保证质量责任制与现有经济责任制和岗位责任制紧密结合起来,形成施工企业质量责任制体系。该体系包括各级负责人质量责任制、各职能部门质量责任制、工人质量责任制等。

实践证明,建立质量责任制体系,有利于提高与安装质量直接相关的各项工作质量,提高企业各项专业管理工作的质量,从而消除隐患,保证安装质量,同时使企业各成员对自己该做什么、怎么做、如何才能做好都心中有数,并且通过技术教育制度掌握工作的基本功,可以熟练地完成本职工作,熟练地排除可能造成质量事故的隐患,保证安装质量。

2) 质量控制

所谓质量控制,是指针对安装工程可能发生质量事故的原因,采取措施,加以控制,起到事先防患的作用。

进行质量控制,必须控制每一项安装施工质量问题形成和发展的全过程。就是说,安装工程质量控制,就是控制安装施工的所有环节。

(1) 设计阶段质量控制

设计阶段的质量控制是全面质量管理的起点。安装工程能否满足业主的需要,首先是由设计来决定的。如果设计质量不高,造成的是先天不足,施工阶段是弥补不了的。

当然,设计本身质量属设计单位质量控制的范围,由设计单位负责。但施工质量的形成往往同设计的质量有关。因此,安装施工企业就必须从施工角度重视设计质量,其具体方法有:

①对非投标工程,应尽可能地参与设计方案的制订。特别是采用某些有特殊施工工艺要求的工程,参与设计方案的制订是很重要的。

②对投标工程,主要通过图纸会审,施工单位主动向设计单位提供本企业的技术装备、施工力量和工程质量保证情况的有关资料,对图纸做必要的修改、完善,防止由于设计不合理和图纸差错而贻误施工,使设计图纸更符合工程所在地的实际情况。

(2) 施工准备的质量控制

施工准备的工作质量,对安装工程施工质量有很大影响。同样对施工组织设计和做好技术交底的质量控制也非常重要。

(3) 安装用材料与所安装设备的质量控制

材料与设备是工程实体的组成部分,其质量的优劣,直接影响着工程质量。因此,必须严格按照质量标准进行订货、采购、包装和运输。材料与设备的进场或入库要按质量标准检查验收,核实产品的合格证。保管中要按不同性质与保管要求合理堆存,防止损坏变质,做到不合格的不采购、不验收、不入库。

材料与设备进场或入库时的质量检验,还不能从根本上保证按质如期地组织对现场供应。因为如果当检验不合格时,就会影响到按时供应。科学的方法是:对于比较重要的供货单位,要求建立新的供需关系,把质量管理延伸到供应和生产单位。

(4) 施工过程中的质量控制

施工过程是安装工程的最终产品的形成过程,是质量管理部门的中心环节。必须做好如下各项控制工作:

①坚持按图施工。经过会审的图纸是施工的依据,施工过程中必须坚持按图施工的原则。

②加强施工的工艺和工序的控制。工艺即安装工程安装施工的技术和方法。工艺控制好了,就可以从根本上减少废品和次品,提高质量的稳定性。加强施工的工艺控制,必须及时督促检查制定的施工工艺文件的执行情况,严格执行施工规范和操作规程。在施工过程中,每道工序都必须按照规范、规程进行施工。好的工程质量是一道一道的工序逐渐积累形成的,必须对每道工序进行质量控制,把事故消灭在萌芽状态,不留隐患,这是施工过程质量控制的重点。

③提高施工过程中检查工作的质量。施工过程中应及时做好对主要分部、分项工程的质量检查和必要的验收记录,不断提高检查质量,保持检查、验收方法的正确性并使检查的工具、仪器设备经常处于良好状态。通过检查发现问题,及时返工,为后续工程的顺利进行创造条件。

（5）使用过程的质量控制

质量管理的最终目的,就是为了满足业主对安装工程的使用要求。工程的质量如何只有通过使用的考验才能表现出来。使用过程的质量控制,就是把质量管理延伸到工程使用过程。在工程交付使用以后,要做好如下工作:

①质量回访工作:通过回访了解交工工程的使用效果,征求使用单位的意见,发现使用过程中的质量缺陷要分析原因,总结教训。

②质量保修工作:由于施工质量不良造成的工程问题,在规定的保修期内,负责保修。

③质量调查工作:对工程质量进行普查或针对某种质量通病进行专题性的调查分析。调查获得的信息,就是质量反馈的主要信息来源,以作为改善质量管理的依据。

3）质量检查与质量分析

质量检查是按照质量标准,对材料、设备、配件及安装工序,分部分项地进行检查,及时发现不合格的问题,查明原因,采取补救措施或返工重做,起到把关、督促的作用。

（1）质量检查的方式

质量检查要坚持"专职检查和群众检查相结合,以专职检查为主"的方针。在搞好自检、互检和交接检这些群众性检查的同时,设置专职检查机构和人员对从施工准备到竣工验收的各个环节进行严格的检查,对质量工作负责。

自检就是操作自己把关,保证操作质量符合质量标准。对班组来说,自检就是班组的自我把关,保证交付符合质量标准的安装成品。

互检是操作者个人之间或班组之间的互相督促、互相检查、互相促进、其目的是交流工作经验,找出差距,采取措施,共同提高,共同保证工程质量。互检工作,可以由班组长组织组内个人之间进行,也可以由工长组织在同工种的各班组之间进行。

交接检指前后工序之间进行的交接班检查,由工长或项目经理组织进行。前道工序应本着"下道工序就是用户"的指导思想,既保证本工序的质量,又为下一道工序创造良好的施工条件;下道工序接过工作面,就应保持有利条件,改进其不足之处,为再下一道工序创造更好的质量和操作条件。如此一环扣一环,环环不放松,为顺利完成整个工程的施工质量创造了有利条件。

施工企业为了确保工程质量,应设置专职检查机构或人员,对工程施工进行专职质量检查,如隐蔽工程检查、分部分项工程检查、交工前检查等。

（2）专职质量检查的内容

①隐蔽工程检查:将被其他工序施工所隐蔽的分部分项工程在隐蔽前所进行的检查验收。它一般由项目经理主持,邀请设计单位和建设单位的代表,本单位的质量检查人员和有关施工人员参加。隐蔽工程检查后,要办理隐蔽签证手续,列入工程档案。对于隐检中提出的不符合质量要求的问题要认真进行处理,处理后进行复核并写明处理情况。未经隐蔽工程检查合格,不得进行下道工序施工。

②分部分项工程检查:工程在某一阶段或某一分项工程完工后的检查。检查工作一般由项目经理主持,组织质量检验员和有关施工人员参加,必要时还需请设计单位和建设单位参加。分部分项工程检查后要办理检查签证手续,列入工程技术档案。对检查中提出的不符合质量要求的问题要认真进行处理,处理后进行复检并写明处理情况。未经分部分项检查合格,不能进行下道工序的施工。

③交工前的检查：即交工前的质量关。通过检查发现问题及时处理,以满足质量要求的合格工程交付业主使用。

（3）质量检查的依据

①设计图纸、施工说明及有关设计文件。

②建筑安装工程施工验收规范,操作规程和工程质量检查评定标准。

③材料、设备及配件质量验收标准等。

（4）质量检查的方法

全面地进行安装工程的质量检查,特别是对使用功能的检查,是一项复杂的技术工作,要采用多种先进检测设备和科学方法。目前,对一般安装工程根据质量评定标准规定的方法和检查工作报告的实际经验,将观感检查归纳为看、摸、敲、照、靠、吊、量、套8种检查方法。另外,可用仪器、仪表进行检查。

（5）质量调查

利用质量调查表法来调查工程施工质量,就是利用各种调查表来进行数据收集、整理,并给其他数理统计方法提供依据和粗略原因分析,以及日常了解问题,监视质量情况的一种简单的方法。根据不同的调查目的,调查表设计成多种多样的格式。常用的有:

①调查缺陷位置用的统计调查表。每当缺陷发生时,将其发生位置记录在调查分析表中。

②工程内在质量分布统计调查分析表。利用"频数"对质量分布状况进行记录和统计的一种质量调查方法。

③按不良项目分类的统计调查表。

统计调查分析表往往与质量检查法结合起来运用,这样可以使影响安装质量的原因调查得更清楚。

（6）质量分析

质量控制和检查后必须分析它们的成果,找出工程质量的现状和发展动态,以便采取措施,加以正确引导,保证工程顺利施工。对工程质量控制和检查成果的分析工作通常采用工程质量指标分析的方法,即按规定的质量指标分析对照质量实际达到的水平,观察其中合格率和优良品率及其分布情况。用以考核企业或工地已检查的分部分项工程的质量水平。

工作质量指标分析主要有是否按图施工,是否违反工序及操作规程,技术指导是否正确等。对不正确的工作应逐项分析其发生的各种因素,分类排队以便针对性地采取预防措施。在几个原因同时起作用的情况下,则需分清主次。此外,原因应力求具体,以便采取预防性措施和对策。

为了做好质量分析工作,要建立和健全对质量的控制和检查结果的原始记录,并由检验人员签证。将这些原始记录定期汇总,分析质量事故的原因,以便及时处理和杜绝。

6.2.6 工程施工的交工验收

交工验收是建筑安装工程的最后一个阶段,是对最终工程施工产品及竣工工程项目进行检查验收,交付使用的一种法定手续。验收包括国家对建设单位的验收、建设单位（发包方）对承包施工单位的验收、承包施工单位对分包施工单位的验收。验收的依据是设计图纸,设备说明书,设计变更通知,预检、隐检、中检的验收资料,现行建筑安装工程验收规范,工程承包合同及其他有关技术文件。

1)**交工验收资料**

验收前由承包单位整理有关交工资料,验收后交建设单位保管。移交的目的是为建设单位对工程合理使用,维护管理和改建、扩建提供依据,以及办理工程决算。交工资料一般包括如下内容:

①交工工程项目一览表,包括单位工程名称、面积、开竣工日期。

②竣工图纸与图纸会审记录,包括设计变更通知。

③隐蔽工程验收单,工程质量事故的发生和处理记录,材料、半成品的试验和检验记录。

④水管道试压记录和清洗记录。

⑤风管道漏风检验。

⑥材料、设备及配件的质量合格证。

⑦设备安装施工及调试记录。

⑧施工单位提供的施工组织设计(施工方案)。

⑨工程结算资料、文件和签证。

2)**交工验收过程**

交工验收的全过程应包括隐蔽工程验收、分部分项工程验收、分期验收、试车检验、交工验收。前四项是交工验收的基础,没有前四项就无法进行交工验收。

(1)隐蔽工程验收及其验收签证

隐蔽工程是指对施工过程中前一道工序被后一道工序掩盖掉的工程,如暗设管道工程完成后,隐蔽之前所进行的质量检验。这些项目的共同特点是:一经隐蔽就不能或不便于进行质量检验,必须在隐蔽前进行检验。一般的隐检项目由施工企业内部组织进行,重点检验项目应由建设单位、设计单位、安装单位三方会同进行。隐检应签署正式的验收证书。

(2)分部分项工程验收

对大型或特大型工程在分部分项工程完工后进行的检查与验收,包括对安装工程的分部分项工程的检验和试车运转检验。中小型工程不必做分部分项验收。

(3)分期验收

对大型或特大型工程已竣工的一个或一组具备使用条件的单位工程所进行的中间性检查与验收,一般按施工部署中的分期分批投产计划安排,分期交工验收。

(4)试车检验

①单体试车:按规程分别对机器和设备进行单体试车。单体试车由乙方自行组织,但应做好调试记录。

②无负荷联动试车:在单体试车以后,根据设计要求及试车规程进行。通过无负荷联动试车,检验仪表、设备以及介质的通路,如风系统、水系统和油路、气路、电路、仪表等是否通畅,有无问题。在规定时间内,如未发生问题就认为试车合格。无负荷联动试车一般由乙方组织,甲方参加。

③有负荷联动试车:无负荷联动试车合格后,由建设单位组织乙方参加。近年来,又出现了由总包主持、安装单位负责、甲方参加的有负荷联动试车形式。不论乙方或甲方主持,这种试车都要达到带负荷运转正常,参数符合规定的要求,才算有负荷联动试车合格。

【案例4】 附录6提供了通风空调系统调试工艺流程图。

④交工验收:建设单位收到安装单位提供的交工资料以后,应派人会同施工安装单位对交工工程进行检查。根据有关技术资料,甲乙双方共同对工程进行全面的检查和鉴定。对已分期分批验收过的单位工程不再办理验收手续。

6.3 建筑设备安装工程职业健康与安全管理

6.3.1 工程职业健康安全与环境管理的目的、任务和特点

1)职业健康安全管理的目的

①保护产品生产者和使用者的健康与安全、控制影响工作场所内员工、临时工作人员、合同方人员、访问者和其他有关部门人员健康和安全的条件及因素。考虑和避免因使用不当对使用者造成的健康和安全的危害。

②消除、降低和避免各类与工作相关的伤害、疾病和死亡事故的发生,保障全体劳动者的安全与健康。

③指导用人单位自愿建立职业安全健康管理体系,更好地贯彻职业安全健康法律、法规及标准的要求。

④指导相关部门制定职业安全健康管理体系,审核规范及实施指南。

⑤指导用人单位结合自身实际,开展职业安全健康管理体系各要素的整合工作,并使其成为用人单位全面管理的一部分。

⑥鼓励用人单位的全体员工,尤其是最高管理者、管理人员、员工及其代表,采用合理的职业安全健康管理原则与方法持续改进职业安全健康绩效。

2)环境管理的目的

为保护生态环境,使社会的经济发展与人类的生态环境相协调,控制作业现场的各种粉尘、废水、废气、固体废弃物以及噪声、振动对环境的污染和危害,考虑能源节约和避免资源的浪费。

3)职业健康安全与环境管理的任务

建筑生产组织(企业)为达到工程的职业健康安全与环境管理的目的,指挥和控制组织的协调活动,包括制定、实施、实现、评审和保持职业健康安全与环境方针所需的组织机构、活动、职责、惯例、程序、过程和资源。不同的组织(企业)根据自身的实际情况制定方针,并为职业健康安全与环境管理体系的实施、实现、评审和保持(持续改进)建立组织机构,策划活动,明确职责,遵守有关法律法规和惯例,编制程序控制文件,实行过程控制并提供人员、设备、资金和信息资源,保证职业健康安全环境管理任务的完成。对于职业健康安全与环境密切相关的任务,可一同完成。

4)职业健康安全与环境管理的特点

①建筑产品的同定性和生产的流动性及受外部环境影响的因素多,决定了职业健康安全

与环境管理的复杂性。

②产品的多样性和生产的单件性决定了职业健康安全与环境管理的多样性。建筑产品的多样性决定了生产的单件性,每一个建筑产品都要根据其特定要求进行施工。

③产品生产过程的连续性和分工性决定了职业健康安全与环境管理的协调性。建筑产品不能像其他许多工业产品一样可以分解为若干部分同时生产,它必须在同一固定场地按严格程序连续生产。因此,在职业健康安全与环境管理中要求各单位和各专业人员横向配合和协调,共同注意产品生产过程接口部分的健康安全和环境管理的协调性。

④产品的委托性决定了职业健康安全与环境管理的不符合性。建筑产品在建造前就确定了买主,按建设单位特定的要求委托进行生产建造。而建设工程市场在供大于求的情况下,业主经常会压低标价,造成产品的生产单位对健康安全与环境管理的费用投入减少。

⑤产品生产的阶段性决定职业健康安全与环境管理的持续性。

⑥产品的时代性和社会性决定环境管理的多样性和经济性。

6.3.2　施工安全控制

1)安全控制的方针

安全控制的目的是为了安全生产,其方针也应符合安全生产的方针,即:"安全第一,预防为主";"安全第一"是把人身的安全放在首位,安全为了生产,生产必须保证人身安全,充分体现了"以人为本"的理念;"预防为主"是实现安全第一的最重要手段,采取正确的措施和方法进行安全控制,从而减少甚至消除事故隐患,尽量把事故消灭在萌芽状态,这是安全控制最重要的思想。

2)安全控制的目标

减少和消除生产过程中的事故,保证人员健康安全和财产免受损失,具体可包括:
a.减少或消除人的不安全行为的目标;
b.减少或消除设备、材料的不安全状态的目标;
c.改善生产环境和保护自然环境的目标;
d.安全管理的目标。

3)安全控制的程序

① 确定项目的安全目标:按"目标管理"方法在以项目经理为首的项目管理系统内进行分解,从而确定每个岗位的安全目标,实现全员安全控制。

② 编制项目安全技术措施计划:对生产过程中的不安全因素,用技术手段加以消除和控制,并用文件化的方式表示,这是落实"预防为主"方针的具体体现,也是进行工程项目安全控制的指导性文件。

③ 安全技术措施计划的落实和实施:建立健全安全生产责任制,设置安全生产设施,进行安全教育和培训,沟通和交流信息,通过安全控制使生产作业的安全状况处于受控状态。

④ 安全技术措施的验证:包括安全检查、纠正不符合情况,并做好检查记录工作,根据实际情况补充和修改安全技术措施。

⑤ 持续改进:直至完成工程建设的所有工作。

4)安全控制的基本要求

安全管理是一项系统工程,任何一个人和任何一个生产环节的工作,都会不同程度地直接或间接地影响安全工作。因此,必须把所有人员的积极性充分调动起来,人人关心安全,全体参加安全管理。只有通过各方面的共同努力,才能做好安全管理工作。要实现全员安全管理应抓好两个方面:

①首先必须抓好全员的安全教育,强化员工的安全意识,牢固树立"安全第一"的思想,促进员工自觉地参加安全管理的各项活动。同时,还要不断提高员工的技术素质、管理素质和政治素质,以适应深入开展全员安全管理的需要。

②要实现全员安全管理,除要执行过去一些行之有效的管理办法外,还要开展岗位责任承包,单位和个人每年都要相互签订承包合同,实行连锁承包责任制。与此同时,运用安全按月计奖、资金抵押承包、与工资挂钩等一系列经济手段来抓管理,把安全目标管理落到实处。

5)安全控制的方法

(1)两类危险源

第一类,可能发生意外释放的能量载体或危险物质称作第一类危险源。能量或危险物质的意外释放是事故发生的物理本质,通常把产生能量的能量源或拥有能量的能量载体作为第一类危险源来处理;第二类,造成约束、限制能量措施失效或破坏的各种不安全因素称作第二类危险源。在生产、生活中,为了利用能量,人们制造了各种机器设备,让能量按照人们的意图在系统中流动、转换和做功,而这些设备设施又可以看成是限制约束能量的工具。正常情况下,生产过程中的能量或危险物质受到约束或限制,不会发生意外释放,即不会发生事故。但是,一旦这些约束或限制能量或危险物质的措施受到破坏或失效(故障),则将发生事故。第二类危险源包括人的不安全行为、物的不安全状态和不良环境条件3个方面。

(2)两类危险源控制方法

第一类,消除危险源、限制能量或隔离危险物质(包括隔离、个体防护、设置薄弱环节、使能量或危险物质按人们的意图释放、避难与援救措施);第二类,增加安全系数、提高可靠性、设置安全监控系统。

6.3.3 施工安全计划的编制实施及施工安全检查

1)安全计划的内容

①工程概况:工程的基本情况,可能存在的主要的不安全因素等。

②安全控制和管理目标:应明确安全控制和管理的总目标和子目标,目标要具体化。

③安全控制和管理程序:主要应明确安全控制和管理前工作过程和安全事故的处理过程。

④安全组织机构:包括安全组织机构形式和安全组织机构的组成。

⑤职责权限:根据组织机构状况明确不同组织层次、各相关人员的职责和权限,进行责任分配。

⑥规章制度:包括安全管理制度、操作规程、岗位职责等规章制度的建立应遵循的法律法规和标准等。

⑦资源配置:针对项目特点,提出安全管理和控制所必需的材料设施等资源要求和具体的

配置方案。

⑧安全措施：针对不安全因素确定相应措施。

⑨检查评价：明确检查评价方法和评价标准。

⑩奖惩制度：明确奖惩标准和方法。

2）安全计划的实施

（1）安全生产责任制

建立安全生产责任制是施工安全技术措施计划实施的重要保证。安全生产责任制是指企业对项目经理部各级领导、各个部门、各类人员所规定的在他们各自职责范围内对安全生产应负责任的制度。

（2）安全教育

①广泛开展安全生产的宣传教育，使全体员工真正认识到安全生产的重要性和必要性，懂得安全生产和文明施工的科学知识，牢固树立安全第一的思想，自觉地遵守各项安全生产法律法规和规章制度。

②把安全知识、安全技能、设备性能、操作规程、安全法规等作为安全教育的主要内容。

③建立经常性的安全教育考核制度，考核成绩要记入员工档案。

④电工、电焊工、架子工、司炉工、爆破工、机操工、起重工、机械司机、机动车辆司机等特殊工种工人，除一般安全教育外，还要经过专业安全技能培训，经考试合格持证后，方可独立操作。

⑤采用新技术、新工艺，新设备施工和调换工作岗位时，也要进行安全教育，未经安全教育培训的人员不得上岗操作。

（3）安全技术交底

①单位工程开工前，单位工程技术负责人必须将工程概况、施工方法、安全技术交底的内容、交底时间和参加人员、施工工艺、施工程序、安全技术措施，向承担施工的作业队负责人、工长、班组长和相关人员进行交底。

②结构复杂的分部分项工程施工前，应有针对性地进行全面详细的安全技术交底，使执行者了解安全技术及措施的具体内容和施工要求，确保安全措施落到实处。

③应保存双方签字确认的安全技术交底的内容、时间和参加人员的记录。

3）安全检查

（1）安全检查的目标

①预防伤亡事故，把伤亡事故频率和经济损失降到低于社会容许的范围。

②不断改善生产条件和作业环境，以达到最佳安全状态。但由于安全与生产是同时存在的，因此危及劳动者的不安全因素也同时存在，事故的原因也是复杂和多方面的，必须通过安全检查对施工生产中存在的不安全因素进行预测、预报和预防。

（2）安全检查的方式

①企业或项目定期组织的安全检查。

②各级管理人员的日常巡回检查、专业安全检查。

③季节性和节假日安全检查。

④班组自我检查、交接检查。

（3）安全检查的类型

安全检查可分为日常性检查、专业性检查、季节性检查、节假日前后的检查和不定期检查。

①日常性检查：日常性检查即经常的、普遍的检查。企业一般每年进行 1~4 次；工程项目组，车间、科室每月至少进行 1 次；班组每周，每班次都应进行检查。专职安全技术人员的日常检查应有计划，针对重点部位周期性地进行。

②专业性检查：专业性检查是针对特种作业、特种设备、特殊场所进行的检查，如电焊、气焊、起重设备、运输车辆、锅炉压力容器、易燃易爆场所等。

③季节性检查：季节性检查是指根据季节特点，为保障安全生产的特殊要求所进行的检查。如春季风大，要着重防火、防爆；夏季高温多雨雷电，要着重防暑、降温、防汛、防雷击、防触电；冬季着重防寒、防冻等。

④节假日前后的检查：节假日前后的检查是针对节假日期间容易产生麻痹思想的特点而进行的安全检查，包括节假日前进行安全生产综合检查、节假日后要进行遵章守纪的检查等。

⑤不定期检查：在工程或设备开工和停工前、检修中、工程或设备竣工及试运转时进行的安全检查。

（4）安全检查的内容

安全检查的内容主要是查思想、查制度、查机械设备、查安全设施、查安全教育培训、查操作行为、查劳保用品使用、查伤亡事故的处理等。

①查思想：主要检查企业领导和职工对安全生产工作的认识。

②查管理：主要检查工程的安全生产管理是否有效，内容包括：安全生产责任制、安全技术措施计划、安全组织机构、安全保证措施、安全技术交底、安全教育、持证上岗、安全设施、安全标识、操作规程、违规行为、安全记录等。

③查隐患：主要检查作业现场是否符合安全生产、文明生产的要求。

④查整改：主要检查对过去提出问题的整改情况。

⑤查事故处理：对安全事故的处理应达到查明事故原因、明确责任并对责任者做出处理、明确和落实整改措施等要求。同时，还应检查对伤亡事故是否及时报告、认真调查、严肃处理。

安全检查的重点是违章指挥和违章作业。安全检查后应编制安全检查报告，说明已达标项目、未达标项目所存在的问题，分析原因，提出纠正和预防的措施。

（5）安全检查的要求

①各种安全检查都应根据检查要求配备足够的资源。特别是大范围、全面性的安全检查，应明确检查负责人，选调专业人员，并做到明确分工，了解检查内容和达到标准等要求。

②每种安全检查都应有明确的检查目的、检查项目、内容及标准。特殊过程、关键部位应重点检查。检查时应尽量采用检测工具，用数据说话。对现场管理人员和操作人员要检查是否有违章指挥和违章作业的行为，还应进行应知应会知识的抽查，以便了解管理人员及操作工人的安全素质。

③检查记录是安全评价的依据，要做到认真详细，真实可靠，特别是对隐患的检查记录要具体，如隐患的部位、危险程度及处理意见等。采用安全检查评分表的，应记录每项扣分的原因。

④对安全检查记录要用定性定量的方法，认真进行系统分析、评价；哪些检查项目已达标，哪些项目没有达标，哪些方面需要进行改进，哪些问题需要进行整改，受检单位应根据安全检查评价及时制定改进的对策和措施。

⑤整改是安全检查工作重要的组成部分，也是检查结果的归宿。

6.3.4　文明施工

1）文明施工的组织与管理

（1）组织和制度管理

施工现场应成立以项目经理为第一责任人的文明施工管理组织。分包单位应服从总包单位的文明施工管理组织的统一管理,并接受监督检查。

①各项施工现场管理制度应有文明施工的规定。具体包括个人岗位责任制、经济责任制、安全检查制度、持证上岗制度、奖惩制度、竞赛制度和各项专业管理制度等。

②加强和落实现场文明检查、考核及奖惩管理,以促进施工文明管理工作提高。检查范围和内容应全面周到,包括生产区、生活区、场容场貌、环境文明及制度落实等。检查发现的问题,应采取整改措施。

（2）建立收集文明施工的资料及其保存的措施

①上级关于文明施工的标准、规定、法律法规等资料。

②施工组织设计(方案)中对文明施工的管理规定,各阶段施工现场文明施工的措施。

③文明施工自检资料。

④文明施工教育、培训、考核计划的资料。

⑤文明施工活动的各项记录资料。

（3）加强文明施工的宣传和教育

在坚持岗位练兵基础上,采取派出去、请进来、短期培训、上技术课、登黑板报、广播、看录像、看电视等方法狠抓教育工作。要特别注意对临时工的岗前教育。专业管理人员应熟悉掌握文明施工的规定。

2）文明施工的基本要求

（1）一般规定

①有整套的施工组织设计或施工方案。

②有健全的施工指挥系统和岗位责任制度,工序衔接交叉合理,交接责任明确。

③有严格的成品保护措施和制度,大小临时设施和各种材料、构件、半成品按平面布置堆放整齐。

④施工场地平整,道路畅通,排水设施得当,水电线路整齐,机具设备状况良好,使用合理。施工作业符合消防和安全要求。

⑤实现文明施工,不仅要抓好现场场容管理工作,而且还要做好现场材料、机械、安全、技术、保卫、消防和生活卫生等方面的工作。一个工地的文明施工水平是该工地乃至所在企业各项管理工作水平的综合体现。

（2）现场场容管理

①工场主要入口要设置简朴规整的大门,门边设立明显的标牌,标明工程名称、施工单位和工程负责人姓名等内容。

②建立文明施工责任制划分区域。明确管理负责人,实行挂牌作业,做到现场清洁整齐。

③施工现场场地平整,道路畅通,有排水措施,基础、地下管道施工完后要及时回填平整,清除积土。

④现场施工临时水、电要有专人管理,不得有长流水、长明灯。

⑤施工现场的临时设施,包括生产、办公、生活用房、仓库、料场、临时上下水管道以及照明、动力线路,要严格按施工组织设计确定的施工平面图布置、搭设或埋设整齐。

⑥施工现场清洁整齐,做到"活完料清,工完场地清",及时消除在楼梯、楼板上的砂浆、混凝土。

⑦要有严格的成品保护措施。严禁损坏污染成品、堵塞管道,高层建筑要设置临时便桶,严禁随地大小便。

⑧建筑物内清除的垃圾渣土,要通过临时搭设的竖井或利用电梯等措施稳妥下卸,严禁从门窗口向外抛掷。

⑨施工现场不准乱堆垃圾及余物,应在适当地点设置临时堆放点,并定期外运。清运渣土垃圾及流体物品,要采取遮盖防漏措施,运输途中不得遗撒。

⑩根据工程性质和所在地区的不同情况,采取必要的围护和遮挡措施,保持外观整洁。施工现场严禁居住家属,严禁居民、家属、小孩在施工现场穿行、玩耍。

(3)现场机械管理

①现场使用的机械设备,要按平面布置规划固定点存放。遵守机械安全规程,经常保持机身及周围环境的清洁,机械的标识、编号明显,安全装置可靠。

②清洗机械排出的污水要有排放措施,不得随地流淌。

③塔吊轨道按规定铺设整齐稳固,塔边要封闭,道砟不外溢,路基内外排水畅通。

6.3.5 环境保护

1)大气污染的防治

①施工现场垃圾渣土要及时清理出现场。

②高大建筑物清理施工垃圾时,要使用封闭式的容器或者采取其他措施处理高空废弃物,严禁凌空随意抛撒。

③施工现场道路应指定专人定期洒水清扫,防止道路扬尘。

④对于细颗粒散体材料(如水泥、粉煤灰、白灰等)的运输、储存要注意遮盖、密封,防止和减少飞扬。

⑤车辆开出工地要做到不带泥沙,基本做到不洒土,不扬尘,减少对周围的环境污染。

⑥除设有符合规定的装置外,禁止在施工现场焚烧油毡、橡胶、塑料、皮革、树叶、枯草、各种包装物等废弃物品,以及其他会产生有毒、有害烟尘和恶臭气体的物质。

⑦机动车都要安装减少尾气排放的装置,确保符合国家标准。

⑧工地茶炉应尽量采用电热水器。若只能使用烧煤茶炉和锅炉时,应使用消烟除尘型茶炉和锅炉,大灶应选用消烟节能回风炉灶,使烟尘降至允许排放范围为止。

⑨拆除旧建筑物时,应适当洒水,防止扬尘。

2)水污染防治

为防止工程施工对水体的污染,禁止将有毒、有害废弃物作为土方回填;施工现场废水,应经沉淀池沉淀后再排入污水管道或河流,最好能采取措施回收利用。现场存放油料,必须对库房地面进行防渗处理,防止油料跑、冒、滴、漏;防止污染水体;化学药品、外加剂等应妥善保管,库内存放以防止污染环境。

3）施工现场噪声控制

严格控制人为噪声进入施工现场。不得高声喧哗，无故抛掷管材，最大限度地减少噪声；在人口稠密区进行强噪声作业时，应严格控制作业时间；采取措施从声源降低噪声，如尽量选用低噪声设备如低噪声电钻、风机、空压机、电锯等和工艺代替高噪声设备与加工工艺；在声源处安装消声器消声；采用吸声、隔声、隔振和阻尼等声学处理的方法，在传播途径上控制噪声。

4）固体废弃物处理

（1）回收利用

回收利用是对固体废物进行资源化、减量化的重要手段之一。对建筑渣土可视其情况加以利用。废钢可按需要用作金属原材料。对废电池等废弃物应分散回收，集中处理。

（2）减量化处理

减量化是对已经产生的固体废物进行分选、破碎、压实浓缩、脱水等处理，减少其最终处置量，降低处理成本，减少对环境的污染。在减量化处理的过程中，也包括与其他处理技术相关的工艺方法，如焚烧、热解、堆肥等。

（3）焚烧技术

焚烧用于不适合再利用且不宜直接予以填埋处置的废物，尤其是对于受到病菌、病毒污染的物品，可以用焚烧进行无害化处理。焚烧处理应使用符合环境要求的处理装置，注意避免对大气的二次污染。

（4）稳定和固化技术

利用水泥、沥青等胶结材料将松散的废物包裹起来，减小废物的毒性和可迁移性，减少污染。

（5）填埋

填埋是固体废物处理的最终技术，它是将经过无害化、减量化处理的废物残渣集中到填埋场进行处置。填埋场应利用天然或人工屏障，尽量使需处置的废物与周围的生态环境隔离，并注意废物的稳定性和长期安全性。

6.4　工程验收的一般规定

施工项目竣工验收的交工主体是承包人，验收主体是发包人。施工项目竣工验收，是承包人按照施工合同的约定，完成设计文件和施工图纸规定的工程内容，经发包人组织竣工验收及工程移交的过程。

竣工验收的施工项目必须具备规定的交付竣工验收条件。

承包人交付竣工验收的施工项目，必须符合《建筑法》第六十一条规定："交付竣工验收的建筑工程，必须符合规定的建筑工程质量标准，有完整的工程技术经济资料和经签署的工程保修书，并具备国家规定的其他竣工条件。"发包人组织竣工验收时，必须按照《建设工程质量管理条例》第十六条规定的竣工验收条件执行。

竣工验收阶段管理应按程序依次进行：竣工验收准备→编制竣工验收计划→组织现场验

收→进行竣工结算→移交竣工资料→办理交工手续。

1)竣工验收准备

项目经理应全面负责工程交付竣工验收前的各项准备工作,建立竣工收尾小组,编制项目竣工收尾计划并限期完成。项目经理应组织项目管理人员在对竣工工程实体及竣工档案资料全面自检自查的基础上,对照竣工条件的要求,编制工程竣工收尾工作计划,以此部署竣工验收的准备工作。

项目经理和技术负责人应对竣工收尾计划执行情况进行检查,重要部位要做好检查记录。

项目经理和技术负责人要亲自抓好竣工验收准备工作的落实。严格掌握竣工验收标准,对施工安装漏项、成品受损、污染和其他质量缺陷、收尾工作不到位、档案资料不规范等各类问题要一一限时整改完毕。

项目经理部应在完成施工项目竣工收尾计划后,向企业报告,提交有关部门进行验收。实行分包的项目,分包人应按质量验收标准的规定检验工程质量,并将验收结论及资料交承包人汇总。

在项目经理部自检自验的基础上,经过企业的技术和质量部门的检查和确认之后,才算完成竣工验收的准备工作。

承包人应在验收合格的基础上,向发包人发出预约竣工验收的通知书,说明拟交工项目的情况,商定有关竣工验收事宜。

2)竣工资料

承包人应按竣工验收条件的规定,认真整理工程竣工资料。工程竣工资料的内容,必须真实反映施工项目管理全过程的实际,资料的形成应符合其规律性和完整性,做到图物相符、数据准确、齐全可靠、手续完备、相互关联紧密。竣工资料的质量,必须符合《科学技术档案案卷构成的一般要求》(GB/T 11822—2008)的规定。

企业应建立健全竣工资料管理制度,实行科学收集,定向移交,统一归档,以便存取和检索。

工程竣工资料的收集和管理,应建立制度,根据专业分工的原则,实行科学收集,定向移交,归口管理,并符合标识、编目、查阅、保管等程序文件的要求。要做到竣工资料不损坏、不变质和不丢失,组卷时符合规定。

竣工资料的内容应包括:工程施工技术资料、工程质量保证资料、工程检验评定资料、竣工图及规定的其他应交资料等。

上属内容同时就是工程竣工资料的分类及组卷方式。

(1)工程技术档案资料

①开工报告、竣工报告 任何工程承包人在办完施工进场前的一切手续后,应向发包人提供开工报告进场施工;当工程竣工后,同样应向发包人提供竣工报告,发包人收到竣工报告后,才能组织有关单位进行竣工验收工作。开工报告、竣工报告也是发包人和承包人计算施工工期的依据之一。

②项目经理、技术人员聘任文件 项目经理资格证书、技术人员的职称和职责范围是工程开工必须提交给建立单位和承包人,工程竣工后这些资料档案是建筑工程终身负责制度的体现。

③施工组织设计 施工组织设计是体现工程施工过程中施工工艺、施工技术、施工进度计

划以及施工安全措施等的具体体现。

④设备产品安装记录 在建筑设备安装工程中,设备费用和安装的比例大,因此该记录是建筑设备安装工程档案资料的重要内容。具体包括:产品质量合格证、设备装箱单、商检证明和说明书、设备开箱报告、设备安装记录、设备试运行记录、设备明细表等。

⑤技术交底记录。

⑥设计变更通知。

⑦技术核定单。

⑧施工记录。

⑨图纸会审记录。

⑩隐蔽工程检查记录。

⑪施工试验记录。

⑫工程质量验收记录。

⑬工程复核记录。

⑭质量事故处理记录。

⑮施工日志。

⑯建设工程施工合同,补充协议。

⑰工程质量保修书。

⑱工程预(结)算书。

⑲竣工项目一览表。

⑳施工项目总结等。

(2)工程质量保证资料的收集和整理

原材料、构配件、器具及设备等的质量证明和进场材料试验报告等,这些资料全面反映了施工全过程中质量的保证和控制情况。安装各专业工程质量保证资料的主要内容有:

①建筑采暖卫生与煤气工程主要质量保证资料:

a.材料、设备出厂合格证;

b.管道、设备强度、焊口检查和严密性试验记录;

c.系统试压清洗记录;

d.排水管灌水、通水、通球试验记录;

e.卫生洁具盛水试验记录;

f.锅炉烘炉、煮炉、设备试运转记录等。

②建筑电气安装主要质量保证资料:

a.主要电气设备、材料合格证;

b.电气设备试验、调整记录;

c.绝缘、接地电阻测试记录;

d.隐蔽工程验收记录等。

③通风与空调工程主要质量保证资料:

a.材料、设备出厂合格证;

b.空调调试报告;

c.制冷系统检验、试验记录;

d.隐蔽工程验收记录等。

④电梯安装工程主要质量保证资料：

a.电梯及附件、材料合格证；

b.绝缘、接地电阻测试记录；

c.空、满、超载运行记录；

d.调整、试验报告等。

（3）工程检验评定资料的收集和整理

应按现行建设工程质量标准对单位工程、分部工程、分项工程及室外工程的规定执行。进行分类组卷时，工程检验评定资料应包括以下内容：

①质量管理体系检查记录；

②分项工程质量验收记录；

③分部工程质量验收记录；

④单位工程竣工质量验收记录；

⑤质量控制资料检查记录；

⑥安全和功能检验资料核查及抽查记录；

⑦观感质量综合检查记录等。

（4）工程竣工图应逐张加盖"竣工图"章

"竣工图"章的内容应包括：发包人、承包人、监理人等单位名称、图纸编号、编制人、审核人、负责人、编制时间等。编制时间应区别以下情况：

①没有变更的施工图，由承包人在原施工图上加盖"竣工图"章标识作为竣工图。

②在施工中虽有一般性设计变更，但能将原施工图加以修改补充作为竣工图的，可不重新绘制，由承包人在原施工图上注明修改部分，附以设计变更通知单和施工说明，加盖"竣工图"章标识作为竣工图。

③结构形式改变、工艺改变、平面布置改变、项目改变以及其他重大改变，不宜在原施工图上修改、补充的，责任单位应重新绘制改变后的竣工图，承包人负责在新图上加盖"竣工图"章标识作为竣工图。

竣工资料的整理应符合下列要求：

①工程施工技术资料的整理应始于工程开工，终于工程竣工，真实记录施工全过程，可按形成规律收集，采用表格方式分类组卷。

②工程质量保证资料的整理应按专业特点、根据工程的内在要求，进行分类组卷。

③工程检验评定资料的整理应按单位工程、分部工程、分项工程划分的顺序，进行分类组卷。

④竣工图的整理应按竣工验收的要求组卷。

交付竣工验收的施工项目必须有与竣工资料目录相符的分类组卷档案。承包人向发包人移交由分包人提供的竣工资料时，其检查验证手续必须完备。

3）竣工验收管理

单独签订施工合同的单位工程，竣工后可单独进行竣工验收。在一个单位工程中满足规定交工要求的专业工程，可征得发包人同意，分阶段进行竣工验收。

单项工程竣工验收应符合设计文件和施工图纸要求，满足生产需要或具备使用条件，并符合其他竣工验收条件要求。

整个建设项目已按设计要求全部建设完成并符合规定的建设项目竣工验收标准,可由发包人组织设计、施工、监理等单位进行建设项目竣工验收;中间竣工并已办理移交手续的单项工程,不再重复进行竣工验收。

(1)竣工验收应依据的文件

①批准的设计文件、施工图纸及说明书;

②双方签订的施工合同;

③设备技术说明书;

④设计变更通知书;

⑤施工验收规范及质量验收标准;

⑥外资工程应依据我国有关规定提交竣工验收文件。

(2)竣工验收应符合的要求

①设计文件和合同约定的各项施工内容已经施工完毕;

②有完整并经核定的工程竣工资料,符合验收规定;

③有勘察、设计、施工、监理等单位签署确认的工程质量合格文件;

④有工程使用的主要建筑材料、构配件和设备进场的证明及试验报告。

(3)竣工验收的工程必须符合的规定

①合同约定的工程质量标准;

②单位工程质量竣工验收的合格标准;

③单项工程达到使用条件或满足生产要求;

④建设项目能满足建成投入使用或生产的各项要求。

承包人确认工程竣工、具备竣工验收各项要求,并经监理单位认可签署意见后,向发包人提交"工程验收报告"。发包人收到"工程验收报告"后,应在约定的时间和地点,组织有关单位进行竣工验收。

发包人组织勘察、设计、施工、监理等单位按照竣工验收程序,对工程进行核查后,应做出验收结论,并形成"工程竣工验收报告",参与竣工验收的各方负责人应在竣工验收报告上签字并盖单位公章。

通过竣工验收程序,办完竣工结算后,承包人应在规定期限内向发包人办理工程移交手续。

4)工程项目的回访与保修

工程竣工验收、交付用户使用后,按照合同和有关的规定,在保修期内施工单位应抱着对用户认真负责的态度做好回访工作,征求用户意见:一方面能帮助用户解决使用中存在的一些问题,使用户满意;另一方面通过回访发现问题以便在今后的工作中改进施工工艺,不断提高工程质量和企业信誉。

(1)保修期

保修期是在我国发政委颁发的《施工企业为用户负责守则》中明确规定的。它是指在工程项目交付使用后,在有关规定的时间内,施工单位必须承担因施工原因引起的质量缺陷的修补工作阶段。按照国际惯例,在 FIDIC 合同条件中把回访保修期称为缺陷责任期,在我国一般称为保修期。从回访保修期定义中我们可以看出保修的范围主要是指那些由于施工单位的责任,特别是由于施工工艺造成的工程质量不良的问题,而由用户使用不当造成的损坏者除外。

保修时间一般为 1~2 年。运用 FIDIC 合同条件管理的国际工程,在施工单位的工程款中,根据不同的工程情况业主每月扣留 10%,直到扣留的总数达到合同价格的 5%为止,扣留的这笔款项叫作保留金。保留金是施工单位的费用,它主要用来对施工质量的担保。保留金的返还主要有两步,第一步是在竣工证书签发后把 50%的保留金返还给施工单位;第二步是在保修期结束后把剩下的 50%返还回去。

(2)工程回访

①回访的方式:

一是季节性回访:对于安装工程,主要是冬季回访采暖系统、夏季回访空调系统。若发现问题,采取有效措施及时加以解决。

二是技术性回访:主要了解在工程施工过程中采用的新材料、新技术、新工艺、新设备等的技术性能和使用后效果,发现问题及时加以补救和解决;同时,也便于总结经验,获取科学依据,为改进、完善和推广创造条件。

三是保修期满前的回访:这种回访一般是在保修期即将结束之前进行。

②回访的方法:应由施工单位的领导组织生产、技术、质量、水电、合同、预算等有关方面的人员进行回访,必要时还可邀请科研方面的人员参加。回访时,由建设单位组织座谈会或意见听取会,并观察建筑物和设备的运转情况。回访必须认真,应解决好问题,不能把回访当成形式或走过场。

对所有的回访和保修都必须予以记录,并提交书面报告,作为技术资料归档。

思考题

6.1　针对一个简单的排风系统,请做一个预算书。

6.2　简述施工组织设计的内容和作用。

6.3　针对通风空调系统,简述试车检验内容。

6.4　作为项目经理,如何做好项目竣工的准备?

7

建筑设备安装工程监理及质量控制

7.1 建设工程监理概述

7.1.1 建设工程监理的概念

1)定义

建设工程监理也叫工程建设监理,属于国际上业主项目管理的范畴。建设工程监理是指监理单位受建设单位或项目法人的委托和授权,依据国家批准的工程项目建设文件、有关工程建设的法律、法规和工程建设监理合同及其他工程建设合同,对工程建设实施的监督管理。

建设工程监理的主体是社会监理单位;监理的对象是建设项目;实施监理要接受建设单位的委托;监理的目的是实现建设项目的投资目标;监理活动是微观监督管理活动。

建设工程监理可以是建设工程项目活动的全过程监理,也可以是建设工程项目某一实施阶段的监理,如设计阶段监理、施工阶段监理等。我国目前应用最多的是施工阶段监理。

2)建设项目监理的性质

(1)服务性

建设项目监理是指建设监理单位利用自己的知识、技能和经验,为建设单位提供高智能的监督管理服务,获得的报酬是脑力劳动的报酬,是技术服务性的报酬。

(2)独立性

监理单位是参与建设项目实施的第三方当事人,与承建单位及建设单位的关系是平等的、横向的。监理单位作为独立的专业公司受聘进行服务,因此它要建立自己的组织,确定自己的工作准则,运用掌握的方法和手段,根据自己的判断独立地开展工作。

(3)公正性

监理单位和监理工程师应当以公正的态度对待委托方和被监理方,站在第三方的立场上处理双方的矛盾,维护双方的合法权益。

(4)科学性

建设项目监理是一种高智能的技术服务,因此要遵循科学准则,以科学态度、采用科学的方法进行工作。

3)实施建设工程监理制度的必要性

建设工程监理是我国建设领域改革中建立的一项重要制度,自 1988 年开始试点,1993 年开始稳步推行,1996 年开始全面推行,1997 年纳入《中华人民共和国建筑法》,2001 年发布《建设工程监理规范》,2013 年对其进行了修订。其必要性主要有以下几点:

①改革传统的工程建设管理体制,即改变建设单位的自筹自管小生产方式,改变工程指挥部的政企不分管理方式。

②解决投资主体对技术和管理服务的社会需求问题,即形成一支社会化、专业化的支持力量,为投资者提供专门的高智能服务,提高其投资管理水平和承担风险的能力。

③建立社会主义建筑市场需要有中介组织以形成协调约束机制,维护市场经济秩序,即建立工程监理制度形成建筑市场的中介组织,监督承包者的建设行为,依法保护买卖双方的合法权益,从而促进规范化、有序化建筑市场的建立。

④与国际建筑市场接轨。国际上进行工程建设的惯例是实行咨询制度,我国无论是开展对外工程承包,还是引进外资进行建设,都要与国际惯例沟通。为了改善投资环境、增强国际承包的竞争能力,均需要建立建设工程监理制度。

4)建设工程监理的准则

建设项目监理应当遵循守法、诚信、公正、科学的准则。

(1)守法

依法监理,监理单位只能在核定的业务范围内开展工作。监理单位不得伪造、涂改、出租、出借、转让、出卖"资质等级证书"。建设项目监理合同一经双方签订,即具有一定的法律约束力,监理单位应认真履行,不得无故或故意违背自己的承诺。

(2)诚信

讲信用,实事求是,认真履行监理合同规定的义务和职责。

(3)公正

在处理监理中的矛盾时对委托方和被监理方一视同仁。为此,要培养良好的职业道德,不为私利而违心地处理问题;坚持实事求是,不唯上级或业主的意见是从;提高综合分析问题的能力,善于发现问题本质;不断提高自己的专业技术能力,以熟练地处理问题。

(4)科学

依据科学方案,运用科学手段,采取科学方法,进行符合科学规律的监理。

7.1.2 建设工程监理的主体

在项目的建设工程中,质量的控制首先应是合同的当事人,即发包人、承包人。合同的当事人均有权利和义务进行质量的控制,但是监督双方执行的应是工程师。

1）发包人

发包人可以是具备法人资格的国家机关、事业单位、国有企业、集体企业、私营企业、经济联合体和社会团体,也可以是依法登记的个人合伙,个体经营户或个人,即一切以协议、法院判决或其他合法完备手续取得发包人的资格,承认全部合同文件,能够而且愿意履行合同规定义务(主要是支付工程价款能力)的合同当事人。与发包人合并的单位、兼并发包人的单位,购买发包人合同和接受发包人出让的单位和人员(即发包人的合法继承人),均可成为发包人,履行合同规定的义务,享有合同规定的权利。发包人既可以是建设单位,也可以是取得建设项目总承包资格的项目总承包单位。

2）承包人

承包人是指具备与工程相应资质和法人资格的、并被发包人接受的合同当事人及其合法继承人。但承包人不能将工程转包或出让(如进行分包),应在合同签订前提出并征得发包人同意。承包人是施工单位。

在施工合同中,实行的是以工程师为核心的管理体系(虽然工程师不是施工合同当事人)。施工合同中的工程师是指监理单位委派的总监理工程师或发包人指定的履行合同的负责人,其具体身份和职责由双方在合同中约定。

工程师包括监理单位委派的总监理工程师或者发包人指定的履行合同的负责人两种情况。

3）发包人委托监理

发包人可以委托监理单位,全部或者部分负责合同的履行。工程施工监理应当依照法律、行政法规及有关的技术标准、设计文件和建设工程施工合同,对承包人在施工质量、建设工期和建设资金使用等方面,代表发包人实施监督。发包人应当将委托的监理单位名称、监理内容及监理权限以书面形式通知承包人。

监理单位委派的总监理工程师在施工合同中称为工程师。总监理工程师是经监理单位法定代表人授权,派驻施工现场监理组织的总负责人,行使监理合同赋予监理单位的权利和义务,全面负责受委托工程的建设监理工作。监理单位委派的总监理工程师姓名、职务、职责应当向发包人报送,在施工合同的专用条款中应当写明总监理工程师的姓名、职务、职责。

4）发包人派驻代表

发包人派驻施工场地履行合同的代表在施工合同中也称工程师。发包人代表是经发包人单位法定代表人授权,派驻施工现场的负责人,其姓名、职务、职责在专用条款内约定,但职责不得与监理单位委派的总监理工程师职责相互交叉。发生交叉或不明确时,由发包人法定代表人明确双方职责,并以书面形式通知承包人。

7.1.3 建设工程监理的主要工作内容

建设工程监理的主要工作内容简单而言可以概括为"三控制、三管理、一协调"。

1)"三控制"

"三控制"包括:投资控制、进度控制、质量控制。

(1)投资控制

投资控制是指在建设工程项目的投资决策阶段、设计阶段、施工阶段以及竣工阶段,把建设工程投资控制在批准的投资限额内,随时纠正发生的偏差,以保证项目投资管理目标的实现,力求在建设工程中合理使用人力、物力、财力,取得较好的投资效益和社会效益。投资控制贯穿于项目建设的全过程,是动态的控制过程。要有效地控制投资项目,应从组织、技术、经济、合同与信息管理等多方面采取措施。从组织上采取措施,包括明确项目组织结构、明确项目投资控制者及其任务,以使项目投资控制有专人负责,明确管理职能分工;从技术上采取措施,包括重视设计方案选择,严格审查监督初步设计、技术设计、施工图设计、施工组织设计,深入技术领域研究节约投资的可能性;从经济上采取措施,包括动态的比较项目投资的实际值和计划值,严格审查各项费用支出,采取节约投资的奖励措施等。

(2)进度控制

进度控制是指对工程项目建设各阶段的工作内容、工作程序、持续时间和衔接关系,根据进度总目标及资源优化配置的原则,编制计划并付诸实施,然后在进度计划的实施过程中经常检查实际进度是否按计划进行,对出现的偏差情况进行分析,采取有效的补救措施,修改原计划后再付诸实施,如此循环,直到建设工程项目竣工验收交付使用。建设工程进度控制的最终目标是确保建设项目按预定时间交付使用或提前交付使用;进度控制的总目标是建设工期。影响建设工程进度的不利因素很多,如人为因素,设备、材料及构配件因素,机具因素,资金因素,水文地质因素等。常见影响建设工程进度的人为因素有:

①建设单位因素:如建设单位因使用要求改变而进行的设计变更,不能及时提供建设场地而满足施工需要。不能及时向承包单位、材料供应单位付款;

②勘察设计因素:如勘察资料不准确,特别是地质资料有错误或遗漏,设计有缺陷或错误,设计对施工考虑不周、施工图供应不及时等;

③施工技术因素:如施工工艺错误、施工方案不合理等;

④组织管理因素:如计划安排不周密、组织协调不利等。

(3)质量控制

质量控制是指工程满足建设单位需要,符合国家法律、法规、技术规范标准、设计文件及合同规定的特性综合。建设工程作为一种特殊的产品,除具有一般产品共有的质量特性(如适用性、寿命、可靠性、安全性、经济性等满足社会需要的使用价值和属性)外,还具有特定的内涵,主要表现在适用性、耐久性、安全性、可靠性、经济性与环境的协调性方面。工程建设的不同阶段,对工程质量的形成起到不同的作用和影响。影响工程质量的因素很多,归纳起来主要有五个方面——人员素质、施工设备、工程材料、工艺方法、环境条件。

2)"三管理"

"三管理"指的是合同管理、安全管理和风险管理。

(1)合同管理

合同是工程监理中最重要的法律文件,是订立双方责、权、利的证明文件。建设工程的合同管理是项目监理机构的一项重要的工作,整个工程项目的监理工作即可视为设计、施工合同管理的全过程。

（2）安全管理

建设单位施工现场安全管理包括两层含义:一是指工程建筑物本身的安全,即工程建筑物的质量是否达到了合同的要求;二是施工过程中人员的安全,特别是与工程项目建设有关各方在施工现场施工人员的生命安全。

监理单位应监理安全监理管理体制,确定安全监理规章制度,检查指导项目监理机构的安全监理工作。

（3）风险管理

风险管理是对可能发生的风险进行预测、识别、分析、评估,并在此基础上进行有效的处置,以最低的成本实现最大目标保障。工程风险管理是为了降低工程中风险发生的可能性,减轻或消除风险的影响,已最低的成本取得对工程目标保障的满意结果。

3)"一协调"

"一协调"主要指的是项目监理机构的组织、协调工作。

工程项目建设是一项复杂的系统工程。在系统中,活跃着建设单位、承包单位、勘察实际单位、监理单位、政府行政主管部门以及与工程建设有关的其他单位。其中,监理单位由建设单位委托、授权,代表建设单位对整个工程项目的实施过程进行监督与管理,拥有委托监理合同及有关法律、法规赋予的相关监督、协调、管理权利。同时,监理单位派出的监理人员都是经过考核的"有技术、会管理、懂经济、通法律"专业人员,通常要比建设单位的管理人员有着更高的管理水平、管理能力和监理经验,可以对工程项目建设整个过程进行有效的组织协调,实现工程项目监理目标。

7.2 建筑安装工程施工管理

7.2.1 建筑安装工程监理的依据和内容

1)依据

根据《建筑法》的规定,进行建设项目监理的主要依据有:
①法律、行政法规。
②技术标准。
③设计文件。
④合同,包括施工合同、采购合同、委托监理合同和其他相关合同。

2)内容

施工阶段的建设监理内容主要有:

①进行目标规划,即围绕项目的投资、进度、质量目标,进行研究确定、分解综合、安排计划、风险分析与规划、制定措施,为目标控制提供前提或条件。

②目标控制,即在项目实施过程中,通过对过程和目标的跟踪,全面、及时、准确地掌握信息,将实际达到的目标和计划目标(或标准)进行对比,发现偏差,采取措施纠正偏差;以促进总目标的实现。控制目标包括投资目标、进度目标与质量目标。

③组织协调,即疏通项目实施中的各种关系以解决矛盾,排除干扰,促进控制,实现目标。

④信息管理,即在项目实施过程中,现场监理组织对需要的信息进行收集、整理、处理、储存、传递、应用等一系列工作,为目标控制提供基础。

⑤合同管理,即现场监理组织根据监理合同的要求对施工合同的签订、履行、变更和解除进行监督、检查,对合同双方的争议进行调解和处理,以保证合同依法签订和全面履行。

7.2.2 建筑安装工程项目监理程序

1)制定监理工作程序的一般规定

《建设工程监理规范》对制定监理工作程序的一般规定有:

①制定监理工作总程序应根据专业工程特点,并按工作内容分别制定具体的监理工作程序。

②制定监理工作程序应体现事先控制和主动控制的要求。

③制定监理工作程序应结合工程特点,注重监理工作效果。监理工作程序中应明确工作内容、行为主体、考核标准、工作时限。

④当涉及建设单位和承包单位的工作时,监理工作程序应符合委托监理合同和施工合同的规定。

⑤在监理工作实施过程中,应根据实际情况的变化对监理工作程序进行调整和完善。

2)工程项目施工监理程序

(1)确定项目总监理工程师,成立项目监理组织

总监理工程师是由监理单位法定代表人书面授权,全面负责委托监理合同的履行,主持项目监理机构工作的监理工程师。监理单位应根据项目的规模、性质、建设单位对监理的要求,委派称职的人员担任项目的总监理工程师,代表监理单位全面负责该项目的监理工作。总监理工程师对内向监理单位负责,对外向业主负责。

监理任务确定后,应在总监理工程师的主持下,组建项目监理机构,并根据签订的监理委托合同制定监理规划和具体的实施计划,开展监理工作。

(2)搜集监理依据,编制项目监理规划

对于收集监理依据,主要应收集反映建设项目特征的有关资料,反映当地建设政策、法规的资料,以及工程所在地区技术经济状况等建设条件的资料,类似工程建设情况的有关资料。

监理规划是在监理工程师的主持下编制,经监理单位技术负责人批准,用来指导项目监理机构全面开展监理工作的指导性文件。

在编制监理规划之后,应编写监理实施细则,它是由专业监理工程师根据监理规划编写并

经总监理工程师批准,并针对工程项目中某一专业或某一方面监理工作的操作性文件。

（3）根据监理规划和监理实施细则,规范地开展监理工作

使监理工作的时序性、职责分工的严密性和工作目标的明确性均呈良好状态。

（4）参加项目的竣工预验收,签署监理意见

监理业务完成后,向业主提交监理档案资料,包括监理设计变更、工程变更资料、监理指令文件、各种签证资料、其他约定提交的档案资料。

（5）进行监理工作总结

主要包括的内容是:

a.向建设单位提交的工作总结,包括监理委托合同履行情况、监理任务或监理目标的完成情况、由建设单位提供的用品清单、表明监理工作终结的说明。

b.向监理单位提交的工作总结,包括监理工作经验、监理方法经验、技术经济措施经验、协调关系的经验。

c.存在的问题及改进意见。

3) 监理机构与承包人之间的关系

（1）承包单位的项目经理部有义务向项目监理机构报送有关方案

承包单位的项目经理部是代表承包单位履行施工合同的现场机构,它应按照施工合同及监理规范的有关规定,向项目监理机构报送有关文件供监理机构审查,并接受项目监理机构的审查意见。

承包单位在完成了隐蔽工程施工、材料进场后应报请项目监理机构进行现场验收。这是项目监理机构的义务和权力,也是保证监理工作效果的一个重要手段。

（2）承包单位应接受项目监理机构的指令

《建筑法》规定:工程监理人员认为工程施工不符合工程设计要求、施工技术标准或合同约定的,有权要建筑施工企业改正;实施建筑工程监理前,建设单位应当将委托的工程监理单位、监理内容及监理的权限,书面通知被监理的建筑施工企业。这就规定了在监理的内容范围和权限内,承包单位应当接受监理人员对于承包单位不履行合同约定、违反施工技术标准或设计要求所发出的有关监理工程师指令。应该强调的是,基本的监理服务内容是不能减少的,基本的监理权限也是不可缺少的。

对于项目监理机构中的总监理工程师代表或专业监理工程师发出的监理指令,承包单位的项目经理部认为不合理时,应在合同约定的时间内书面要求总监理工程师进行确认或修改。如果总监理工程师仍决定维持原指令,承包单位应执行监理指令。

（3）项目监理机构与承包单位的项目管理机构是平等的

项目监理机构与承包单位的管理人员都是为了工程项目的建设而共同工作的,承包单位的任务是提供工程建设产品,并对所生产或建设的产品（包括工程的质量、进度和合同造价）负责,监理单位提供的是针对工程建设项目的监理服务,对自己所提供的监理服务水平和行为负责。双方只是分工不同,不存在地位高低或谁领导谁的问题。

双方都应遵守工程建设的有关法律、行政法规和工程技术标准或规范、工程建设的有关合同。在施工阶段,双方都应该按照经过审查批准的施工设计文件组织施工或提供监理服务。

7.2.3　施工准备阶段的监理工作及工地例会

1)施工准备阶段的监理工作

(1)组建项目监理机构,并进驻施工现场

建立项目监理机构是实现监理工作目标的组织保证。在这一阶段,监理单位应按中标通知书或委托监理合同的规定、投标承诺的人员进场计划及中标通知(或合同)要求,迅速将相关人员派到现场,建立起工作制度,明确人员职责,使项目监理机构开始运转工作。

(2)参加设计交底

①设计交底前,总监理工程师必须组织监理人员熟悉、了解图纸,了解工程特点、工程地质和水文条件、施工环境、环保要求等。

②熟悉设计主导思想、建筑艺术构思和要求,采用的设计规范和施工规范,确定的抗震烈度,基础、结构、装修、机电设备设计(包括设备选型)等。

③熟悉对土建施工(基础、主体结构、装修)和设备安装施工的要求,对主要建筑材料的要求,对所采用新技术、新工艺、新材料的要求,以及施工中应特别注意的事项等。

④设计单位对承包单位和监理机构提交的图纸会审记录予以答复。

⑤在设计交底会上确认的设计变更应由建设单位、设计单位、承包单位和监理单位确认。

⑥一般情况下,承包单位负责整理设计交底会议纪要,经设计单位、建设单位、承包单位和监理单位签认后分发有关各方。

⑦若分期分批供图,应通过建设单位确定分批进行设计交底的时间安排。

(3)施工组织设计审查

①审查程序:

a.在工程项目开工前约定的时间(一般为7天)内,承包单位必须完成施工组织设计的编制及自审工作,并填写《施工组织设计(方案)报审表》。

b.总监理工程师应在约定的时间(一般为7天)内,组织专业监理工程师审查,提出意见后,由总监理工程师审定批准。需要承包单位修改时,由总监理工程师签发书面意见,退回承包单位修改后再报审,总监理工程师重新审定。

c.已审定的施工组织设计由项目监理机构报送建设单位。

d.承包单位应按审定的施工组织设计文件组织施工。若需对其内容做较大变更,应在实施前将变更内容书面报送项目监理机构审定。

e.规模大、结构复杂或属新结构、特种结构的工程,项目监理机构对施工组织设计审查后,还应报送监理单位技术负责人审查,提出审查意见后由总监理工程师签发。必要时可与建设单位协商,组织有关专业部门和有关专家会审。

f.规模大、工艺复杂的工程、群体工程或分期出图的工程经建设单位批准可分阶段报审施工组织设计;技术复杂或采用新技术的分项、分部工程,承包单位还应编制该分项、分部工程的施工方案,报项目监理机构审查。

②审查原则:

a.程序要符合要求。

b.施工组织设计应符合当前国家基本建设的方针和政策,突出"质量第一、安全第一"的原则。

c.施工组织设计中工期、质量目标应与施工合同相一致。

d.施工总平面图的布置应与地貌环境、建筑平面协调一致。

e.施工组织设计中的施工布置和程序应符合本工程的特点及施工工艺,满足设计文件要求。

f.施工组织设计应优先选用成熟的、先进的施工技术,且对本工程的质量、安全和降低造价有利。

g.进度计划应采用流水施工方法和网络计划技术,以保证施工的连续性和均衡性,且工、料、机进场计划应与进度计划保持协调性。

h.质量管理和技术管理体系健全,质量保证措施切实可行且有针对性。

i.安全、环保、消防和文明施工措施切实可行并符合有关规定。

j.总监理工程师批准的施工组织设计,实施过程中如出现问题,不解除承包单位的责任。由此引起的质量缺陷改正、工期延长、技术措施费用的增加,不应成为施工单位索赔的依据。

(4)审查承包单位项目管理机构的质量管理、技术管理和质保体系

施工单位健全的质保体系,对取得良好的施工效果具有重要作用。因此,项目监理机构一定要检查、督促施工单位不断健全及完善质保体系,这是搞好监理工作的重要环节,也是取得好的工程质量的重要条件。

①承包单位应填写《承包单位质量管理体系报验申请表》,向项目监理机构报送项目经理部的质量管理、技术管理和质量保证体系的有关资料。

②审核质量管理、技术管理和质量保证体系。

③经总监理工程师审核,承包单位的质量保证体系和技术管理体系均符合有关规定并满足工程需要后,予以签认。

(5)审查分包单位资格

①承包单位对部分分部、分项工程(主体结构工程除外)实行分包必须符合施工合同的规定。

②对分包单位资格的审核应在工程项目开工前或拟分包的分项、分部工程开工前完成。

③承包单位应填写《分包单位资格报审表》,附上经其自审认可的分包单位的有关资料,报项目监理机构审核。

④项目监理机构和建设单位认为必要时,可会同承包单位对分包单位进行实地考察,以验证分包单位有关资料的符合性。

⑤分包单位的资格符合有关规定并满足工程需要,由总监理工程师签发《分包单位资格报审表》予以确认。

⑥分包合同签订后,承包单位应填写《分包合同报验申报表》,并附上分包合同报送项目监理机构备案。

⑦项目监理机构若发现承包单位存在转包、肢解分包、层层分包等情况,应签发《监理工程师通知单》予以制止,同时报告建设单位及有关部门。

⑧总监对分包单位资格的确认不解除总包单位应负的责任。

（6）施工测量放线控制成果审查

施工测量放线是指开工前的交桩复测及施工单位建立的控制网,水准点的核查。

①专业监理工程师审核测量成果及现场查验桩、线的准确性及桩点、桩位保护措施的有效性,符合规定时,予以签认,完成交桩过程。

②当施工单位对交验的桩位通过复测提出质疑时,应通过建设单位约请政府规定的规划勘察部门或勘察设计单位复核红线桩及水准点引测的结果,最终完成交桩过程,并通过会议纪要的方式予以确认。

（7）审查《开工报告》

承包单位认为施工准备工作已完成,具备开工条件时,应向项目监理机构报送《工程开工报审表》。项目监理机构应按以下内容进行审查：

①政府建设主管部门已签发《建设工程施工许可证》。

②征地拆迁工作能够满足工程施工进度的需要。

③施工图纸及有关设计文件已齐备。

④施工现场的场地、道路、水、电、通信和临时设施已满足开工要求,地下障碍物已清除或查明。

⑤施工组织设计（施工方案）已经项目监理机构审定。

⑥测量控制桩已经项目监理机构复验合格。

⑦施工人员已按计划到位,施工设备、料具已按需要到场,主要材料供应已落实。

经专业监理工程师核查,具备开工条件时报项目总监,由总监理工程师签发《工程开工报审表》,并报送建设单位备案。若委托监理合同规定需建设单位批准,则项目总监审核后应报建设单位,由建设单位批准,工期自批准之日起计算。

2）第一次工地会议

一般应在承包单位和项目监理机构进驻现场后、工程开工前召开第一次工地会议,并由建设单位主持。与会人员包括：

①建设单位驻现场代表及有关职能部门人员。

②承包单位项目经理部经理及有关职能部门人员,分包单位主要负责人。

③项目监理机构总监理工程师及主要监理人员。

④可邀请有关设计人员参加。

第一次工地会议应包括以下内容：

①建设单位、承包单位和监理单位分别介绍各自驻现场的组织机构、人员及其分工。

②建设单位根据监理委托合同宣布对总监理工程师的授权。

③建设单位介绍开工准备情况。

④承包单位介绍施工准备情况。

⑤建设单位和总监理工程师对施工准备情况提出意见和要求。

⑥总监理工程师介绍监理规划的主要内容。

⑦研究确定各方在施工过程中参加工地例会的主要人员,召开工地例会周期及主要议题。

第一次工地会议纪要应由项目监理机构负责起草,并经各方与会代表会签。

3)工地例会

在施工过程中,总监理工程师应定期主持召开工地例会。会议纪要由项目监理机构负责起草,并经各方代表会签。

一般情况下,工地例会的内容包括:

①检查上次例会议定事项的落实情况,分析未完事项原因。

②检查分析进度计划完成情况,提出下一阶段进度目标及其落实措施。

③检查分析工程质量状况,针对存在的质量问题提出改进措施。

④检查工程量核定及工程款支付情况。

⑤解决需要协调的有关事项。

⑥其他有关事宜。

总监理工程师或专业监理工程师应根据需要及时组织专题会议,解决施工过程中的各种专项问题。

7.3 建筑安装工程材料设备的质量控制

任何建筑安装工程均是围绕着施工合同进行的。招标、投标是项目合同的前期准备工作,合同生效后,则是项目的具体运作过程。施工过程中,其质量的控制则是合同中的当事人及项目的参与者共同的作用。

工程建设的材料设备供应的质量控制,是整个工程质量控制的基础。建筑材料、构配件生产及设备供应单位对其生产或者供应的产品质量负责。而材料设备的需方则应根据买卖合同的规定进行质量验收。《施工合同文本》对材料设备供应做了相关规定。

7.3.1 材料设备的质量及其要求

1)材料生产和设备供应单位应具备法定条件

建筑材料、构配件生产及设备供应单位必须具备相应的生产条件、技术装备和质量保证体系,具备必要的检测人员和设备,严把产品看样、订货、储存、运输和核验等质量检查。

2)材料设备质量应符合的要求

①符合国家或者行业现行有关技术标准规定的合格标准和设计要求。

②符合在建筑材料、构配件及设备或其包装上注明采用的标准,符合以建筑材料、构配件及设备说明、实物样品等方式表明的质量状况。

3)材料设备或其包装上的标识应符合的要求

①有产品质量检验合格证明。

②有中文标明的产品名称、生产厂家、厂名和厂址。

③产品包装和商标样式符合国家有关规定和标准要求。

④设备应有详细的产品使用说明书,电气设备还应附有线路图。

⑤实施生产许可证或使用产品质量认证标识的产品,应有许可证或质量认证的编号、批准日期和有效期限。

7.3.2 发包人供应材料设备时的质量控制

1)双方约定发包人供应材料设备的一览表

对于由发包人供应的材料设备,双方应当约定发包人供应材料设备的一览表,作为合同附件。一览表的内容应当包括材料设备的种类、规格、型号、数量、单价、质量等级、提供的时间和地点。发包人按照一览表的约定提供材料设备。

2)发包人供应材料设备的清点

发包人应当向承包人提供其供应材料设备的产品合格证明,对其质量负责。发包人应在其所供应的材料设备到货前 24 h,以书面形式通知承包人,由承包人派人与发包人共同清点。

3)材料设备清点后的保管

发包人供应的材料设备经双方共同清点后由承包人妥善保管,发包人支付相应的保管费用。发生损坏丢失,由承包人负责赔偿。发包人不按规定通知承包人清点,发生的损坏丢失由发包人负责。

4)发包人供应的材料设备与约定不符时的处理

发包人供应的材料设备与约定不符时,应当由发包人承担有关责任,具体按照下列情况进行处理:

①材料设备单价与合同约定不符时,由发包人承担所有差价。

②材料设备种类、规格、型号、数量、质量等级与合同约定不符时,承包人可以拒绝接收保管,由发包人运出施工场地并重新采购。

③发包人供应材料设备的规格、型号与合同约定不符时,承包人可以代为调剂串换,由发包人承担相应的费用。

④到货地点与合同约定不符时,由发包人负责运至合同约定的地点。

⑤供应数量少于合同约定的数量时,发包人将数量补齐;多于合同约定的数量时,发包人负责将多出部分运出施工场地。

⑥到货时间早于合同约定时间,由发包人承担因此发生的保管费用;到货时间迟于合同约定的供应时间,由发包人承担相应的追加合同价款。发生延误,相应顺延工期,发包人应赔偿由此给承包方造成的损失。

5)发包人供应材料设备的重新检验

发包人供应的材料设备进入施工现场后需要重新检验或者试验的,由承包人负责检验或试验,费用由发包人负责。即使在承包人检验通过之后,如果又发现材料设备有质量问题的,发包人仍应承担重新采购及拆除重建的追加合同价款,并相应顺延由此延误的工期。

7.3.3 承包人采购材料设备的质量控制

对于合同约定由承包人采购的材料设备,应当由承包人选择生产厂家或者供应商,发包人不得指定生产厂家或者供应商。

1)承包人采购材料设备的清点

承包方根据专用条款的约定及设计和有关标准要求采购工程需要的材料设备,并对其质量负责。承包人在材料设备到货前24小时通知工程师清点。

2)承包人采购的材料设备与设计要求不符时的处理

承包人采购的材料设备与设计要求或者标准要求不符时,由承包人按照工程师要求的时间运出施工场地,重新采购符合要求的产品,并承担由此发生的费用,由此延误的工期不予顺延。

若工程师不能按时到场清点,事后发现材料设备不符合设计要求或者标准要求时,仍由承包人负责修复、拆除或者重新采购,并承担发生的费用,由此造成的工期延误可以相应顺延。

承包人采购的材料设备在使用前,应按工程师的要求进行检验或试验,不合格的不得使用,检验或试验费用由承包人承担。

3)承包人使用代用材料

承包人需要使用代用材料时,须经工程师认可后方可使用,由此增减的合同价款由双方以书面形式议定。

7.4 建筑设计监理

7.4.1 工程设计及设计监理的概念

工程设计是指工程项目建设决策完成后,对工程项目的工艺、土建、配套工程设施等进行综合规划设计及技术经济分析,并提供设计文件和图纸等工程建设依据的工作。工程设计按工作进程和深度的不同,一般分为方案设计、初步设计、技术设计和施工图设计(包括施工期间的设计变更)。不同的工程项目,其设计阶段的划分也有所不同,例如:大型复杂的工程项目,首先要进行方案选优,再进行初步设计、技术设计、施工图设计;小型工程项目则可以以方案设计代替初步设计,而后直接进行施工图设计。

设计是工程项目质量控制、成本控制的起点,有时还直接影响工程进度。有效地组织建筑工程设计监理对保证设计质量、控制建设投资和如期开工建设等也是十分有益的。工程项目设计监理就是监理单位运用自身的知识、技能和专业技术以满足业主对项目的需求和期望,通过在工期、投资和质量之间寻求最佳平衡点,以使业主获得最大效益,从而实现对工程项目投资、进度和质量的控制。

设计在工程建设中具有关键性作用,是提高工程项目投资效益、社会效益、环境效益的前提要素。对工程设计进行有效监督管理,具有以下重要意义:① 能够发挥专家的群体智慧,保障业主决策的正确性;② 有利于工程的质量控制;③ 有利于工程的投资控制;④ 有利于勘察设计市场管理。

7.4.2 设计监理的制度

(1)技术磋商制度

重大技术问题由总监理工程师组织专业监理工程师与设计单位进行技术磋商,一般技术问题由专业监理工程师直接与设计单位进行技术磋商,协商解决审查设计文件中发现的问题并形成文件,由专业监理工程师跟踪落实。

(2)设计变更审查制度

设计阶段无论哪一方(建设单位或设计单位)提出设计变更,均要由监理工程师审核设计变更的必要性及其在费用、时间、质量、技术等方面的可行性。

(3)设计图纸检查、审查制度

设计单位应对完成的分项工程施工图认真进行自检、互检、审核和审定,合格后报监理工程师复核,经专业监理工程师签署检查验收意见后,再经总监理工程师核准后签发。对不符合质量标准和要求的,退回设计单位整改。

(4)监理例会制度

每周召开专业监理工程师碰头会,研究本周工作重点和本周工作安排,解决专业之间的技术问题。每月初召开一次监理工作会议,对监督设计工作质量、进度、投资控制的工作进行总结,安排研究下月工作。

(5)监理报表制度

及时填报监理周记、设计图纸质量检查纪录、设计图纸会审记录、项目预算审查记录、设计变更通知书及设计文件质量确认记录等有关报表。每周编写一次设计监督动态。

(6)监理信息资料管理制度

由专人管理各类资料和文件,及时登记造册,妥善保存。资料外借必须履行借阅手续,以防丢失。做好监理信息报表、通知、会议纪要的收集、整理、归档工作。

7.4.3 设计监理的职责

设计监理是项目管理的一个重要组成部分,其职责范围根据各单位的性质和分工的差异有所不同。一般来说,设计监理的职责范围包括:参与评选设计方案;参与选择勘察设计单位,协助业主签订勘察设计合同;监督初步设计和施工图设计工作的执行,控制设计质量,并对成果进行审核;控制设计进度满足建设进度要求;审核设计概(预)算,实施或协助实施投资控制;参与工程主要设备选型;参与工程设计交底和竣工验收;协调设计单位与有关各方的关系。

1)编写"设计导则",优选设计单位

业主对设计单位的选定可以采取设计招标及设计方案竞赛等方式。设计监理单位应为业

主提供完善的设计任务书供设计单位投标。设计监理单位可以从方案评审阶段就开始介入,通过了解同类项目的建设经验,采取扬长避短的方式总结与优化方案,使设计方案最大程度满足建筑主体功能的需求。设计监理单位应牵头对方案作技术经济优选比较,最终为业主选取优选方案。

2)通过设计总包带动整体设计

随着我国市场经济的快速发展和经济体制改革的不断深入,大型建设项目的管理也发生了变化。项目业主以市场经济的思维方法构思项目管理组织的模式,形成了以投资多元化、管理社会化、经营市场化为原则建立工程项目管理组织的总体构想。对于复杂的大型项目,由于建设工期紧、技术难度大,使用功能要求高,项目涵盖多专业设计,任何一个设计单位要独立完成设计任务可能都会存在较大困难。业主为了实现对本项目设计工作的有力统一协调与管理,可以采用设计总承包模式。在这种管理模式中,业主将项目设计全权委托给设计总承包单位,由设计总承包单位直接进行专项设计分包,该设计总承包单位在项目设计上向业主负全部责任,同时由设计管理单位对分包单位的资质、业绩及人员架构情况进行监督。这种模式通过一个有经验的设计总承包单位,直接把参与项目设计的各分包单位有机地结合起来,形成一个自上而下的、严密的纵向管理体系。

设计总承包单位以总包方的身份全面负责整个项目的设计工作,并直接承担主要设计任务,同时对参与设计的各分包单位的设计质量、设计进度、投资控制等目标实施全方位管理和调控,从而最大限度地确保整体设计工作的成果达到优质、高效、经济、合理的目标。

设计监理的任务就是对总包设计单位针对上述内容进行分类管理。

3)加强设计策划,把握主要控制点

对于建设工期紧、技术难度大的项目,为确保项目的技术和功能方面的特殊要求,确保项目的先进性、科学性、针对性和可靠性。行业中领先的专项分包设计单位进行专项设计。为了推进设计计划、合理统筹控制工程进度和建设工期,加强各专业的协调、配合工作,设计监理单位必须加强设计策划,把握主要控制点。

（1）加强设计计划管理

设计计划对于工程项目能否按时完成具有重要的意义,在实际工作中,不仅设计工作进度会影响项目整体进度,而且设计方案、总体规划、建筑与设备系统的配合等方面的设计工作质量也会影响项目进度。设计计划除了考虑可能会出现的反复修改方案等情况外,还应对处理变更,问题解答等的及时性做出规定。

①设计计划的内容包括:设计依据和范围、设计的原则和要求、组织机构及职责分工。质量保证程序和要求、进度计划和主要控制点、技术经济要求、安全和环保要求等。

②设计计划除应满足合同约定的质量目标与要求、相关的质量规定和标准外,还应同时满足企业的质量方针与质量管理体系及相关管理体系的要求。

③设计计划应明确项目费用控制指标、设计人工时指标和限额设计指标,并建立项目设计执行效果测量基准。

④设计进度计划应符合项目总进度计划的要求,充分考虑设计工作的内部逻辑关系及资

源分配、外部约束等条件,并应与工程勘察、采购、施工、试运行等进度协调。

（2）检查和验证设计计划的实施

为有效地通过规定的工作来实施设计计划,并根据客观变化了的情况,及时有效地调整设计计划,明确设计计划的控制点,设计监理单位应加强与设计单位协调以确保设计计划目标的实现,推动计划实施的进度。

①督促设计单位严格执行已批准的设计计划,以满足计划控制目标的要求。

②通过建立设计技术总协调组,满足计划控制目标的要求,督促各设计单位建立设计协调程序,让有关专业之间能及时互提条件,协调和控制好各个专业之间的接口关系。

③建立设计文件及图纸审查程序,按计划进行设计评审,并保存评审记录。

④协调设计工作按计划与采购、施工等进行有序的衔接并处理好接口关系。

⑤审查初步设计或基础工程设计文件时,检查设计文件是否满足编制施工招标文件。主要设备材料订货和编制施工图设计或详细工程设计文件的需要。审查施工图或详细工程设计文件时,检查其是否满足设备材料采购、非标准设备制作和施工及运行的需要。

⑥检查设计选用的设备材料是否在设计文件中注明其规格、型号、性能、数量等,其质量要求是否符合现行标准的有关规定。

⑦在施工前,检查设计单位是否及时进行设计交底,说明设计意图,解析设计文件,明确设计要求。

⑧根据合同约定,督促设计单位提供试运行阶段的技术服务。

为顺利按期推进工程设计计划,设计监理管理单位应主动跟进项目建设所涉及的各设计单位（包括项目设计总包单位和各专项设计分包单位）、做好全程的设计协调、配合和服务工作。

对于项目设计主要的控制点,设计监理单位应组织有关行政管理部门进行设计工作中的专项协调,如市政、消防、环保等部门。为有效地推进工程按计划顺利进行,设计监理管理单位还应组织专家论证会对建筑的功能需求等可行性问题进行论证,保证高质量的设计成果。

（3）加强设计图纸审查,控制工程质量和造价

设计单位完成各阶段的可交付设计成果后,设计监理单位及时组织相关单位对可交付成果进行审查。在审查过程中,首先审查设计单位是否严格遵守有关工程建设及质量管理方面的法律、法规;是否严格遵守有关工程建设的技术标准;设计项目是否满足业主所需要的功能和使用要求。通过加强对设计图纸的审查,有效地控制了工程的质量和造价。

设计质量控制工作主要包括对设计人员资格管理、设计策划、技术方案评审、设计文件校审、设计变更的控制,其中设计变更是设计管理中最重要的一个控制点。在项目的实施过程中,不可预见的因素很多,不可避免会发生一些设计变更,特别是在施工图设计阶段发生的变更,它会直接影响项目实施的进度、质量和投资控制。因此,设计监理单位应制订设计变更管理办法,对设计变更进行缜密的技术经济比较和技术把关,严格控制变更的发生,所有设计变更必须经设计监理单位同意后才能报业主审批。

对非发生不可的设计变更,则希望发生得越早越好,变更发生得越早,则损失越小,反之就越大。如果在设计阶段变更,只需修改图纸,其他费用尚未发生,损失有限;如果在采购阶段变更,不仅需要修改图纸,还必须重新采购设备材料;若在施工阶段变更,除上述费用外,已施工的工程还须拆除,势必造成重大变更损失。为此,要建立相应的设计监理制度,尽可能把设计

变更控制在设计阶段,对影响工程造价的重大设计变更,需进行由多方人员参加的技术经济论证,获得有关管理部门批准后方可进行,使工程质量和造价得到有效控制。

在项目投资控制工作中,应从工程的方案设计、工程技术、工程招标等方面入手,以达到控制工程的投资,节约建设成本的目标。在某些工程中,设计监理单位要求设计单位进行实行限额设计。限额设计是成本控制的重要方法,它是整个工程项目建设投资控制系统中的重要措施。

(4)充分发挥专家的顾问特长,提高咨询水平

随着国家改革开放的不断深化,建筑产业有了突飞猛进的发展,特别是城市建设进入新的发展阶段,各类设计新颖、功能齐全、运行智能化的建筑以及新科技、新材料。新工艺不断涌现,这就要求设计管理单位在注重人才建设的同时,应充分发挥高级专家的顾问作用。

为了顺利推进项目建设的进度,及时解决设计中的技术疑难问题,对于大型特殊项目,业主可能要组织聘请国内建筑工程领域的知名专家教授,组成专家顾问团为项目服务。由于技术专家以自身工作经历积累了丰富的经验,在方案设计和初步设计阶段针对项目提供大量的科学论证和技术服务,提出很多解决设计疑难的方案、方法和建议。

为了统一管理、加强技术沟通与协调,设计监理单位安专业组织成为职能小组,各小组分工负责,定期召开专家咨询例会,以门类齐全的专业知识,在设计的质量、进度、造价、合同管理、组织协调等方面发挥了重要的作用,提高咨询服务水平。

7.4.4 设计监理的"三大控制"

工程项目设计阶段是质量、投资控制的关键阶段,必须处理好质量和投资两者间的关系。质量和投资两者之间,质量是核心,投资是由质量决定的。首先应使项目的质量在符合现行规范和标准的条件下,满足业主所需的功能和使用价值。此外,也不能不顾及投资的限制而过分地追求功能齐全、质量标准高。合理的投资,是指满足业主所需功能条件下,所付出的费用最小。设计监理的目的,也正是要通过对项目质量目标和水平的控制,进而达到对项目投资的控制。

1)投资控制

(1)投资控制的任务

在设计阶段,监理单位投资控制的主要任务是通过收集类似的建设工程投资数据和资料,协助业主制定建设工程投资目标规划;开展技术经济分析等活动,协调和配合设计单位,力求使设计投资合理化;审核概(预)算,提出改进意见,优化设计,最终满足业主对建设工程投资的经济性要求。

(2)投资控制的主要工作

对建设工程总投资进行论证,确认其可行性;组织设计方案竞赛或设计招标,协助业主确定对投资控制有利的设计方案;伴随着各阶段设计成果的输出,制定建设工程投资目标分系统,为本阶段和后续阶段投资控制提供依据;在保障设计质量的前提下,协助设计单位开展限额设计工作;编制本阶段资金使用计划,并进行付款控制;审查工程概算、预算,在保证建设工程具有安全可靠性、适用性的基础上,概算不超估算,预算不超概算;进行设计挖潜,节约投资;对设计进行技术经济分析、比较、论证,寻找一次性投资少而寿命长、经济效益好的设计方案等。

2）进度控制

（1）进度控制的主要任务

在设计阶段，监理单位进度控制的主要任务是根据建设工程总工期要求，协助业主确定合理的设计工期要求；根据设计的阶段性输出，由"粗"而"细"地制订建设工程总进度计划，为建设工程进度控制提供前提和依据；协调各设计单位一体化开展设计工作，力求使设计能按进度计划要求进行；按合同要求及时、准确、完整地提供设计所需要的基础资料和数据；与外部有关部门协调相关事宜，保障设计工作顺利进行。

（2）进度控制的主要工作

对建设工程进度总目标进行论证，确认其可行性；根据方案设计、初步设计和施工图设计，制订建设工程总进度计划、建设工程总控制性进度计划和本阶段实施性进度计划，为本阶段和后续阶段进度控制提供依据；审查设计单位设计进度计划，并监督执行；编制业主方材料和设备供应进度计划，并实施控制；编制本阶段工作进度计划，并实施控制；开展各种组织协调活动等。

3）质量控制

（1）质量控制的主要任务

设计阶段质量控制的主要任务是了解业主建设需求，协助业主制定建设工程质量目标规划（如设计要求文件）；根据合同要求及时、准确、完善地提供设计工作所需的基础数据和资料；配合设计单位优化设计，并最终确认设计符合有关法规要求，符合技术、经济、财务、环境条件要求，满足业主对建设工程的功能和使用要求。

（2）质量控制的主要工作

建设工程总体质量目标论证；提出设计要求文件，确定设计质量标准；利用竞争机制选择并确定优化设计方案；协助业主选择符合目标控制要求的设计单位；进行设计过程跟踪，及时发现质量问题，并及时与设计单位协调解决；审查阶段性设计成果，并根据需要提出修改意见；对设计提出的主要材料和设备进行比较，在价格合理的基础上确认其质量符合要求；做好设计文件验收工作等。

思考题

7.1　如何评价项目监理机构与承包单位两个的项目管理机构之间的平等性？

7.2　分析发包人采购材料设备的质量控制和承包人采购材料设备的质量控制之间的区别。

8

建筑设备的运行维护管理

8.1 建筑设备运行维护管理概述

建筑设备系统建成并调试完毕后,应交付设备管理机构进行运行和维护管理。该机构可以是建设方的工程管理部门,也可以是独立于建设方的物业管理公司,以及能源管理公司。不管何种性质的管理部门,其设备系统的运行维护管理均存在两大任务:一是设备系统的运行管理,保证设备系统的高效运行;二是保证设备系统的正常运行,即维护、保养和更新管理。

设备管理的内容主要有设备物质运动形态和设备价值运动形态的管理。建筑设备物质运动形态的管理是指设备的选型、购置、安装、调试、验收、使用、维护、修理、更新、改造、直到报废。设备价值运动形态的管理是指从设备的投资决策、自制费、维护费、修理费、折旧费、占用税、更新改造资金的筹措到支出,实行设备的经济管理,使其设备在生命周期内总费用最经济。前者一般叫作设备的技术管理,由设备主管部门承担;后者叫作设备的经济管理,由财务部门承担。

设备系统的运行管理有很多内在规律,它实际上又分为能源管理、环境管理和设备管理三大部分。其中能源管理是保证设备系统高效运行,力求系统的经济运行;而环境管理主要是保证设备所提供的功能能够满足环境控制的需求;设备管理则是在保证系统正常运行的基础上,寻求系统中各设备之间的最优监控方式,使各设备在其系统能够发挥最大能效。

任何完善的设备系统,均存在一定的寿命周期。设备维护保养管理的质量决定了设备系统寿命周期的长短。加强建筑设备管理,不仅可以对老、旧设备不断进行技术革新和技术改造,而且可以合理地做好设备更新工作。

8.1.1 建筑设备管理的意义和目标

1)建筑设备概述

建筑设备指安装在建筑物内为人们居住、生活、工作提供便利、舒适、安全等条件的设备。

建筑设备既包括室内设备,也包括室外设备与设施系统,具体主要有给排水、供配电、供暖、消防、通风、电梯、空调、燃气供应以及通信网络等设备,这些设备构成了建筑设备的主体,是建筑全方位管理与服务的有机组成部分。

作为现代建筑,无论是住宅、商业、办公,还是工业厂房或其他不同的建筑类型,建筑设备是其不可缺少的重要组成部分,是为了满足人们生活的基本需求以及追求更舒适、更安全生活的物质保证。只有这些设备、设施正常运作,建筑的功能和作用才能够得以实现。

2)建筑设备管理的意义

建筑设备管理的基本内容包括管理和服务两个方面,也就是说,需要做好建筑设备的管理、运行、维修和保养等方面的工作。管理、使用好建筑设备有以下几个方面的意义:

①建筑设备管理在为人们提供良好的工作、学习及生活环境中,起到基础性管理的作用,并提供了有力保障。

②建筑设备管理是实现建筑高效率发挥使用功能,促进建筑与设备现代化、规范化的强有力手段。

③建筑设备管理是提高现有设备、设施性能与完好率,延长设备使用寿命,节约资金投入,保障设备安全运行的保证。

④建筑设备管理是城市文明建设和发展的需要,对文明卫生、环境建设与物质文明建设起到保驾护航的作用。

⑤建筑设备管理能强化物业管理企业的基础建设。

3)建筑设备管理的目标

建筑设备在整个建筑内处于非常重要的地位。它是建筑运作的物质和技术基础。用好、管好、维护检修好、改造好现有设备,提高设备的利用率及完好率,是建筑设备管理的根本目标。

衡量建筑设备管理质量的优劣可用两个指标进行评价:

其中:A——设备有效利用率,%;B——设备的完好率,%。

建筑设备是否完好的标准为:

①零部件完整齐全;

②设备运转正常;

③设备技术资料及运转记录齐全;

④设备整洁,无跑、冒、滴、漏现象;

⑤防冻、保温、防腐等措施完整有效。

8.1.2　建筑设备管理的内容

建筑设备管理的内容主要有以下几个方面:建筑设备基础资料的管理;建筑设备运行管理;建筑设备维修管理;建筑设备更新、改造管理;备品配件管理;固定资产(设备)管理和工程资料的管理等。

1）建筑设备基础资料的管理

建筑设备基础资料管理主要包括设备原始档案、设备技术资料以及政府职能部门颁发的有关政策、法规、条例、规程、标准等强制性文件。

（1）设备原始档案

①设备清单或装箱单；

②设备发票；

③产品质量合格证明书；

④开箱验收报告；

⑤产品技术资料；

⑥安装施工、水压试验、调试、验收报告。

（2）设备技术资料

①设备卡片；

②设备台账；

③设备技术登录簿；

④竣工图；

⑤系统资料。

（3）政府职能部门颁发的有关政策、法规、条例、规程、标准等强制性文件

2）建筑设备运行管理

建筑设备的运行管理实际上包括了建筑设备技术运行管理和建筑设备经济运行管理两部分。

（1）建筑设备技术运行管理

建筑设备技术运行管理是保证设备的运行在技术性能上始终处于最佳状态：

①针对设备的特点，制定科学、严密且切实可行的操作规程。

②对操作人员进行专业的培训教育，对政府规定的某些需持证上岗的工种，必须严格要求持证才能上岗。

③加强维护保养工作。

④设备中的仪表（如压力表、温度表等）、安全附件必须定期校验，确保灵敏可靠。

⑤对运行中的设备不能单凭经验用直观的方法来管理，而应在运行状态下的监测和对故障进行技术诊断的基础上，做深入、透彻、准确的分析。

⑥对事故的处理要严格执行"三不放过"原则，即事故原因未查清不放过、对事故责任者未处理不放过、事故后没有采取改善措施不放过。

（2）建筑设备经济运行管理

建筑设备经济运行管理是从设备的购置到运行、维修与更新改造中，寻求以最少的投入得到最大的经济效益，即使设备的全过程管理的各项费用最经济。

设备的经济运行管理，可从以下几个方面进行：

①初期投资费用管理：在购置设备时应综合考虑以下因素：

a.设备的技术性能参数必须满足使用要求,并注意考虑到发展的需要;

b.设备的安全可靠程度、操作难易程度及对工作环境的要求;

c.设备的价格及运行时能源的耗用情况;

d.设备的寿命;

e.设备的外形尺寸、质量、连接和安装方式、噪声和震动;

f.注意采用新技术、新工艺、新材料及新型设备。

②运行成本管理:

a.能源消耗的经济核算;

b.操作人员的配置;

c.维修费用的管理。

3)建筑设备维护保养管理

建筑设备在使用过程中会发生污染、松动、泄漏、堵塞、磨损、震动、发热、压力异常等各种故障,影响设备正常使用,严重时会酿成设备事故,因此需要对设备进行定期维护和保养。

(1)维护保养方式

维护保养方式有清洁、紧固、润滑、调整、防腐、防冻及外观表面检查。对长时期运行的设备要巡视检查,定期切换,轮流使用,进行强制保养。

(2)维护保养工作的实施

维护保养工作主要分日常维护保养和定期维护保养两种:

①日常维护保养工作要求设备操作人员在班前对设备进行外观检查,在班中按操作规程操作设备,定时巡视记录各运行参数,随时注意运行中有无异声、震动、异味、超载等现象,在班后对设备做好清洁工作。

②定期维护保养工作是以操作人员为主、检修人员协助进行的。它是有计划地将设备停止运行,进行维护保养,应做好以下工作:a.彻底内外清扫、擦洗、疏通;b.检查运动部件运转是否灵活及其磨损情况,调整配合间隙;c.检查安全装置;d.检查润滑系统油路和油过滤器有无堵塞;e.清洗油箱,检查油位指示器,换油;f.检查电气线路和自动控制的元器件的动作是否正常。

(3)设备的点检

设备的点检就是对设备有针对性的检查。设备点检时可以停机检查,也可以随机检查。设备的点检包括日常点检及计划点检。

①设备的日常点检由操作人员随机检查,内容主要包括:a.运行状况及参数;b.安全保护装置;c.易磨损的零部件;d.易污染堵塞、需经常清洗更换的部件;e.在运行中经常要求调整的部位;f.在运行中经常出现不正常现象的部位。

②设备的计划点检一般以专业维修人员为主,操作人员协助进行,内容主要有:a.记录设备的磨损情况,发现其他异常情况;b.更换零部件;c.确定修理的部位、部件及修理时间;d.安排检修计划。

(4)建筑设备的计划检修

对在用设备,根据运行规律及计划点检的结果可以确定其检修间隔期。以检修间隔期为基础,编制检修计划,对设备进行预防性修理,这就是计划检修。实行计划检修,可以在设备发生故障之前就对它进行修理,使设备一直处于完好能用状态。

建筑设备的修理类别,一般可分为大修、中修、小修。

①大修:指工作量较大的全面修理,它要把设备全部拆开,更换全部磨损零件,以恢复设备的原有性能。

设备大修前,申请大修部门要填写大修项目申请表,有关管理人员要编制大修方案,明确修理内容和技术标准,并做好技术资料及备件准备工作。根据设备技术状况、损坏程度以及修理费用提出意见,经批准后大修方案才可实施。大修过程中,要做好质量监督和进度监督。设备大修后,要填写设备大修竣工验收单,验收时有关部门应一起参加并签字。

②中修:指更换和修复设备的主要零件以及数量较多的其他磨损零件,需要对设备进行部分解体,并要使设备能使用到下一次修理。

③小修:指工作量较小的局部修理,主要涉及零部件或元器件的更换和修复。

设备的修理,有些可用建筑设备管理部门自己的维修队伍,如小修或中修。而有些设备的大修理项目,建筑设备管理部门可委托社会化专业维修公司或设备制造厂家来承担。因为大修任务的完成,不仅需要专业化较强的维修队伍,而且还要有专门的仪器、工具。从经济角度考虑,建筑设备管理部门供养这些专业队伍是不划算的,因此建筑的设备大修可以走社会化协作的道路。

建筑设备管理部门培养的维修队伍,应该采取一专多能的策略,维修工人做到一专多能,就能适应不同工种的维修工作,以提高设备维修的效率。

(5)计划检修和维护保养的关系

设备管理应建立"维护保养为主,计划检修为辅"的原则。

4)建筑设备更新改造管理

在使用设备时特别要注意的是,只要通过技术改造能达到同样的目的的,一般就不采用设备更新的方式。各设备系统的保养规程不同,保养过程有其特殊性,具体可参见相关的系统保养规程。附录8为空调设备及装置维护保养规程,可作为参考。

5)备品配件的管理

运转类的零部件长期运转会磨损、老化,从而降低了设备的技术性能。此时需用新的零部件更换已磨损老化的零部件,在检修之前就把新的零部件准备好,这就是备品配件管理的基本原则。备品配件管理工作的目的是,既要科学地组织备件储备,及时满足设备维修的需要,又要将储备的数量压缩到最低的限度,降低备件的储备费用,加快资金周转。

搞好备件管理,做到采购部门安排恰当,库存储备合理,保证及时、适量供应设备维修的需要,不仅有利于缩短设备修理的时间、提高修理质量、保证设备经常处于良好的技术状态,而且有利于降低备件储备量、加速资金周转、降低维修费用和经营成本。

(1)编制备件计划

做好备件管理工作,首先要编制备件计划。对建筑设备所需的各类备件,求规律以及年消耗量,提出需用的品种和数量,做好计划安排。

（2）采购、订货工作

根据备件计划和建筑设备档案资料,建筑设备管理部门要在广泛搜集市场信息的基础上,做好备件的采购、订货工作。要把握好订货、到货周期,以免影响维修保养任务。一般进口备件订货、到货周期为6个月,国产备件为3个月。

（3）备件资料管理

备件的所有资料,如备件的各种图、表、说明书等必须妥善保存。对建筑设备所用备件的消耗情况,也要做好统计,并将其作为资料积累和保存,以提高备件供应的科学性。

（4）控制备件储备定额

既要保证建筑设备的备件供应及时,又要控制备件的储备定额。备件越多,所占用资金也就越多,势必影响资金周转,因此,保持合理的备件储备定额,既保证设备维修工作的需要,又加快了备件资金的周转。

（5）备件贮存保管

备件的贮存、保管,首先要做到账、卡、物一致,按规定周期定期盘点核对。要摆放整齐,提高供应效率。还要做好清洁工作,防腐防锈。根据先进先出的原则,减少备件在库时间。

6) 固定资产（设备）管理

固定资产是指使用年限在一年以上、单位价值在规定标准以上并在使用过程中保持原有物质形态的资产,包括房屋及建筑物、机器设备、运输设备、工具等。不属于生产经营主要设备的物品,单位价值在2 000元以上并且使用期限超过两年的,也应当作为固定资产管理。

（1）固定资产管理应考虑的几个问题

①固定资产的利用程度:有利用率和生产率两个指标;

②设备折旧:参考同类,根据设备情况以及技术进步程度;

③设备的报废。

（2）固定资产的管理要求

①保证其完整无缺;

②提高其完成度和利用效果;

③正确核定其需用量;

④正确计算其折旧额;

⑤对其进行投资预测。

8.1.3　建筑设备管理部门的任务及设备管理制度

1) 建筑设备管理人员岗位职责

（1）工程部经理

工程部经理是指对建筑设备进行管理、操作、保养、维修,保证设备正常运行的总负责人。

（2）各专业技术主管

各专业技术主管(工程师或技术员)负责所管辖的维修班组的技术、管理工作,并负责编制所分管的机电设备的保养、维修计划、操作规程及有关资料,协助部门经理完成上级主管部门布置的工作。

(3)维修人员

维修人员(技术工人)负责设备的维修工作。

(4)保管员

保管员负责设备的保管工作。

(5)资料统计员

资料统计员负责设备的资料统计工作。

2)建筑设备管理部门的任务

(1)能源供应

建筑设备的运行需要各种能源,如电能、燃气等。因此,能源供应的保障是建筑设备管理部门的主要任务之一。

(2)维护保养设备设施

建筑设备及系统正常运行的前提是建立完善的设备设施维护保养制度。

(3)有计划更新改造设备设施

建筑设备设施均具备一定的寿命。各设备设施的投入运行时间以及运行寿命均不同,有计划制订各设备设施的更新改造计划是建筑设备管理部门的任务。

3)建筑设备管理的制度

(1)工程验收制度

①所有工程系统验收均须由建设方负责及牵头。

②所有系统必须在系统正常、调试完毕的情况下,连续试运行一段时间(需根据设备情况详定),尽量检查出存在之隐患后,方可进行验收。

③在验收过程中,须以将来运行及维修为重点,进行逐项检查,如发现问题,须尽快以书面形式通报给发展商,并做出详细记录及拍照。

④所有系统之验收,必须以获得政府有关部门签发的合格证书、使用许可证书等相关文件为标准,并须以此作为验收合格之必要条件。

⑤必须要求建设方提供所有合同副本、技术资料、使用说明书、维修保养手册、调试检测报告及竣工图纸、竣工资料等全部有关工程资料,并建立档案,以备查用。

⑥必须清楚了解所有工程系统及设备之保修期起止日期、保修内容以及保修责任人及其联系方式,并制订承建、供货保修联系表备查。

⑦必须收齐所有由建设方、承建、供货方等提供之备品、备件及专用工具等,清点入库,妥为保管并做出详细清单。

(2)设备维护保养制度

①预防性维护保养:

a.所有设备必须根据维修保养手册及相关规程,进行定期检修及保养,并制订相应年度、季度、月度保养计划及保养项目。

b.相关工程人员必须认真执行保养计划及保养检修项目,以便尽可能延长系统设备正常使用之寿命,并减少紧急维修之机会。

c.保养检修记录及更换零配件记录必须完整、真实,并须由工程部建立设备维修档案,以便分析故障原因、确定责任。

d.各系统之维护保养计划及保养检修项目的制订由主管负责,并提交工程部经理审阅;保养检修及更换零配件的记录由领班负责,并提交主管审阅。

e.进行正常系统维修保养及检修时,如对客户使用产生影响,必须提前三天通知管理处客户服务部,由客户服务部发出通告,确定检修起止日期及时间(须尽可能减少对客户的影响范围),以便使受影响的客户做好充分准备。

②紧急维修:

a.必须进行紧急维修时,须立即通知经理,安排有关人员立即赴现场检查情况,并按实际情况进行处理。

b.如因紧急维修,不可避免对客户使用产生影响时,须立即通知管理处客户服务部,并由客户服务部向受影响的客户发出紧急通告,同时,需考虑尽量减少影响范围。

c.如发生故障的设备在保修期内,应做出适当的应急处理,以尽量减少对客户的影响,并立即通知有关供应商的保修负责人。

d.紧急维修结束后,须由领班填写维修记录及更换零配件记录,并以书面形式将故障原因,处理方法,更换零配件的名称、规格及数量、品牌等,处理结果,故障发生时间,恢复正常时间等向主管报告,并提交经理审阅。此报告由工程助理存入设备维修档案,备查。

③设备的更新及系统改造

设备的更新是指以经济效果上优化的,技术上先进可靠的新设备替换原来在技术和经济上缺乏使用价值的老设备。设备的改造是指通过采用国内外先进的科学技术成果改变现有设备相对落后的技术性能,提高节能效果,改善安全和环保特性,提高经济效益的技术措施。

设备更新改造的种类大致有三种:

a.全面更新改造:以宾馆为例,由于很多宾馆是在原来招待所或旅店基础上发展起来的,或者由低星级向中、高星级发展,原有的设备系统不能满足新的要求,所以要对原有设备系统进行全面更新改造。全面更新改造一般是在基本保留原有建筑结构的基础上对宾馆的设备系统,特别是主要大型设备进行更新或改造(一般情况下以更新为主),以提高设备的技术水平,达到宾馆服务标准的要求。这类项目常常需要有土建、装饰、环保等工程项目配合进行。

b.系统设备更新改造:这是针对建筑楼宇的某一具有特定功能的系统设备,性能下降,效率低下或者能耗太高,环保特性差等具体问题所采取的更新改造技术措施。

c.单机设备更新改造:这是对单机设备所采取的技术措施,例如对水泵或冷却塔的改造。这种更新改造在工程上是相对独立的。

建筑设备更新改造的时机,就是决定何时进行更新改造。设备的更新改造的客观依据是设备的寿命。

设备的寿命分为自然寿命、技术寿命和经济寿命。

设备的自然寿命是指设备从投入使用到自然报废所经历的整个时期。它是由设备在使用过程中的物质磨损所决定的。其更新时间的长短往往依设备的性能、结构、使用的频繁程度而变化,一般用于生产设备的更新往往以此为主要依据。

设备的技术寿命是指设备从投入使用到因无形磨损而被淘汰所经历的时间。它是由科学技术的进步和业主的需要两个方面的原因所决定的。从前者看,由于科学技术的进步,市场上出现了技术上更先进、经济上更合理、外观上更美观的设备,从而造成原有设备的贬值。从后者看,部分设备虽然性能没有多大改变,使用价值仍然存在,但业主已感到陈旧落后或使用不便,从而无法满足业主的需求。技术寿命的长短往往是建筑设备更新改造的重要依据。

设备的经济寿命是指设备投入使用后,由于设备老化、维修费用增加,维修使用经济上不合算而需要更新改造所经历的时间。它是根据设备使用过程中维持费用(维修费用和人员工资)的多少来决定的。

一般说来,由于科学技术和经济的飞跃发展,设备的经济和技术寿命大大短于自然寿命。

设备的最佳更新期往往是根据设备的经济寿命来决定的。确定设备的最佳更新期,可采用低劣化法。其方法的含义是,设备使用年限越长,其磨损就越严重,设备维持费用就要增加(即低劣化增加值),而且这种费用,会随年度的增加呈较大幅度的增加。因此,当设备使用到一定年限,这时的年总费用(折旧和维持费用之和)最低,这就是设备的最佳更新期。

④维护保养总体要求:

a.工程部各专业主管分别制定设备维修保养计划,维修保养计划经经理审批后,统一安排,形成整个建筑的设备维修保养计划。

b.各专业主管根据设备维修保养计划的要求,将任务分别落实到各专业班组或人员,安排好时间、器材、工具。

c.维修保养人员根据各专业领班的安排,准备好工具、材料、按照维修保养的要求,维修保养相关设备。

d.维修保养完成后认真填写维修保养记录,上报存档。

e.专业主管要进行维修保养检查、结果,工程部经理亦应抽查。

f.在正常进行维修保养时遇到有紧急情况发生,应先安排排除故障,后将维修保养内容补上。

g.一般情况下不得拖延维修保养的时间。

h.由助理跟进维修保养的落实情况。

各设备系统的保养规程不同,保养过程有其特殊性,具体可参见相关的系统保养规程。附录8为空调设备及装置维护保养规程,可作为参考。

(3)报告制度

①各系统操作运行人员在下列情况下须在运行记录或交接班记录中书面报告专业领班:a.所辖设备非正常操作的开停及开停时间;b.所辖设备除正常操作外的调整;c.所辖设备发生故障或停台检修;d.零部件更新、代替或加工修理;e.运行管理人员短时间离岗,须报告离岗时间及去向;f.运行管理人员请假、换班、加班、倒休等。

②各系统维修人员在下列情况下须以书面形式报告维修领班:a.执行维修保养计划时,发现设备存在重大故障隐患;b.重要零部件的更换、代替或加工修理;c.系统巡检时发现的隐患或故障,必须在巡检记录之备注栏中加以说明;d.维修人员请假、加班、倒休情况等。

③各专业领班在下列情况下必须书面报告本主管:a.重点设备除正常操作外的调整;b.变更运行方式;c.主要设备发生故障或停台检修;d.系统故障或正常检修;e.零部件更新、改造或

加工修理；f.领用工具、备件、材料、文具及劳保用品；g.加班、换班、倒休、病假、事假等；h.须与外班组或外部门、外单位联系。

④主管在下列情况下必须以书面形式报告经理：a.重点设备发生故障或停台检修；b.因正常检修必须停止系统正常运行而影响客户使用；c.应急抢修及正常检修后的维修总结；d.系统运行方式有较大改变；e.影响本建筑运行（如停电、停水、停空调、停电话等）的任何施工及检修；f.重要设备主要零部件的更新、代换或加工维修；g.系统及设备的技术改造、移位安装、增改工程及外部施工；h.人员调度及班组重大组织结构调整；i.所属人员请假、换班、倒休、加班等；j.对外部门、外单位联系、协调；k.领用工具、备件、材料、文具及劳保用品等；l.维修保养计划及工作计划的变更或调整；m.月度工作总结报告。

⑤除以上各项外，所有有关工作事项必须口头汇报上级人员。遇有紧急事件发生或发现重大故障及隐患，可以越级汇报。

（4）值班制度

①值班人员必须坚守岗位，不得擅自离岗、串岗。如有特殊情况，必须向主管或部门经理请假，经准许后方可离开。

②值班电话为工作电话，不得长时间占用电话聊天，不得打私人电话。

③每班必须按规定时间及范围巡检所辖设备，做到腿勤、眼尖、耳灵、手快、脑活，并认真填写设备运行及巡检记录，及时发现并处理设备隐患。

④须按计划及主管的安排做好设备日常保养和维修。如有较大故障，值班人员无力处理时，应立即报告上级领班或主管。

⑤值班人员用餐时，必须轮换进行，必须保持值班室内 24 h 有人值班，当班人员严禁饮酒。

⑥值班人员必须每班打扫值班范围内之卫生，每班两次，清洁地面、窗台、门窗、设备表面等所有产生积尘之处，随时保持值班范围内之清洁卫生。

⑦非值班人员未经许可不准进入配电室，如有违者，值班人员必须立即制止，否则追究其责任。如有来访者，必须进行登记。

⑧任何易燃、易爆物品不准暂放、存放于值班室，违者一切责任由值班人员负责。

（5）交接班制度

①接班人员须提前 10 min 到达岗位，更换工作服，做好接班准备工作。

②接班人员接班时必须检查以下工作：

a.查看上一班运行记录是否真实可靠，听取上一班值班人员运行情况介绍，交接设备运行记录表。

b.查看上一班巡检记录表，听取上一班值班人员巡检情况介绍，交接系统设备巡检记录表。

c.检查所辖设备之运行情况是否良好，是否与运行记录、巡检记录相符，如有不符，应记入备注栏，并应要求上一班值班人员签字。

d.检查仪表及公用工具是否有缺、损，是否清洁，并按原位整齐摆放，如有问题，应要求上一班值班人员进行整理，如有丢失，应记入交接班记录备注栏，并由上一班人员签字。

③交班人员在下列情况时不得交班离岗：

a.接班人员未到岗时,应通知上级领班或主管,须在上级安排之接班人员到岗后方可进行交接班。

b.接班人员有醉酒现象或其他原因造成精神状态不良时,应通知上级领班或主管,须在上级安排之接班人员到岗后方可进行交接班。

c.所辖设备有故障,影响系统正常运行时,交班人员须加班与接班人员共同排除故障后,方可进行交接班,此时,接班人员必须协助交班人员排除故障。

d.交接班人员对所辖值班范围之清洁卫生未做清理时,接班人员应要求交班人员做好清洁工作后,方可进行交接班。

（6）巡检制度

①巡检工作是及时发现设备缺陷,掌握设备状况,确保安全运行的重要手段,各巡检人员必须按规定的时间、巡视路线、检查项目等认真执行,并认真记录。

②在巡检过程中,如发现设备存在问题,应立即用对讲机通知领班,并在可能的情况下自行消除故障。如条件所限一时不能处理,则必须做好临时补救措施后,报告领班,并将详细情况记入巡检记录备注栏。

③巡检人员在巡视完毕机房、泵房、配电室、竖井等所有无人值守之设备间后,必须做到随手锁门。

④巡检人员在巡检完毕设备及其控制箱、动力柜、照明柜、高压柜、低压柜等所有供配电设施后,必须将门锁好。

⑤各运行、维修领班,必须每天对所辖系统设备进行检查;各主管必须每周一次巡检本系统所有设备,发现问题,书面报告经理,并应立即组织处理。

8.2　建筑设备监控系统

在建筑设备运行管理工作中,其重要任务就是对建筑设备系统进行有效的监控,从目前的现状看,设备系统管理逐渐从人工管理向智能管理方向发展。各生产厂家的设备也逐渐具备智能化接口以满足智能建筑设备系统的需求。现代建筑设备系统功能日趋完善,其主要的控制系统如图8.1所示。

8.2.1　供配电监控系统

供配电系统是大厦的能源系统,供配电监控系统也称为电力供应监控系统,是保证建筑物供电系统安全可靠运行、合理调配用电负荷、有效进行电力节能、使建筑内各系统正常工作的必要条件。

1)检测对象

供配电监控系统主要用来检测建筑内供配电设备和备用发电机组的工作状态及供配电质量。该系统的主要检测对象包括:

①高/低压进线、出线与中间联络断路器状态检测和故障报警设备,电网频率、电压、电流、

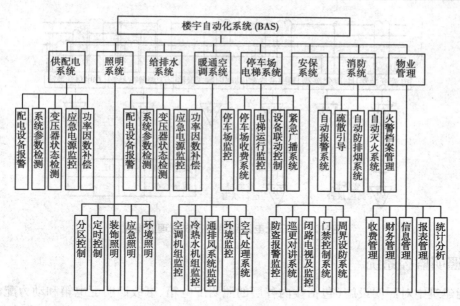

图 8.1　楼宇自动化系统构成框图

功率、功率因数的自动测量、自动显示及报警装置。

②变压器二次侧电压、电流、功率、温升的自动测量、显示及高温报警设备。

③直流操作柜中交流电源主进线开关状态监视设备,直流输出电压、电流等参数的测量、显示及报警装置。

④备用电源系统,包括发电机启动及供电断路器工作状态的监视与故障报警设备,电压、电流、有功功率、无功功率、功率因数、频率、油箱油位、进口油压、冷却水出口水温和水箱水位等参数的自动测量、显示及报警装置。

2)控制内容

电力供应监控装置根据检测到的现场信号或上级计算机发出的控制命令产生开关量输出信号,通过接口单元驱动某个断路器或开关设备的操作机构来实现供配电回路的接通或分断。通常包括以下控制内容:

①按顺序自动接通、分断高、低压断路器及相应开关设备。

②按需要自动接通、分断高、低压母联断路器。

③按需投切备用柴油发电机组,控制配电屏内开关设备按顺序自动合闸,进行"正常/事故"供配电运行方式转换。

④对大型动力设备进行定时起停及顺序控制。

⑤按需自动投切蓄电池设备。

供配电系统除了实现上述保证安全、正常供配电的控制外,还能根据监控装置中计算机软件设定的功能,以节约电能为目标,对系统中的电力设备进行管理,主要包括:变压器运行台数的控制、合约用电量经济值监控、功率因数补偿控制及停电复电的节能控制。

图 8.2 为高压配电回路监控系统原理图。该系统只有输入(AI 和 DI)点而无输出(AO 或 DO)点,即系统只有监测功能而没有控制功能,此种方案常用于末端供配电所。

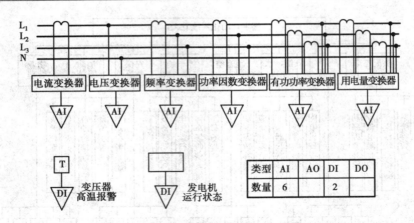

图 8.2　高压配电回路监控系统原理方框图

8.2.2　照明监控系统

智能建筑中对照明设施(包括楼内各层的照明配电箱、事故照明配电箱和动力配电箱)的控制及管理由照明子站完成,该站对整栋建筑的照明设备进行集中的管理控制,称为照明与动力监控系统。

照明监控系统进行环境照度控制和照明节能控制。环境照度控制是为了保证建筑物内各区域的照度及视觉环境而对灯光进行的控制,通常采用定时控制、合成照度控制等方法来实现;照明节能控制是以节能为目标、对照明设备进行的控制,常采用区域控制、定时控制、室内检测控制等方式。

1)监控功能

根据季节的变化,按时间程序对不同区域的照明设备分别进行启/停控制。正常照明出现故障时,事故照明立即自动投入运行。发生火灾时,按事件控制程序关闭有关的照明设备,并接通应急照明。安保系统报警时,接通相应区域的电气照明。完成节能照明、艺术照明等控制。

2)照明控制

照明监控系统是 BAS 的子系统之一,它既对照明配电柜(箱)中的开关设备实行控制,还要保证与上位机的通信,并接受其管理控制。

(1)环境照度控制

①定时控制。利用控制软件按事先设定的时间进行控制,以满足不同时段的照度需要。此种控制方式简单易行,但灵活性较差。

②合成照度控制。根据自然光的强弱启闭光源并对其亮度进行调节。此控制方式能充分利用自然光,在满足照度需要的前提下达到节能目的。

(2)节能控制

①集中控制。将照明场所按建筑使用条件和天然采光状况划分为若干区域,采取分区、分组控制措施。

②时间控制。对按一定规律使用照明器的场所采用时间控制,自动定时开关光源,防止

"长明灯"。

③照度控制。在技术经济条件允许情况下,室内照明可采用自然光和人工照明合成光源的照明方式,即采用各种导光装置,也可采用各种反光装置(如利用安装在窗上的反光板和棱镜等使光折向房间的深处)提高照度,此时人工照明仅是自然光照明的补充。

室内天然采光随室外天然光的强弱变化,当室外光线强时,室内的人工照明应按照设计照度标准,自动关掉一部分电气光源,以节约能源。

④室内检测控制。利用红外、温度等传感器,检测室内人员活动情况,对无人员活动区域按照事先设定的程序通过照明控制器切断照明电源。

图8.3为典型照明及动力回路监控原理示意图。室外照度传感器监测室外照度,当照度低于或高于某一设定值时,测量值通过输入点AI输入系统,系统通过启停控制输出点DO(输出接点辅助继电器KA_1及KA_2)启动或关闭照明回路,实现自动控制。通过硬件或软件控制,系统的启停也可受到许多其他因素如时间表、手动干预(本图中为SA_1,SA_2)、运行状态(DI)等的制约。

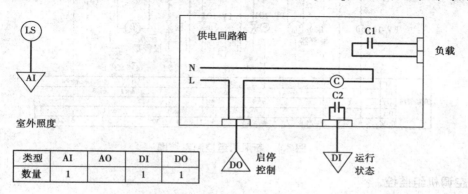

类型	AI	AO	DI	DO
数量	1		1	1

图8.3　照明及动力回路监控方框图

8.2.3　暖通空调监控系统

暖通空调监控(HVAC)系统用于对暖通空调设备进行全面监控管理。

1)新风机组监控

对新风机组的监控主要是对机组中空气-水换热器的监控。该设备夏季通入冷水对新风降温除湿,冬季通入热水对空气加热,干蒸汽加湿器用于冬季对新风加湿。

监控系统具有以下功能:

①检测功能:监视风机电机的运行/停止状态;监测风机出口空气温度和湿度参数;监测新风过滤器两侧压差;监视新风阀打开/关闭状态。

②控制功能:控制风机启动/停止;控制空气-水换热水侧调节阀,保证送风温度为设定值;控制干蒸汽加湿器阀门,使冬季风机出口空气湿度达到设定值。

③保护功能:

a.防冻保护:冬季运行时,当某种原因导致热水温度降低或热水停供时,应停止风机并关闭新风阀门,以防止机组内温度过低导致冻裂空气-水换热器;当热水恢复正常供热时,应能启动风机并打开新风阀,恢复机组工作。盘管处设置温控开关,当温度过低时,开启热水阀。

b.联锁保护:风机停止后,新风风门、电动调节阀、电磁阀均自动关闭。

c.故障保护:风机启动后,若其前后压差过低,则进行故障报警并联锁停机。

④集中管理功能:各机组附近的数字控制器通过现场总线与中央管理机相连,管理中心内可显示各机组启/停状态,监视温度、湿度及各阀门状态值,发出任一机组的启/停控制信号,修改送风参数设定值,并在任一新风机组工作出现异常时,发出报警信号。

新风机组控制系统图见图 8.4。

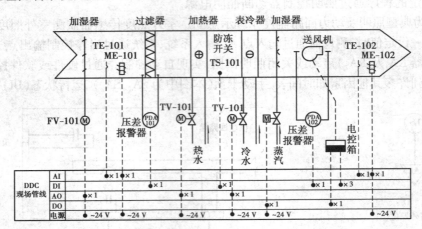

图 8.4 新风机组控制系统图

2)空调机组监控

空调机组的调节对象是相应区域的温、湿度参数,因此送入装置的输入信号应有被调区域内的温、湿度信号。当被调区域较大时,应分组安装温、湿度测点,以各点测量信号的平均值或加权值作为反馈信号;当被调区域与空调机组 DDC 装置安装现场距离较远时,可专设 1 台智能化的数据采集装置装于被调区域,将测量信息处理后通过现场总线送至空调 DDC 装置。

对带有回风的空调机组进行控制时,不仅要保证空气参数满足舒适性要求,还应保证节能。由于系统回风,需要增加新风、回风空气参数测点。但因回风道存在较大的惯性,回风空气状态不能实时反映室内空气状态,室内空气参数信号必须由设在空调区域的传感器取得。

图 8.5 为双风空气处理机系统原理图。由图可见,当调节风量阀处于全关闭状态(即全新风运行状态)时,双风机相当于 2 台独立的新风机和排风机的作用。全新风运行时,空气品质较好,但热量(或冷量)利用率较低,不利于节约能源,一般在对空气品质要求高或者有交叉污染等场合采用。

3)变风量(VAV)系统监控

变风量系统是目前常用的一种空气调节方式,其各环节需要进行协调控制。

①由于送入各房间的风量是变化的,空调机组的风量亦是变化的,因此需要采用调速装置控制送风机转速,满足风量变化的需要。

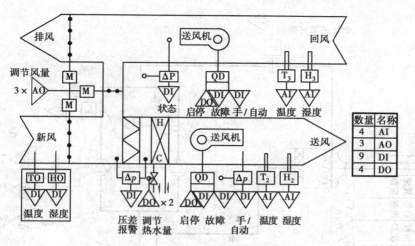

图 8.5 双风空气处理机系统原理框图

②需引入送风压力检测信号参与控制送风机的速度调节,从而保证各房间内的送风压力不会出现大的变化,使系统装置正常工作。

③对于 VAV 系统,需要检测各房间的风量、温度以及风阀位置等信号,并且经过统一的分析处理后才能给出送风温度设定值。

④在进行送风量调节的同时,还应调节新风、回风阀,从而使各房间有足够的新风。

4)供暖系统监控

供暖系统主要包括热水锅炉房、换热站及供热网等。本节以供暖锅炉房的监控系统为例简要分析。

供暖锅炉房的监控对象为燃烧系统和水系统。其监控系统可以由数台 DDC 装置及一台中央管理机构成。各 DDC 装置分别对燃烧系统、水系统进行监测控制,根据供热状况控制锅炉及各循环泵的开启台数,设定供水温度和循环流量,协调各台 DDC 完成监控管理功能。

(1)锅炉燃烧系统

热水锅炉燃烧过程中,应根据对其产热量的要求,控制送煤链条速度及进煤挡板高度,根据炉内燃烧情况、排烟含氧量及炉内负压控制,对鼓风机、引风机的风量进行监控。应检测排烟温度、炉膛出口温度、省煤器及空气预热器出口温度、供水温度,检测炉膛、对流受热面进出口、省煤器、空气预热器、除尘器出口烟气压力,一次风、二次风压力,检测空气预热器前后压差、排烟含氧量信号以及挡煤板高度位置信号等参数。并对燃烧系统的炉排速度,鼓风机、引风机风量及挡煤板高度等参数进行控制。

(2)锅炉水系统

对锅炉水系统监控任务为下列 3 种:

①保证系统安全运行:保证主循环泵正常工作、补水泵及时补水,使锅炉中循环水不会中断,更不会因欠压缺水而放空。

②计量统计:通过测定供回水温度、循环水量和补水流量,获取实际供热量、累计补水量等统计信息。

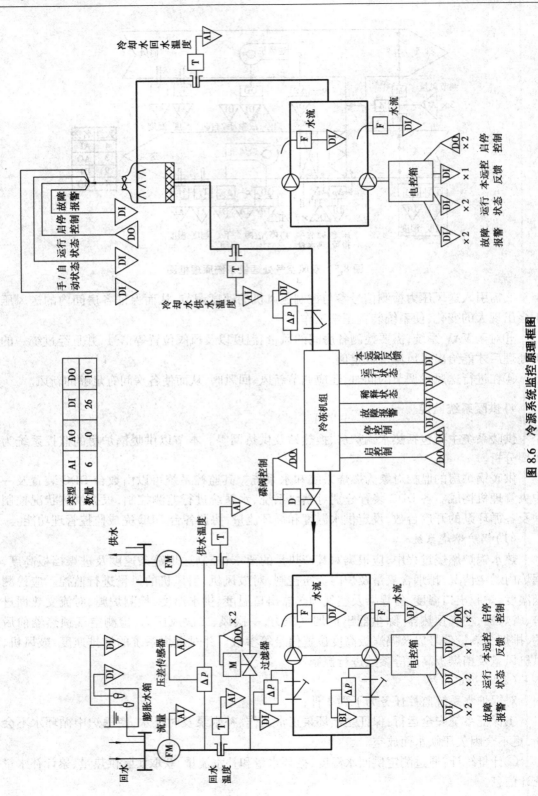

图 8.6　冷源系统监控原理框图

类型	AI	AO	DI	DO
数量	6	0	26	10

③运行工况调整:根据系统要求改变循环水泵运行台数或改变循环水泵转速,调整循环流量,以适应供暖负荷的变化,节电运行。

5)冷热源及其水系统监控

冷热源及其水系统监控包括对冷却水、冷冻水及热水制备系统的监控。

(1)冷却水系统

冷却水系统由冷却塔、冷却水泵及管道系统组成,用于向制冷机组提供冷却用水。冷却水系统监控目的是:保证冷却塔风机和冷却水泵正常运行,从而保证制冷机冷凝器侧有足够的冷却水流过;根据室外气候情况及冷负荷,及时调整冷却水运行工况,使冷却水温度保持在要求的范围内。

(2)冷冻水系统

冷冻水系统由冷冻水循环泵、冷冻机蒸发器、各种用户冷水设备(如空调机及风机盘管)和管道系统组成。其进行监控目的是:保证冷冻机蒸发器通过足够的水量以使蒸发器正常工作、向冷冻水用户提供足够的水量以满足使用要求,并在满足使用要求的前提下,减少系统耗电,实现节能运行。

图 8.6 为冷源系统监控系统图。

(3)热水制备系统监控

热水制备系统的作用是产生生活、空调及供暖用热水,主要设备是热交换器。对此系统进行监控的目的是监测水力工况以保证热水系统的正常循环,控制热交换过程以保证要求的供热水参数。图 8.7 为一热交换系统监控系统图。

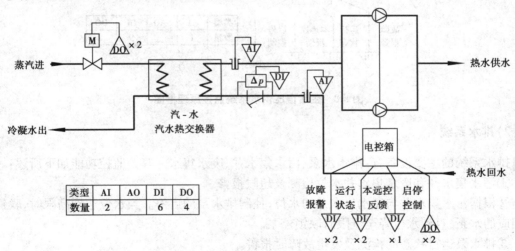

类型	AI	AO	DI	DO
数量	2		6	4

图 8.7　热交换系统监控框图

8.2.4　给排水监控系统

给排水监控系统的主要功能是通过计算机控制及时调整系统中水泵的运行台数,以达到供水量和需水量、来水量和排水量之间的平衡,实现水泵的高效率运行,进行低能耗的最优化控制。BAS 给排水监控对象主要是水池、水箱的水位和各类水泵的工作状态。

1)给水系统

给水系统的主要设备有:地下水池、楼层水箱、地面水箱、生活给水泵、气压装置和消防给水泵等。给水系统监控功能为:

①地下储水池水位、楼层水池、地面水池水位的检测及当高/低水平超限时的报警。

②对于生活给水泵,根据水池(箱)的高/低水位控制水泵的启停,检测生活给水泵的工作状态和故障现象。工作泵出现故障时,备用泵自动投入工作。

③气压装置压力的检测与控制。

典型生活恒压供水系统监控原理,如图8.8所示。图中液位开关用于检测生活供水池的水位高度。当水位低于低限值时,系统控制相应的进水管使其开通;当水位高于高限值时则进水管关闭。3台补水泵可互为冗余备份,也可同时工作,由压力反馈点所检测的供水水压而定。如水压偏高则只令1台工作,而水压过低则可令2台或3台同时工作。

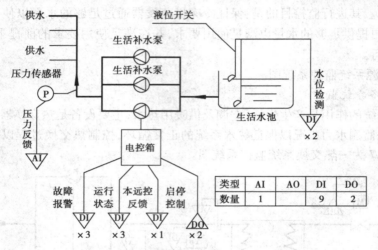

类型	AI	AO	DI	DO
数量	1		9	2

图8.8　生活恒压供水系统监控原理框图

2)排水系统

排水系统的主要设备有:排水水泵、污水集水井、废水集水井等。监控功能如下所述:

①污水集水井和废水集水井水位检测及超限报警。

②根据污水集水井与废水集水井的水位,控制排水泵的启停。当水位达到高限时,联锁启动相应的水泵,直到水位降至低限时联锁停泵。

③排水泵运行状态的检测及发生故障时报警。

典型排污水监控系统,如图8.9所示。由于不对污水井的进水进行控制,且不须考虑排水水压,因而大厦的排水系统监控较供水系统简单。

3)热水系统

热水系统的主要设备有:自动燃油/燃气热水器、热水箱、热水循环水泵(回水泵)等。其功能为:

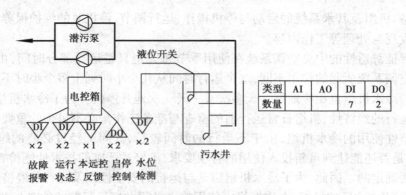

类型	AI	AO	DI	DO
数量			7	2

图 8.9 典型排污水监控系统框图

①热水循环泵按时间程序启停。

②热水循环泵状态检测及故障报警(当发生故障时,相应备用泵自动投入运行)。

③热水器与热水循环联锁控制,当循环泵启动后,热水器(炉)才能加热,控制热水温度。

④热水供水温度和回水温度的检测。

⑤对于热水部分,当热水箱水位降至低限时,联锁开启热水器冷水进口阀,以补充系统水源;当热水水位达到高限时,联锁关闭冷水进水阀。

此外,关于消防给水系统的监控,请读者参考《建筑消防设备工程》(李天荣,等.建筑消防设备工程[M].2版.重庆:重庆大学出版社,2007)。

8.3 建筑空调设备系统的运行与调节

按照建筑设备服务的主要功能,建筑设备系统主要分为供电系统、给排水系统、空调系统。通信系统、消防报警系统以及其他设备系统等均为建筑设备的辅助系统。建筑设备运行管理的主要目标是满足使用要求、减低运行成本、延长使用寿命。而在建筑设备系统中,建筑空调设备系统相对水电系统而言,其投资、运行能耗、维护管理等成本均占主导地位。为此,本节主要针对建筑空调设备系统进行运行管理的介绍与分析。

空调系统中央空调系统可分为冷热源系统以及输配系统,输配系统主要由风管系统和水管系统(含风机盘管等末端设备)两大类组成,由于工作原理、系统组成形式、使用的主要设备以及进行热湿交换的介质不同,其运行调节、维护保养、常见问题和故障及其解决方法也有较大差异。

8.3.1 冷热源系统的运行调节与管理

常规冷热源系统主要由冷水机组以及锅炉组成。冷水机组是中央空调系统在进行供冷运行时采用最多的冷源,其机械状态和供冷能力直接影响到中央空调系统供冷运行的质量以及电耗和维修费用的开支,因此做好冷水机组运行管理的各项工作意义重大。

1)冷水机组的运行调节与管理

冷水机组的运行管理对目前常用的离心式、螺杆式和活塞式冷水机组来说,均包括运行前的检查与准备、机组及其水系统的启动与停机操作、运行调节、停机时的维护保养、常见问题和故障的早期发现与处理等工作内容。

大多数保证舒适性的中央空调系统在使用季节每天也只是运行部分时间,由于建筑物的用途与中央空调系统所起的作用不同,这个运行时间从几个小时到十多个小时不等。因此,作为常用冷源的冷水机组也相应地要一天多次或一天一次地开停机。为了冷水机组启动与运行的安全性及运行的经济性,机组日常运行前的检查与准备工作是必不可少的重要环节。

对于季节性使用的冷水机组,由于不运行的时间较长,其间又经过必要的维护保养与检修,设备状态是否还能达到重新投入使用的各项要求,不经过严密的技术性能检查和充分的运行准备是无法确定的。因此,为了冷水机组启动与运行的安全性以及运行的经济性,经季节性停机(又称年度停机)后的机组,在重新投入使用前也必须做好运行前的检查与准备工作。

由于冷水机组的运行通常需要在其冷冻水系统和冷却水系统同时运行的情况下才能实现,因此在做好冷水机组运行前的检查与准备工作时,也应同时着手做好冷冻水和冷却水两个系统所涉及的有关设备与装置的检查与准备工作。其重点是水泵、冷却塔以及一些阀门的开关情况;此外,还要注意集水器和分水器上各分支管上的阀门开关情况是否按照冷水机组开机运行后的供冷方案进行了设置。

(1)运行前的检查与准备工作

冷水机组的运行前的检查与准备工作根据机组结构的不同,有一定的差异。现以离心机组为例,介绍运行前的检查与准备工作。

离心式冷水机组因开机前停机的时间长短不同和所处的状态不同而有日常开机和年度开机之分,这同时也决定了日常开机前和年度开机前的检查与准备工作的侧重点不同。

①日常开机前的检查与准备工作:

日常开机指每天开机(如写字楼、大型商场的中央空调系统通常晚上停止运行,早上重新开机)或经常开机(如影剧院、会展场馆的中央空调系统不一定每天要运行,但运行的次数也比较频繁)的情况。离心式冷水机组日常开机前的检查与准备工作以某品牌 CVHE 型三级压缩离心式冷水机组为例介绍如下:

a.查油位和油温:油箱中的油位必须达到或超过低位视镜,油温为 60~63 ℃;

b.检查导叶控制位:确认导叶的控制旋钮是在"自动"位置上,而导叶的指示是关闭的;

c.检查油泵开关:确认油泵开关是在"自动"位置上,如果是在"开"的位置,机组将不能启动;

d.检查抽气回收开关:确认抽气回收开关设置在"定时"上;

e.检查各阀门:机组各有关阀门的开、关或阀位应在规定位置;

f.检查冷冻水供水温度设定值:冷冻水供水温度设定值通常为 7 ℃,不符合要求可以进行调节,但不是特别需要最好不要随意改变该值;

g.检查制冷剂压力:制冷剂的高低压显示值应在正常停机范围内;

h.检查主电机电流限制设定值:通常主电机(即压缩机电机)最大负荷的电流限制应设定在 100% 位置,除特殊情况下要求以低百分比电流限制机组运行外,不得任意改变设定值;

i.检查电压和供电状态:三相电压均在 380 V±10 V 范围内,冷水机组、水泵、冷却塔的电源开关、隔离开关、控制开关均在正常供电状态;

j.如果是因为故障原因而停机维修的,在故障排除后要将因维修需要而关闭的阀门打开。

②年度开机前的检查与准备工作：

年度开机或称季节性开机,是指冷水机组停用很长一段时间后重新投入使用,例如机组在冬季和初春季节停止使用后,又准备投入运行。离心式机组年度开机前要做好以下检查与准备工作：

a.检查电路中的随机熔断管是否完好无损,对主电机的相电压进行测定,其相平均不稳定电压应不超过额定电压的2%;

b.检查主电机旋转方向是否正确,各继电器的整定值是否在说明书规定的范围内。

c.检查油泵旋转方向是否正确,油压差是否符合说明书的规定要求。

d.检查制冷系统内的制冷剂是否达到规定的液面要求,是否有泄漏情况。

e.因冬季防冻而排空了水的冷凝器和蒸发器及相关管道要重新排除空气,充满水。

f.润滑导叶调节装置外部的叶片控制连接装置。

g.检查冷冻水泵、冷却水泵、冷却塔。

h.检查机组和水系统中的所有阀门是否操作灵活,无泄漏或卡死现象,各阀门的开、关位置是否符合系统的运行要求。

完成上述各项检查与准备工作后,再接着做日常开机前的检查与准备工作。当全部检查与准备工作完成后,合上所有的隔离开关即可进入冷水机组及其水系统的启动操作阶段。

（2）运行参数

不同类型和同类型但不同形式的机组,由于其自身的工作原理和使用的制冷剂不同,在运行参数和运行特征方面都或多或少有些差异,了解和掌握所管理的冷水机组正常运行标志和制冷量的调节方法,是掌握用好该机组主动权的重要基础。

不论何种冷水机组,在运行时主要需关注以下情况:a.蒸发器冷冻水进、出口的温度和压力;b.冷凝器冷却水进、出口的温度和压力;c.蒸发器中制冷剂的压力和温度;d.冷凝器中制冷剂的压力和温度;e.主电机的电流和电压;f.润滑油的压力和温度;g.压缩机组运转是否平稳,有否异常的响声;h.机组的各阀门有无泄漏;i.与各水管的接头是否严密。

冷水机组的主要运行参数要作为原始数据记录在案,以便与正常运行参数进行比较,借以判断机组的工作状态。当运行参数不在正常范围内时,就要及时进行调整并找出异常的原因予以解决。以离心式机组的正常运行参数与制冷量调节为例进行说明。

①离心式冷水机组正常运行参数：

由于目前离心式冷水机组有一、二、三级压缩之分,使用的制冷剂也分别有R22,R123,R134a等,因此其正常运行参数也各有不同。以下给出目前使用较多的CVHE型三级压缩式冷水机组,19XL型、YK型和PEH型单级压缩式冷水机组的正常运行参数以供比较,分别参见表8.1、表8.2、表8.3和表8.4。

表8.1　CVHE型三级压缩式冷水机组的正常运行参数（R11,R123）

运行参数	正常范围	备　注
蒸发器压力	0.04~0.06 MPa（12~18inHg）	真空度
冷凝器压力	0.01~0.08 MPa（2~12 psig）表压力	标准冷凝器

续表

运行参数	正常范围	备　注
油箱温度	46~66 ℃(115~150 ℉)	
净油压	0.12~0.14 MPa(18~20 psid)压差	R11
	0.08~0.12 MPa(12~18 psid)压差	R123

表 8.2　19XL 型单级压缩式冷水机组的正常运行参数(R22)

运行参数	正常范围
蒸发器压力	0.41~0.55 MPa(60~80 psig)表压力
冷凝器压力	0.69~1.45 MPa(100~210 psig)表压力
油温	43 ℃(约 110 ℉)以上
油压差	0.1~0.21 MPa(15~30 psid)
轴承温度	60~74 ℃(140~165 ℉)

表 8.3　YK 型单级压缩式冷水机组的正常运行参数(R134a)

运行参数	正常范围
蒸发器压力	0.19~0.39 MPa(28~57 psig)表压力
冷凝器压力	0.65~1.10 MPa(94~160 psig)表压力
油温	27.2~76.1 ℃(71~169 ℉)
油压差	0.17~0.41 MPa(25~59 psid)

表 8.4　PEH 型单级压缩式冷水机组的正常运行参数(R134a)

运行参数	正常范围
蒸发器压力	0.19~0.41 MPa(28~60 psig)表压力
冷凝器压力	0.59~0.97 MPa(85~140 psig)表压力
油温	32~54.4 ℃(90~130 ℉)
油压差	0.69~1.10 MPa(100~160 psid)

②制冷量调节:

由于空调冷负荷随室内外条件的变化而变化较大,因此要求冷水机组的制冷量也必须有较大的调节范围与其相适应,而且机组在部分负荷时亦要有较高的效率。

目前离心式冷水机组大都采用进口可转导叶调节法,即在压缩机叶轮进口前设置可转进口导叶,通过自动调节机构,改变进口导叶开度,使机组的制冷量作相应改变。CVHE 型机组的调节范围为 20%~100%,19XL 型机组的调节范围为 40%~100%。

当空调冷负荷减小时,蒸发器的冷冻水回水温度下降,导致蒸发器的冷冻水出水温度相应降低,当该温度低于设定值时,感应调节系统会自动关小压缩机进口导叶的开度,进行减载,使冷水机组的制冷量减小,直至蒸发器冷冻水出水温度回升至设定值,机组制冷量与空调冷负荷达到新的平衡为止。反之,当空调冷负荷增加时,蒸发器的冷冻水进水温度上升,导致蒸发器的冷冻水出水温度高于设定值,则导叶开度自动开大,使机组的制冷量增加,直至蒸发器出水温度下降到设定值为止。

此外,离心式冷水机组还有主电机采用变频调速来实现机组制冷量与空调冷负荷相匹配的。即通过改变电源频率来调节主电机转速,使离心式压缩机的叶轮转速变化从而达到制冷量变化的目的。离心式冷水机组采用变频调速不仅能使压缩机在低负荷运行时效率提高,还可以避免产生喘振。

(3)停机

舒适性用途的中央空调系统由于受使用时间和气候的影响,其运行是间歇性的。当不需要继续使用或要定期保养维修或冷冻水供水温度低于设定值而停止冷水机组制冷运行时,为正常停机;因冷水机组某部分出现故障而引起保护装置动作的停机为故障停机。到停用时间(如写字楼下班、商场关门等)需要停机、要进行定期保养维修需要停机或其他非故障性的人为主动停机,通常都是采用手动操作;冷冻水供水温度低于设定值和因故障或其他原因使某些参数超过保护性安全极限而引起的保护停机,则由冷水机组自动操作完成。

一般来说,空调用水冷冷水机组及其水系统的停机操作顺序是其启动操作顺序的逆过程,即冷水机组→冷却水泵→冷却塔→冷冻水泵→空气处理装置。需要引起注意的是,冷水机组压缩机与冷却水泵的停机间隔时间,应能保证进入冷凝器内的高温高压气体制冷剂全部冷凝为液体,最好全部进入贮液器;冷水机组压缩机与冷冻水泵的停机间隔时间,应能保证蒸发器内的液态制冷剂全部气化变成过热气体,以防冻管事故发生。

以离心机组为例说明机组及其水系统的停机操作流程。

①手动停机:

a.将导叶控制开关的旋钮转向"减负荷"(或"关")的位置,则导叶关闭,然后将冷水机组的位置开关从"自动/遥控"改换为"等待/复位"(或按下主电机的停止按钮),使主电机断电;

b.停止冷却水泵和冷却塔风机的运转;

c.压缩机停机 15 min 后,停止冷冻水泵的运转;

d.除了控制电源开关外,断开所有的隔离开关。

②自动停机:

a.当蒸发器的出水温度低于设定的冷冻水供水温度时,主电机和冷却水泵立刻自动停止运转,但冷冻水系统仍保持运行状态。

b.冷水机组因发生故障而由安全保护装置动作引起的自动停机,一般均有报警信号出现或相应故障指示灯亮(代码显示),对于 CVHE 型三级压缩式冷水机组来说,显示器窗口显示的故障诊断代码分为"自锁型"和"非自锁型"两类,前者在诊断的故障状态消除后需要手动再启动,而后者只要诊断的故障状态消除就可以自动地再启动。

③注意事项:

a.当主电机停止运转后,油泵还会延时运行 1~2 min 后才会停止运转,以保证压缩机在完全停止运转之前的润滑。在此期间,"运转"状态指示灯仍然亮着,此时表示在进行延时润滑。

b.对于冷冻水供水温度降低到设定温度而自动停机的情况,油泵延时 2 min 的润滑一结束,冷水机组将回到自动启动的待命状态。由于冷冻水系统在冷水机组停机期间仍保持循环流动状态,因此水温会逐渐升高,当蒸发器的出水温度回升到高于设定温度时,只要满足停机 20~30 min 的时间间隔要求,机组便会自动启动,再次投入运行。

c.停机后油温调节系统会自动投入运行,油加热器在主电机停机后 2 min 自动接通电源投入工作,以维持油温在 60~75 ℃,防止大量制冷剂溶入润滑油中。

2) 热水锅炉运行与调节管理

我国燃料政策的改变、城市环境保护的需要、高层建筑的大量兴建以及某些建筑外部条件的限制,使我国的能源结构正逐步走向多元化。另外,油气资源的大力开发,油品供应的市场化,人工煤气、天然气和液化石油气管道化供气的逐步普及,以及油气燃料具有的诸多优点,均促使燃油燃气锅炉得到越来越广泛的使用。20 世纪 90 年代以来,国内新建的宾馆、酒店、写字楼、商厦、医院等民用建筑,基本上均采用燃油燃气锅炉。为此,本节主要对燃油燃气锅炉的运行管理进行讨论分析,燃煤锅炉的运行管理可参考相关资料。

燃油燃气热水锅炉运行管理的基本任务是在运行安全、经济的前提下保证锅炉出力,使输出的热水满足供暖所需热水的温度和流量的要求。为此,在运行前对燃油燃气热水锅炉进行全面检查,做好有关的准备工作,是确保其安全、经济运行的基本条件。

为了保证燃油燃气锅炉安全可靠地运行,并达到节约能源、保护环境的要求,每年要有计划地对其进行检修。经过检修的燃油燃气锅炉,在准备点火前,必须按照检修的要求和标准,进行全面检查,其目的是为了确认锅炉本体和水、风、燃油或燃气等工艺系统设备、仪表是否完好,是否具备点火启动的条件。同时,通过检查使运行管理人员了解和掌握各系统和设备的情况。

对于新装、移装、改造、检修后和长期停用的燃油燃气锅炉,在点火前做全面检查应包括的项目、内容和要求如下:

①室内环境检查:无施工作业,照明通风良好,无易燃易爆品存放,消防设施完好,室内空气中的油气浓度符合要求,燃油锅炉房地面无积油。

②锅炉内、外部检查:锅筒、集箱内无遗留的工具和其他杂物,手孔盖、人孔盖上好并拧紧,炉膛受热面、绝热层完好,炉膛内无残留燃料油或油垢,燃烧设备良好,防爆门、烟道阀门开关灵活,烟道内无杂物。

③安全附件检查:安全阀已调整到规定的开启压力,压力表有期限内的法定检验标志,指针偏离零位的数值不超过规定的允许误差。

④管路检查:各管道的支架、保温、管道与阀门的连接良好,各阀门开关灵活,且处于合适的开关位置。

⑤燃料系统检查:油罐储油量能满足要求,油位和油温指示正确,燃气供应压力正常,燃料输送管路、过滤器以及油加热器、油泵等无异常情况。使用燃油的锅炉,其日用油箱的油位在最低与最高之间,日用油箱与燃烧器之间的油路畅通。

⑥电气设备检查:水泵及送、引风机完好,供电电压、接地和润滑情况符合要求。

⑦使用液化石油气或乙炔气点火的锅炉,液化石油气或乙炔气压力达到要求,阀门已开启。

⑧对能够设置出水温度的锅炉,确认出水温度值已设置好。

⑨点火程序控制和熄火保护装置均灵敏可靠。

上述检查工作完成并达到要求后即可给锅炉上水（也称为充水）。启动给水泵，打开放气阀向锅炉上水，如无放气阀可稍提起安全阀，以便向锅炉上水时排除锅炉内的空气。给水的水质应符合锅炉给水标准，上水速度要缓慢，水温不宜过高，一般在 40 ℃ 左右为好。供水时，发现人孔盖、手孔盖或法兰结合面有漏水或渗水现象时，应暂停供水，待拧紧螺栓、无渗漏后再继续供水。

燃油燃气锅炉上水时间的长短与锅炉的特性及锅炉内的温度有关。为使锅炉热膨胀均匀，上水的持续时间一般夏季为 2 h、冬季为 3 h，对新装锅炉或有缺陷的锅炉，还应酌情延长时间。如供水过急，锅炉会因受热不均产生温度应力，引起胀口渗漏。

锅炉供水完毕若无异常情况，即可启动循环水泵，使热水供暖系统中的水循环流动起来。在日常运行期间，上述冷炉点火前的检查与准备工作的内容可酌情增减。

燃油燃气锅炉要达到安全、经济运行的目的，除了在点火过程中要谨慎小心以外，还必须经常监视锅炉的运行工况，并及时根据负荷情况进行调节，以保证锅炉燃烧正常、压力和温度稳定。

热水锅炉的启动，与燃煤锅炉相比，燃油燃气锅炉的启动要简单、快速得多，同时危险性也大得多，因此在启动时一定要按规定的操作程序进行操作。

（1）启动过程

燃油燃气锅炉燃料的着火比较容易，当有未完全燃烧的油雾或可燃气体积存在炉膛和烟道内时，点火后易发生爆炸事故。对负压运行的锅炉，在炉膛温度比较低时点火，又会造成不完全燃烧，此时大量可燃气体进入锅炉后部烟道，在明火或高温作用下极易引发二次燃烧或爆炸。通常这类事故约占燃油燃气锅炉事故的 50%以上。

为了保证锅炉的启动安全，现代燃油燃气锅炉都采用点火程序控制自动调节装置，它的工作过程为：

①当锅炉水位正常、水系统经检查已启动，即接通控制器启动电源，点火程序控制开始工作。

②风机启动，对炉膛和烟道进行吹扫。吹扫工作完成（按设定时间，一般为 5~10 min）即关闭风门。

③点燃过程：电极产生高压电火花，气体助燃器开始点燃；燃烧器电磁阀开通、点小火；火焰监测器开始工作；如燃烧正常，再延后 1~2 min，启动大火电磁阀点大火；经监测大火正常后，转为正常燃烧阶段。

④锅炉给水自动调节以及有关的保护装置、连锁装置投入运行。

（2）点火前和启动期间应注意的事项

①燃油燃气锅炉点火前均要先用空气吹扫，吹扫时间根据炉膛和烟道的容积、风机通风量决定，但不少于 5 min。目的是将炉膛和烟道中可能积存的可燃气体排除出去，防止点火时炉膛或烟道爆炸。

②燃用重油的锅炉，点火前应先运行重油加热器，然后开启油泵，待油温、油压符合要求后才能点火。

③锅炉启动时间应根据锅炉类型和水容量确定。一般立式锅炉水容量小，启动所需间要短些；卧式锅炉、水容量大的锅炉，启动所需时间要长些。总的来说启动要缓慢进行。

启动时火焰应调至"低火"状态，使炉温逐渐升高。如果启动时间短，温度增高过快，锅炉各部件受热膨胀不均,会造成胀口渗漏、角焊缝处出现裂纹,或者引起板边处起槽等问题和故障。

④启动过程中,为了使锅炉受热均匀,可采用间断放水的方法,从锅炉底部放出一部分水,同时相应补充水,这样可以使锅炉本体各部分尽快达到均匀的温度。

（3）运行时主要监控的参数

燃油燃气锅炉运行时,只要掌握好燃烧的操作技能,并掌握好用水的规律,就能保证压力的稳定,防止事故的发生,同时还能节约燃料,提高锅炉热效率。燃油燃气热水锅炉运行时,只要掌握好燃烧的操作技能,并掌握好用水的规律,就能保证压力的稳定,防止事故的发生,同时还能节约燃料、提高锅炉热效率。燃油燃气热水锅炉运行时,需要监视和调节的参数主要有:

①水温:锅炉的出水温度是热水锅炉运行中应严格监视和控制的指标,出水温度过高会引起锅水汽化,锅水大量汽化会造成超压以致损坏锅炉。热水锅炉的司炉工应十分清楚所操作锅炉的最高允许温度值,一旦出水温度超过最高允许温度值就要紧急停炉。一般锅炉出水温度应低于锅炉出口压力对应的饱和温度（沸点温度）20 ℃以下。出水温度过低则要调节燃烧,将其提高到规定值。

②压力:正常运行时,热水锅炉的压力应当是恒定的,要严格控制运行压力在允许的范围内,超过或低于允许压力值都是不行的,都会影响热水锅炉及其供暖系统的正常运行。除了锅炉进出口压力外,还应随时监视循环水泵入口的压力,也要使其保持稳定,一旦发现压力波动较大,应查明原因,及时进行处理。

③炉膛负压:对于负压燃烧的锅炉,其正常运行时,炉膛负压一般应控制在 20~50 Pa。炉膛压力偏高,火焰就可能喷出,损坏燃烧设备或烧伤人员;而炉膛负压过大,则会吸入过多的冷空气,致使炉膛温度降低,增加热损失。

运行时还应注意以下事项:

①经常排气:运行中随着水温升高会不断有溶解的气体析出,当补给水进入锅炉时,也会有空气带入,因此要经常开启放气阀排气,否则会使管道内积聚空气,甚至形成气塞,影响水的正常循环和供暖效果。

②减少补水量:热水供暖系统应最大限度地减少系统补水量,因为补水量的增加不仅会提高运行费用,还会因水质处理不易进行而造成锅炉和管路的结垢和腐蚀。要加强锅炉及管路系统的检查和管理,发现漏水及时处理,禁止随意放取热水供作他用。

③防止汽化:热水锅炉在运行中一旦发生汽化现象,轻者会引起水击,重者使锅炉压力迅速升高,甚至发生爆炸。为了避免汽化,应使炉膛放出的热量及时被循环水带走。在正常运行中,除了必须严密监视锅炉出口水温,使水温与沸点之间有 20 ℃的温度裕度,并保持锅炉内的压力恒定外,还应使锅炉各部位的循环水流量均匀。要密切注视锅炉和各循环回路的温度与压力变化,一旦发现异常情况,要及时查明原因（例如受热面外部是否结焦、积灰,内部是否结水垢或者燃烧不均匀等）予以消除。必要时,应通过锅炉各受热面循环回路上的调节阀来调整水流量,以使各并联回路的温度相接近。

（4）燃烧调节

燃油燃气锅炉要实现安全燃烧,应具备下列基本条件:

a.采用燃烧性能稳定的燃烧器;

b.正确安装和使用符合要求的安全装置;

c.点火前必须按规定对炉膛和烟道进行吹扫;

d.点火时必须按操作规程操作;

e.如果因熄火而需要再次点火时,应先关闭供油或供气阀门,待查明熄火原因,并把故障排除,对炉膛和烟道进行吹扫后再进行点火;

f.燃油或燃气输送管路系统及装置无泄漏;

g.注意对燃烧器和安全装置的日常维护保养,使其经常保持完好状态。

燃油燃气锅炉正常燃烧时,炉膛中火焰稳定,呈白橙色,一般有轻微隆隆声。如果火焰狭窄、无力、跳动或有异常声响,均表示燃烧有问题,应及时调节。对燃烧进行调节的要领是:

a.喷入炉中的燃料量与燃烧所需空气量要相配合适,并且两者要充分混合均匀。

b.除特殊情况外,炉膛温度应尽量保持一定高温。

c.不能无节制燃烧。注意应不使锅炉本体受强烈火焰的冲刷,并且经常监视火焰的流动方向。

d.不能骤然增减燃烧量。增加燃烧量时,应首先增加通风量;减少燃烧量时,则应首先减少燃料供应量,绝不可以相反行事。

e.防止不必要的空气侵入炉内,以保持炉内高温,减少热损失。

如经过调节仍无好转,则应熄火查明原因,待采取措施消除故障后再重新点火。

燃油是液体燃料,但其燃烧却是在气态下进行的。油嘴(又称油喷嘴或雾化器)将具有一定压力和温度的燃油雾化成细小的油滴喷入炉膛后,油滴很快吸热气化为油蒸气,并通过调风器与送入炉膛的空气混合,当油蒸气与空气的混合物达到一定温度后开始着火、燃烧。因此,燃油良好的雾化是其完全燃烧的首要条件,而油蒸气与空气合适的混合比例又是决定燃油良好燃烧的另一个重要因素。由于燃油的燃烧器包括两个部分:一是油嘴,作用是调节喷油量和使油雾化;二是调风器,作用是使燃油燃烧得到良好的配风。因此,燃油锅炉的燃烧调节主要从以下四个方面着手:

①调节喷油量:

a.对于简单机械雾化油嘴,在一般情况下只能通过改变油嘴进口油压的方法调节喷油量。由于低负荷时,降低油压会使雾化质量变差,因此其调节幅度有限,一般调节范围只有10%~20%。当负荷变化较大时,可以通过更换不同孔径的雾化片来增减喷油量,以适应调节要求。现在的燃烧器多采用两个油嘴,以适应负荷的变化:低负荷时只用一个油嘴,高负荷时两个油嘴同时喷油。

b.回油式机械雾化油嘴由于比简单机械雾化油嘴多了一个能使油从旋流室流回油箱的回油管道,因此其喷油量调节范围较大,一般在40%~100%,可以通过调节回油阀的开度改变回油量来调节喷油量。

c.蒸汽雾化油嘴是以高速蒸汽为动力,将油带出油嘴并破碎为油滴,因此一般是通过调油压和气压来达到调节喷油量的目的。

应该引起注意的是:在正常运行中,不能随意急剧改变喷油量。因为喷油量过大,易燃烧不完全,会导致排烟温度升高,严重时烟囱会冒黑烟;喷油量过小,则锅炉出力不足。只有合适的喷油量才能保证锅炉出力与系统负荷相适应,并在最佳热效率下运行。

②调节送风量:

送风量的调节可以通过风机电机的变频调速或者调节风门开启度来实现。而送风量为多少最有利于经济燃烧,则要根据炉膛出口的过剩空气系数来决定。送风量太大会降低燃烧室温度,不利于燃烧,并且增大烟气量和排烟热损失;送风量不足,则会导致燃烧室缺氧,造成燃烧不完全和尾部受热面积炭,容易发生二次燃烧或爆炸事故。

理论上应根据喷油量的增减,相应调节送风量。在实际应用中,通常是根据油嘴的燃烧情况或用二氧化碳分析仪、氧量分析仪等仪器来测定烟气中二氧化碳或氧含量,以决定所需送风量的多少。一般用调节风门的开启度来改变送风量,如解决不了问题,则应考虑风机风量、风压是否足够。

③调节引风量:

锅炉负荷的变化使喷油量、送风量、燃烧所产生的烟气量等都跟着相应变化,因此引风量也要及时调节(微正压燃烧的锅炉除外,因其只设送风机不设引风机,炉膛为微正压)。在正常运行中通常应保持炉膛一定的负压,负压过大,会增加漏风,增大引风机电耗和排烟热损失;负压过小,容易喷火伤人,影响锅炉房整洁。为此,当锅炉负荷增加时,应先增加引风量,后增加送风量,再增加喷油量和油压;当负荷降低时则反向操作。

④调节火焰:

a.火焰中心的调整:要使火焰中心居中、分布均匀,首先应均匀投用油嘴;其次,要调整好各燃烧器出口的气流速度。火焰中心的高低,可以通过改变上下排油嘴的喷油量来调节。如果火焰中心偏斜是由于油嘴安装不当造成的,则应调整其安装位置。

b.火焰分析:火焰情况及分析参见表8.5。

表8.5　燃油火焰分析

火焰情况	原因分析	处理或调整方法
火焰呈白橙色、光亮、清晰	1.油嘴良好,位置适当 2.油风配合良好	燃烧良好
火焰暗红	1.雾化片质量不好或孔径过大 2.油嘴位置不当 3.送风量不足 4.油温过低 5.油压太低或太高	1.更换 2.调整 3.增加 4.提高 5.调整
火焰紊乱	1.油风配合不良 2.油嘴角度及位置不当	1.调整 2.调整
着火不稳定	1.油嘴与调风器位置配合不良 2.油嘴质量不好 3.油中含水过多 4.油质、油压波动	1.调整 2.更换 3.疏水 4.提高油质,稳定油压
火焰中放蓝色火花	1.调风器位置不当 2.油嘴周围结焦 3.油嘴孔径过大或接缝处漏油	1.调整 2.清焦 3.更换
火焰中有火星和黑烟	1.油嘴与调风器位置不当 2.油嘴周围结焦 3.送风量不足 4.炉膛温度太低	1.调整 2.清焦 3.增加 4.避免长时间低负荷运行

续表

火焰情况	原因分析	处理或调整方法
火焰中有黑丝条	1.油嘴质量不好 2.局部堵塞或雾化片未压紧 3.送风量不足	1.更换 2.清洗或压紧雾化片 3.增加

c.着火点的调整:油雾着火点应靠近喷嘴,但不应有回火现象。着火早有利于油雾完全燃烧和稳定。但着火过早,火焰离喷嘴太近,容易烧坏油嘴和炉墙。炉膛温度、油的品种和雾化质量以及风量、风速和油温等都会影响着火点的远近。如要调整着火点,应先查明原着火点不好的原因,然后再有针对性地采取措施。当锅炉负荷不变,且油压、油温稳定时,着火点主要由风速和配风情况而定。例如推入稳焰器,降低喷嘴空气速度会使着火点靠前;反之,会使着火点延后。当油压、油温过低或雾化片孔径太大时,油雾化不良,也会延迟着火。

燃气的燃烧速度与燃烧的完全程度取决于气体燃料与空气的混合,混合越好,燃烧越迅速、完全,火焰也越短。由于燃气燃烧器由燃气喷嘴和调风器组成,其燃烧过程没有燃油那样的雾化与气化过程,只有与空气混合和燃烧的过程,因此燃气锅炉的燃烧调节要比燃油锅炉简单得多,只需调节燃气量与送风量即可。调节时要注意以下两个问题:

a.燃气的种类很多,发热值也相差悬殊,不同发热值的燃气,其配风比例也不同;

b.不同发热值的燃气所采用的燃烧器和燃烧方式可能不同,如采用的燃烧器形式和燃烧方式不合理,易导致脱火或回火而影响锅炉出力,这类问题则不是通过调节就可以解决的。

(5)运行调节

锅炉的运行调节是指根据负荷情况改变锅炉对管网的供水温度或流量,以满足供暖质量和安全运行的要求。主要调节方式有:

①质调节:在流量不变的情况下,改变锅炉对管网的供水温度。

②量调节:在供水温度不变的情况下,改变锅炉对管网的供水流量。

③间歇调节:改变每天供热时间的长短,即改变锅炉运行时间。

对于大面积集中供暖系统,一般在初运行时首先进行量调节。调节方法可用超声波流量计测试调节各管网环路的运行流量,亦可用测试回水温度的方法调节其流量。各环路流量调节平衡后,在运行中应根据室外温度的变化进行质调节及间歇调节。其调节原则是:根据使用要求在确定供暖与间歇时间的基础上进行质调节。

为了除去污垢,保证锅炉及其供暖水系统运行的安全性和经济性,燃油燃气热水锅炉和供暖水系统的除污器都要定期排污。

①锅炉排污:

热水锅炉在运行期间要通过排污阀定期排污,其排污的目的主要是排出积聚在锅筒及下集箱底部的沉渣和污垢,如果不排污,将会使锅炉的受热面传热不良,产生鼓疱变形,从而引发事故。排污的时间间隔取决于锅水质量。一般在锅筒和下集箱底部的管上串联安装了两个排污阀,靠近锅炉和集箱的一个为慢开阀,另一个为快开阀。排污时应先开启慢开阀,后开启快开阀。排污结束后,应先关闭快开阀再关闭慢开阀。

排污应注意以下事项：

a.排污时锅水应低于 100 ℃，防止锅炉因排污而降压，使锅水汽化和发生水击。

b.排污次数视水质状况而定，一般每周一次。如采用锅内加药的水处理方法或水质较差时，可适当增加排污次数。一台锅炉有几根排污管时，必须使所有的排污管逐个轮流排污，不得同时进行。当多台锅炉使用一根排污总管，而每台锅炉排污管上又无逆止阀时，严禁同时排污，以防污水倒流进相邻锅炉。

c.排污要在停火时，最好是在停泵时进行，此时锅内水流平缓，渣垢易积聚，排污效果好。

d.排污时最好速开速关排污阀，并重复几次，造成渣垢扰动易于排净。

e.每次排污量视具体排污情况而定，水变清无污垢即可。

f.排污结束间隔一段时间后，用手摸排污阀后的排污管道，检查排污阀是否渗漏。如感觉热，表明排污阀渗漏，应查明原因后加以消除。

②供暖水系统除污器排污：

在热水供暖系统中，为了防止回水将管网与用户中的污物带入锅炉，在其回水干管的末端通常都装有除污器。供暖系统经过一段时间运行后，会有污物在除污器中聚积，定期将除污器中的污物排除，对保证热水锅炉及供暖系统的正常运行是非常必要的。一般每周排污一次，长时间不排污会使除污器的除污效果显著下降，甚至使除污器严重腐蚀。每次排污量不宜过多，将积存的污物排除即可。供暖季节结束后，应将除污器彻底清洗一遍。

(6)停炉与停电措施

当需要锅炉停止运行时就要停炉，燃油燃气锅炉的停炉通常有正常停炉和紧急停炉两种形式，停炉的前提条件不一样，其操作步骤也不一样。与主动停炉不一样，因停电造成的停炉为被动停炉，由于停电往往来得突然，没有先兆，因此危险性大，要给予充分重视。

①正常停炉：

燃油燃气锅炉正常停止运行称为正常停炉。正常停炉时，安全退出燃烧状态的一般操作程序为：

a.先关闭燃烧器的大火开关，再关闭小火开关，并切断电源，若有多个燃烧器工作则逐个间断关闭燃烧器，缓慢降低负荷；

b.燃烧器全部关闭后，立即先停油泵再关闭油阀或关闭燃气总阀和燃烧器阀门，然后停止送风；

c.5~10 min 后，炉膛内的可燃气体全部排出，再停引风机；

d.关闭炉门、烟道和风道挡板，防止冷空气进入炉膛；

e.油燃烧器停止喷油后，应立即用蒸汽吹扫油管道，将存油放回油罐避免进入炉膛；

f.当锅炉出水温度降到 50 ℃ 以下时停泵，并关闭水系统各阀门；

g.长期停炉需要放水时，应在锅炉熄火 24 h 后进行，而且水温要降到 80 ℃ 以下才能排放。

②紧急停炉：

燃油燃气锅炉在运行中出现一些异常情况时，如不立即停炉，就有可能危及设备和人身安全，因此必须立即停止锅炉运行，这就是紧急停炉。

热水锅炉运行中，遇到下列情况之一时，应立即停炉：

a.锅水汽化或锅炉出水温度与出口压力对应下的饱和温度差值小于 20 ℃；

b.锅水温度迅速上升并失去控制;

c.循环水泵或给水泵全部失效;

d.压力表或安全阀全部失效;

e.给水泵不断向锅炉补水,但锅炉压力仍继续下降;

f.锅炉元件或燃烧设备等损坏,危及运行管理人员安全或锅炉安全运行;

g.其他异常情况,且超过安全运行的允许范围。

紧急停炉的操作步骤为:

a.关闭油阀或气阀,停止向燃烧器供燃油或燃气,并停止燃烧器运行;

b.打开烟道挡板,对炉膛和烟道进行通风,使锅炉尽快冷却;

c.视事故的性质,必要时可开启放气阀、安全阀迅速排放蒸汽,降低压力,如无缺水现象,还可以采用排污和补水交替进行的方式,来加速降低锅水温度和降低锅炉压力;

d.如因锅炉缺水而紧急停炉时,严禁向锅炉补水,也不能开启放气阀或提升安全阀等进行有关加强排气的调整工作,以防止锅炉受到突然的温度或压力变化而将事故扩大;

e.如循环水泵工作正常则不得立即停泵,待锅炉出水温度降到50 ℃以下时才能停止循环水泵的运转。

③停电保护:

自然循环的热水锅炉突然停电时,仍能保持锅水继续循环,对安全运行威胁不大。但是强制循环的热水锅炉在突然停电并造成水泵和风机均停止运转时,锅水循环会立即停止,从而很容易因汽化而发生严重事故。此时,必须迅速使炉温降低,同时关断锅炉与供暖系统之间的阀门。如果给水(自来水)压力高于锅炉静压(如此条件不能满足,也可用有高层供暖用户的回水),则马上向锅炉供水,并同时开启锅炉的排污阀和放气阀,使锅水一面流动,一面降温,直至消除炉膛余热为止(通过监测水温控制)。有些较大的锅炉房内设有备用电源或柴油发动机,在电网停电时,应迅速启动,确保系统内水循环不至中断。

8.3.2 辅助设备的运行管理

风机和水泵是中央空调系统中使用最多的流体输送机械设备,由于其数量多、分布广、耗能大,因此,精心做好风机和水泵的运行管理工作尤其显得意义重大。

冷却塔长期在室外条件下运行,加强其运行管理不仅可以提高冷却塔的热湿交换效果,而且对实现冷却塔节电、节水经济运行和延长其使用寿命有重要意义。

以风机为例对辅助设备的运行管理相关内容作阐述说明,其余辅助设备的运行管理可参阅相关资料。

风机是通风机的简称,在中央空调系统各组成装置中用到的风机主要是离心式通风机(简称离心风机)和轴流式通风机(简称轴流风机)。通常空气处理机组(如柜式、吊顶式风机盘管和组合式空调机组)、单元式空调机以及小型风机盘管都是采用离心风机。由于使用要求和布置形式的不同,各装置所采用的离心风机还有单进风和双进风、一个电机带一个风机或两个风机之分。轴流风机主要是在冷却塔和风冷冷凝器中使用,其叶片角度并不是所有型号的都能随意改变,一般小型轴流风机的叶片角度是固定不变的。

离心风机和轴流风机虽然工作原理不同,构造也大相径庭,但其性能参数——流量、全压、轴功率、转速四者之间的关系却是一样的,且在空调及其附属装置中使用时都是由电机驱动,并绝大多数是直联或由皮带传动。由于离心风机在中央空调系统中的使用多于轴流风机,因此,下面以离心风机为主进行讨论。

（1）检查与维护保养

风机的检查分为停机检查和运行检查,检查时风机的状态不同,检查内容也不同。风机的维护保养工作一般是在停机时进行的。

①停机检查及维护保养工作:

风机停机不使用可分为日常停机(如白天使用,夜晚停机)或季节性停机(如每年 4—11 月份使用,12—3 月份停机)。从维护保养的角度出发,停机(特别是日常停机)时主要应做好以下几方面的工作:

a.皮带松紧度检查:对于连续运行的风机,必须定期(一般一个月)停机检查调整一次;对于间歇运行(如写字楼的中央空调系统一天运行 10 h 左右)的风机,则在停机不用时进行检查调整工作,一般也是一个月一次。

b.各连接螺栓螺母紧固情况检查:在做上述皮带松紧度检查时,同时进行风机与基础或机架、风机与电机以及风机自身各部分(主要是外部)连接螺栓螺母是否松动的检查工作,并进行紧固。

c.减振装置受力情况检查:在日常运行值班时要注意检查减振装置是否发挥了作用,是否工作正常。主要检查各减振装置是否受力均匀,压缩或拉伸的距离是否都在允许范围内,有问题要及时调整和更换。

d.轴承润滑情况检查:风机如果常年运行,轴承的润滑脂应半年左右更换一次;如果只是季节性使用,则一年更换一次。

②运行检查工作:

风机有些问题和故障只在运行时才会反映出来,风机在转并不表示它的一切工作正常,需要通过运行管理人员的摸、看、听及借助其他技术手段去及时发现风机运行中是否存在问题和故障。因此,运行检查工作是不能忽视的一项重要工作,其主要检查内容有:电机温升情况,轴承温升情况(不能超过 60 ℃),轴承润滑情况,噪声情况,振动情况,转速情况,软接头完好情况。

（2）运行调节

风机的运行调节主要是改变其输出的空气流量,以满足相应的变风量要求。调节方式可以分为两大类:一类是风机转速改变的变速调节;另一类是风机转速不变的恒速调节。

①风机变速风量调节:

风机变速风量调节实质上是改变风机性能曲线的调节方法,改变风机转速的方式很多,但常用的主要是改变电机转速和改变风机与电机间的传动关系。

a.改变电机转速:常用的电机调速方法按效率高低顺序排列有:变极对数调速;变频调速、串级调速、无换向器电机调速;转子串电阻调速、转子斩波调速、调压调速、涡流(感应)制动器调速。

b.改变风机与电机间的传动关系:调节风机与电机间的传动机构,即改变传动比,也可以达到风机变速的目的。常用的方法有:更换皮带轮;调节齿轮变速箱;调节液力偶合器。

前两种调节方法显然是不能连续进行的,需要停机,其中更换皮带轮调节风量更麻烦,需要做传动部件的拆装工作。液力偶合器倒是可以根据需要随时进行风量的调节,但作为一个专门的调节装置,需要投入专项资金另外配置。

由于在中央空调系统中使用的风机一般都是随机配置在空气处理机组、单元式空调机、冷却塔、风冷冷凝器等设备中的。因此,是否能进行风量调节取决于这些设备制造厂家是否在设备上配置了有关调节装置。目前,在上述设备中,风机调速用得较多的主要是小型风机盘管。对于运行管理者来说,要对没有风量调节装置的设备进行改造难度是很大的,涉及设计选型、施工安装、资金投入等技术、经济诸多方面的问题。

大量使用情况表明,配备风机的空调设备在使用期内一般都有部分时间可以在低于额定风量的情况下运行,如果不重视这样一种普遍存在的情况,不相应地调低风量,则既不利于空调系统的整体节能降耗,也不利于这些设备安全经济地使用。因此,为了适应空调及辅助设备变风量运行的要求,节约能源,降低运行费用,根本的解决办法是由设备制造厂家开发、生产能进行风量调节的同类系列产品供市场选用,这是各类配置风机的空调及辅助设备的一个发展趋势。

②风机恒速风量调节:

风机恒速风量调节即保持风机转速不变的风量调节方式,其主要方法有:

a.改变叶片角度:改变叶片角度是只适用于轴流风机的定转速风量调节方法。通过改变叶片的安装角度,使风机的性能曲线发生变化,这种变化与改变转速的变化特性很相似。由于叶片角度通常只能在停机时才能进行调节,调起来很麻烦,而且为了保持风机效率不至太低,角度可调节范围较小,再加上小型轴流风机的叶片一般都是固定的,因此,该调节方法的使用受到很大限制。

b.调节进口导流器:调节进口导流器是通过改变安装在风机进口的导流器叶片角度,使进入叶轮的气流方向发生变化,从而使风机性能曲线发生改变的定转速风量调节方法。导流器调节主要用于轴流风机,并且可以进行不停机的无级调节。从节省功率情况来看,虽然不如变速调节,但比阀门调节有利得多;从调节的方便、适用情况来看,又比风机叶片角度调节优越得多。

③启动注意事项:

风机从启动到达到正常工作转速需要一定时间,而电机启动时所需要的功率超过其正常运转时的功率。由离心风机性能曲线可以看出,风量接近于零(进风口管道阀门全闭)时功率较小,风量最大(进风口管道阀门全开)时功率较大。为了保证电机安全启动,应将离心风机进口阀门全关闭后启动,待风机达到正常工作转速后再将阀门逐渐打开,避免因启动负荷过大而危及电机的安全运转。轴流风机无此特点,因此不宜关阀启动。

思考题

8.1　阐述建筑设备三级保养制度的具体内容。

8.2　如何做好建筑设备的更新改造工作?

8.3　供暖锅炉房、冷热源系统的监控主要对象各是什么?

8.4　供配电系统的监控对象是什么?

8.5　冷水机组开机、运行、停机的主要流程是什么?

附录1 火灾自动报警图形符号

序号	图例	名称	序号	图例	名称	序号	图例	名称	序号	图例	名称
1	B	火灾报警控制器	15		火灾部位显示盘(层显示)	29	Ø	防火阀(70℃熔断关闭)	43	PA	广播接线箱
2	B-Q	区域火灾报警控制器	16	C	控制模块	30	ØE	防火阀(24电控关,70℃温控开)	44	Q	传声器的一般符号
3	B-J	集中火灾报警控制器	17	M	输入监视模块	31	Ø280	防火阀(280℃熔断关闭)	45		音量控制器
4	LD	联动控制器	18	D	非编码探测器模块	32		排烟防火阀	46		高音扬声器
5	FS	火警接线箱	19		总线短路隔离器	33		排烟阀(口)	47		火灾报警电话机(实装)
6		感烟探测器	20	GE	气体灭火控制盘	34	RS	正压送风口	48		火灾报警对讲电话插座
7		感温探测器	21		紧急启停按钮	35	DM	防火卷帘门电气控制箱	49		火灾警铃
8		非编码感烟探测器	22		启动钢瓶	36		防火门磁释放器	50		电控箱
9		非编码感温探测器	23		放气指示灯	37	LT	电控箱(电梯迫降)			
10		火焰探测器	24	F	水流指示器	38		配电箱(切断非消防电源)			注:
11		手动报警按钮(带电话插孔)	25		湿式报警阀	39		火灾声光信号显示装置			K—空调机机控箱
12		红外光束感烟探测器(发射)	26		带监视信号的检修阀	40		吸顶式扬声器			P—排烟机电控箱
13		红外光束感烟探测器(接收)	27	P	压力开关	41		墙挂式扬声器			J—正压送风机或进风机电控箱
14		气体探测器	28		消火栓内起泵按钮	42		扩音机			XFB—消防泵电控箱
											PLB—喷淋泵电控箱

附 录

招 标 文 件

项目编号：××××××-××××-G001

项目名称：××办公楼二期冷暖
中央空调设备及安装

时间：××××年××月××日
××政府采购中心制

目　录

1

第1篇　招标邀请书

　　××政府采购中心(以下称"集中采购机构")根据××政府采购办公室下达的采购任务,对××办公楼二期中央空调设备及安装进行公开招标采购。欢迎合格的投标人参加投标。

　　本次招标资金来源为政府采购资金。

　　1.项目名称:××办公楼冷暖中央空调设备及安装,技术要求、安装施工图标准详见设计附件的规格(电子文档)。

　　2.招标文件售价(售后不退):包二人民币300元/份。

　　3.招标文件发售时间及地点:

　　时间:××××年2月15—19日(北京时间9:00—18:00)

　　地点:××政府采购中心(××路126号1A06)

　　4.投标、开标有关说明:

　　4.1　投标地点:××行政中心(××路126号3A09)

　　4.2　投标截止时间:××××年3月7日北京时间09:00整

　　4.3　答疑时间:××××年3月20日北京时间10:00整

　　地点:××政府采购中心(××路126号6A09)

　　4.4　开标时间:××××年3月7日北京时间09:00整

　　4.5　开标地点:××行政中心(××路126号3A09)

　　4.6　有关规定:超过投标截止时间、不按规定密封的投标或不按《招标文件》规定提交有效足额投标保证金的投标,我中心恕不接受。投标保证金应以现金支付,金额为1万元。

　　4.7　提交投标保证金户名:××政府采购中心

　　5.联系方式:

　　5.1　详细地址:××政府采购中心(××路126号1A06)

　　5.2　电话(传真):(××)×××××××

　　5.3　联系人:××老师、××老师　邮　编:××××××

2

第2篇 投标人须知

一、投标费用

一切与投标有关的费用,均由投标人自理。

二、投标资质

1.合格的投标人应具备承担招标项目的能力,具体符合下列条件:

1.1 具有独立承担民事责任的能力;

1.2 具有良好的商业信誉和健全的财务会计制度;

1.3 具有机械设备安装三级及三级以上资质、具有履行合同所必需的设备、专业技术能力和相关的设备安装能力;

1.4 具依法缴纳税收和社会保障资金的良好记录;

1.5 参加政府采购活动前3年内,在经营活动中没有重大违法记录。

2.关于联合投标的资质(设备厂家可以联合设备安装公司联合投标、但必须具有机械设备安装三级及以上资质):

2.1 两个及以上的法人可以组成一个联合体,以一个投标人的身份共同投标。

2.2 联合体各方应当签订共同投标协议,明确约定各方拟承担的工作和责任,并将共同投标协议连同投标文件一并提交集中采购机构。

2.3 联合体各方中应当至少有一方具备承担招标项目的相应能力。国家有关规定或本招标文件对投标人资格条件有规定的,联合体中至少有一方应当具备相应资格条件。

三、招标文件

1.招标文件由招标项目书、投标人须知、合同基本条款、所购设备数量及相关技术要求、商务条款及要求、投标文件格式组成。

2.集中采购机构所做的一切有效的书面通知、修改及补充,都是招标文件不可分割的部分。

四、投标

1.投标文件由以下部分和投标人所做的一切有效补充、修改和承诺等文件组成。它包括:

1.1 唱标报告。

1.2 分项报价明细表。

3

1.3　详细售后服务内容。

1.4　优惠承诺条款。

1.5　投标货物与招标货物技术要求、商务要求差异表。

1.6　投标函。

1.7　投标人关于资格的声明函。

1.8　投标人法定代表人身份证明书。

1.9　投标人法定代表人授权委托书。

1.10　投标人授权代理人身份证明。

1.11　设备详细性能说明及现场安装方案。

1.12　投标人资质文件。

2.投标有效期:投标有限期应为投标截止日期后60天。

3.投标保证金:

3.1　投标保证金为人民币1万元,以现金支付。

3.2　投标保证金有效期限与投标有效期一致。

3.3　发生以下情况之一者,投标保证金将予以没收。

3.3.1　投标人在投标截止日期后,确定中标人以前撤回其投标。

3.3.2　投标人在投标截止日期后,对投标文件作实质性修改。

3.3.3　投标人被通知中标后,不按规定的时间或拒绝按中标状态签订合同(即不按中标时规定的技术条件、供货范围、商务条件和价格等签订合同)。

3.3.4　未中标人的投标保证金,在招标结果通知发出后5日内无息予以退还。

3.3.5　中标人的投标保证金在中标后自动转为履约保证金,于合同条款履行完毕后无息予以退还。履约保证金(分包提供)包一为3万元人民币、包二为1万元人民币,不足部分在签订合同前补足。

4.投标文件的份数和签署

4.1　投标文件一式伍份,其中正本壹份,副本肆份。

4.2　唱标报告及分项报价明细表均应由投标人授权代表签名并加盖公章。

5.投标报价:

5.1　投标人应严格按照《投标文件格式》的"唱标报告"和"分项报价明细表"的格式认真填写。

5.2　投标人的报价为闭口价。即在投标有效期内价格固定不变。

5.3　投标报价以唱标报告的报价为准,在此前提下,若单价和总价有差异,则以单价为准,并对总价进行修正;若小写和大写表示的金额之间有差异,则以大写金额为准,并对小写作相应的修正。

5.4　投标报价应注明有效期,有效期应与投标有效期相一致。

4

6.投标文件的递交

6.1 投标文件的密封与标记

投标文件的正本、副本均应用信封分别密封。信封上注明项目名称、投标人名称地址、"正本""副本"字样及"不准提前启封"字样。信封封口处须用白封条加以覆盖密封并加盖投标人公章或法人授权代表签字。

6.2 投标截止时间:参阅招标项目书。

7.无效投标,发生下列情况之一者,视为无效投标:

7.1 投标文件逾期送达;

7.2 投标文件未按规定密封;

7.3 无主要的有效资格证明文件或超出营业范围的投标;

7.4 投标保证金不足;

7.5 投标报价严重偏离市场价格;

7.6 其他不符合招标文件要求的投标;

7.7 在同一投标文件中有两个及以上投标价;

7.8 投标机组总冷热量低于设计冷热量。

五、开标

1.开标在"招标邀请书"规定的时间和地点公开进行。投标人须派法人或法人授权代表参加开标仪式并报到签名确认。

2.开标时,需选举投标方代表查验投标文件密封情况,确认无误后拆封唱标,唱正本"唱标报告"内容,以及认为适合的其他内容并记录。

3.开标程序:资格性检查和符合性检查。根据《招标文件》的要求和规定,评委首先对各投标人的《投标文件》进行初审。有下列情况之一者投标无效:

3.1 投标人法定代表人或法人授权代表未参加开标会。

3.2 未按《招标文件》要求提供必要有效证明文件或提供了虚假文件的。

六、评标

1.评标方法、对象和依据:

评标方法为综合评分法;评标对象为有效投标文件(含有效的补充文件);评标的依据为招标文件(含有效的补充文件)。评标委员会判断投标文件对招标文件的响应仅基于投标文件本身而不靠外部证据。

2.评标原则:

2.1 对所有投标人的投标评价,都采用相同的程序和标准。

2.2 评标严格按照招标文件的要求和条件进行。

2.3 评标程序:评委依据招标文件的要求,对初审合格的投标文件进行仔细审阅和评

5

定,如有下列情况之一者,视为未能在实质上响应的投标,并按国家七部委12号令"评标委员会和评标方法暂行规定"第二十三条规定作废标处理:

2.3.1 唱标报告、分项报价表没有按照要求由投标人授权代表签字并加盖公章;

2.3.2 投标文件记载的招标项目完成期限超过招标文件规定的完成期限;

2.3.3 主要技术参数明显不符合技术要求、技术标准的要求;

2.3.4 投标文件未按规定格式和要求填写,内容不全或字迹模糊,辨认不清而影响评标定标;

2.3.5 投标附有招标人不能接受的条件;

2.3.6 满足条件或对招标文件作实质响应供应商不足3家。

2.4 评标委员会按照招标文件要求,对合格投标文件的技术标、经济标、商务标等内容进行认真审查、比较。

2.5 评标委员会选择价格合理、配置较好、性价比最优、综合实力较强的单位为中标单位。

2.6 评标标准:综合评分法(总分100分)。

2.6.1 投标报价及经济标50分(设备和安装的主材、辅材、施工人员工资、税费等所有费用)

以所有有效投标报价的平均价为基准,得基本分35分,以此报价为基础,有效投标报价每增加3%减2分,最低得分20分;投标报价每减少2%加1.5分,最高得分50分,低于平均数报价或高于平均数报价20%得最低分20分。采用"四舍五入"法取整。

2.6.2 设备技术性能(30分):(包一、包二的技术要求以设计图的标准为准)。其中设备性能(30分):

1)技术指标(19分):

(1)设备冷热量情况分配合理、设备与安装及材料清单与图纸相符、内容齐全,功能满足要求,符合有关设计规范。(10分)

(2)主机压缩机及冷却塔品牌、性能要求、工作频率及压缩方式。(3分)

(3)设备换热器(冷却塔)技术指标和承压要求。(1分)

(4)选用循环水泵技术参数。(包一,1分)

(5)运行水温范围(冬夏)。(包一,1分)

(6)设备采用材料及防腐防锈情况:外壳、外板、面板、天板、底框支架、底座、外套等。(1分)

(7)设备功能先进性、可靠性、运行成本及寿命。(2分)

2)体积尺寸与装修配合美观大方(1分),高效、节能、低噪、智能等要求。(2分)

3)产品获得国家专利。(2分)

4)建筑节能认定证书。(2分)

6

5)本次招标所选用机型设备通过ISO质量体系、获得国家强制性产品认证证书或工业产品生产许可证、获得省级其他新技术认定证书、荣誉称号。每个单项1分,满分4分。

6)如无3C强制认证扣5分,无工业产品生产许可证扣5分,漏报设备一项扣5分。

2.6.3　设备安装8分:

1)安装组织方案(3分)。

2)安装高级工程师1名得1分,工程师1名得0.5分(需出示原件)。总分2分。

3)能提供水环热泵系统空调安装制造企业标准、能提供水环热泵系统空调机安装验收标准、能提供水环热泵系统空调机售后服务标准、能提供水环热泵系统生产企业标准,共3分。

2.6.4　品牌及业绩7分:

1)品牌信任度由评委给分,总分不超过2分。

2)××市范围内业绩:每一个100万合同业绩得0.5分,200万以上业绩合同得1分,不足100万整数倍的只能取整倍数加分(如199万只能得0.5分,99万不得分),同一种类方式的空调单个合同得分依次累加,业绩总分共5分。(所提供合同必须为类似工程合同复印件,开标当天需出示原件备查)

2.6.5　优惠条款5分:空调系统(含主机)质保期满2年得0分,系统质保期不满2年扣除2分。主机质保超过2年的增加1年得1分,增加2年得3分,增加3年得5分,最高不超过5分。

招标人不保证报价最低的投标人中标,对未中标的投标人不作任何解释。

七、中标通知

1.定标结束7日内,集中采购机构将以书面形式发出《中标通知书》。如果《中标通知书》不能在7日内发出,则发出时间不应超过投标有效期。《中标通知书》一经发出即发生法律效力。

2.集中采购机构在发出《中标通知书》的同时,应将招标结果通知未中标的投标人,并无息退还其投标保证金。

3.《中标通知书》将作为签订合同的依据。

4.签订合同时,根据需要需方有权提出对技术条件发生变化的货物作局部调整,但需经供需双方共同认定。

八、签订合同

1.中标人按《中标通知书》指定时间、地点与需方签订合同。

2.招标文件、中标人的投标文件及澄清文件等,均为签订合同的依据。

3.如中标人放弃中标或在签订合同中改变中标状态时,由集中采购机构根据中标候选人的排名重新依次确定中标人,并签订合同。

4.合同生效条款由双方依据中标状态约定。

7

第3篇　合同基本条款

一、定义

1.需方是指通过本次招标采购,接受合同货物及服务的企业或单位,即×××机关事务管理局。

2.供方是指中标后提供合同货物和服务的经济实体。

3.合同是指供需双方按照招标文件和投标文件的实质性内容,规范成要约和承诺,通过协商一致达成的书面协议。

4.合同价格是指根据合同规定,在供方全面正确地履行合同义务时需方应支付给供方的款项。

5.技术资料是指合同设备及其相关的设计、制造、监造、检验、安装、调试、验收、性能验收试验和技术指导性文件(包括图纸、各种文字说明、标准、各种软件)。

6.合同货物是指供方根据合同所需供应的机器、装置、材料、物品、专用工具、备品备件和所有各种物品。

7.设备缺陷是指供方因设计、制造或其他错误、疏忽所引起的合同设备(包括部件、原料、冲压件、原器等)达不到合同规定的性能、质量标准要求的情形。

8.施工中因实际需要变更设计、增减项目以采购方变更签证单为准,但不得实质改变招标后的中标内容。如需增加设备和安装对应合同单价标准结算。

二、合同标的

1.合同标的包括以下内容:

货物名称:

货物规格(型号):

数量:

2.凡供方供应的货物应是全新的,达到招标文件要求的。

3.货物的技术规范、技术经济指标和性能应满足招标文件的要求。

4.供方提供合同货物的供货范围按招标文件要求。

5.供方提供的技术资料按招标文件要求。

6.供方提供的技术服务按下述要求执行。

6.1　供方现场技术服务

6.1.1　供方现场服务的目的是使所供货物安全、正常投运。供方要派合格的现场服务人员。

6.1.2　供方现场服务人员的职责:

1)供方现场服务人员的任务主要包括货物催交、货物的开箱检验、货物质量问题的处理、指导安装和调试、参加试运行和性能验收试验。

8

2)在安装和调试前,供方技术服务人员应向技术交底,讲解和示范将要进行的程序和方法。

3)供方现场服务人员应有权全权处理现场出现的一切技术和商务问题。如现场发生质量问题,供方现场人员要在规定的合理时间内处理解决;如供方委托使用单位进行处理,供方现场人员要出委托书并承担相应的经济责任。

4)供方对其现场服务人员的一切行为负全部责任。

5)供方现场服务人员的正常来去和更换事先与需方协商。

6.2 需方的义务:需方要配合供方现场服务人员的工作,并在生活、交通和通信上提供方便。

6.3 培训:

6.3.1 为使合同货物能正常安装和运行,供方有责任提供相应的技术培训。培训内容应与工程进度相一致。

6.3.2 培训的时间、人数、地点等具体内容由供需双方商定。

6.3.3 在供方所在地培训人员时,供方应为需方培训人员提供设备、场地、资料等培训条件,并提供住宿和交通方便。方要按照合同履行义务,完成中标项目,如果有转让行为,由此造成的后果由中标方负责。

三、合同价格

1.合同价格即合同总价。

2.合同价格包括设备费、配件费、安装调试费、技术资料及技术服务费、人员培训费、合同货物相关的税费、运杂费、保险费、包装费及与货物有关的供方应纳的所有费用。

3.合同总价为不变价。

四、付款

1.本合同使用货币币制均为人民币。

2.付款方式:银行托收、汇票或支票。

3.中央空调主机设备到甲方工地现场,由甲方初验合格后7日内,甲方支付主机设备总额的80%。中央空调系统工程安装调试合格后7日内,甲方支付系统工程安装总额的100%,同时由系统工程安装公司向甲方开出5%的银行保函,质保金期限1年。

五、交货和运输

合同货物的交货期、交货地点、运输方式皆按招标文件的规定,若招标文件没有约定运输方式的,由供需双方协商约定。

六、检查验收

1.供方应在随机文件中提供合格证和质量证明文件。

2.性能验收试验

2.1 性能验收试验的目的是为了检验合同设备的所有性能是否符合招标文件的要求。

2.2 性能验收地点由合同确定,一般为需方使用现场。

2.3 性能验收试验由需方主持,供方参加。

9

七、安装、调试、运行和验收

1.合同设备由需方根据供方提供的技术资料、检验标准、图纸及说明书进行安装、调试、运行和维修。

2.合同设备安装完毕后,供方应派人指导调试,并尽快解决调试中出现的设备问题,其所需时间由双方约定。

3.试运行时间由供需双方约定。

4.试运行完成后,设备达到合同要求供需双方应签验收文书。

5.供方应为需方提供系统测试、验收及竣工资料等方案。

八、索赔

1.供方对货物与合同不符负有责任,并且需方已于规定的检验、安装、调试和验收测试期限内和质量保证期内提出索赔,供方应按需方同意的下述一种或多种方法解决索赔事宜。

1.1　供方同意需方拒收货物并把拒收货物的金额以合同规定的同类货币付给需方,供方负担发生的一切损失和费用,包括利息、运输和保险费、检验费、仓储和装卸费以及为保管和保护被拒绝货物所需要的其他必要费用。

1.2　根据货物的疵劣和受损程度以及需方遭受损失的金额,经双方同意降低货物价格。

1.3　更换有缺陷的零件、部件和设备,或修理缺陷部分,以达到以合同规定的规格、质量和性能,供方承担一切费用和风险并负担需方遭受的一切直接费用。同时,供方应延长被更换货物的质量保证期。

九、合同争议的解决

1.当事人友好协商达成一致。

2.在60日内当事人协商不能达成协议的,可提交仲裁,或依法向人民法院起诉。

十、违约责任

按本招标文件和《中华人民共和国合同法》有关条款执行或供需双方约定。

承包人违约责任:①承包人未能按照合同规定的控制进度完成工程施工而影响预定竣工日期,或未能在双方协商同意延期的期限内完成工程施工,属承包人责任(如出现质量返工、施工机械不到位等)的完工日期推迟日数,按每日500元支付违约金。②因承包人原因,造成工期延误30天以上,或给对方造成直接经济损失10万元以上,属严重违约。违约方除应赔偿全部经济损失外,并按合同金额的3%支付违约金。③在质量保修期内,因承包人工程质量原因给以发包人造成的任何损失,均由承包人承担。

十一、合同生效及其他

1.合同生效及其效力应符合《中华人民共和国合同法》有关规定。

2.合同应经当事人法定代表人或委托代理人签字,加盖合同专用章。

3.合同所包括附件,是合同不可分割的一部分,具有同等法律效力。

4.合同需提供担保的,按《中华人民共和国担保法》规定执行。

5.本合同条件未尽事宜依照《中华人民共和国合同法》,由供需双方共同协商确定。

10

第4篇 所购设备数量及相关技术指标

一、总的要求

人武部办公楼中央空调系统采用主机盘管一体式水环热泵。项目建设包括根据采购人的设计方案图、组织方案设计、设备选型及采购、安装，系统施工、调试、维护等。中央空调系统要求设备技术成熟、性能安全可靠，便于管理、拆装、维护，易于维修、测试和系统扩展，PLC集中控制显屏设置在值班室。

二、水环热泵系统

1.主机需求量、技术指标：见设计图的电子文档。

2.安装主材、辅材由中标方根据设计施工要求提供达到国家标准并经采购方认可的材料，并且要在投标书中表明。

3.主要技术要求：

3.1 空调形式：冷暖型水源热泵空调压缩机组，风机盘管配 PTC 辅助电加热器；

3.2 控制要求：风机盘管配 PTC 电加热器在室外温度低于 10 ℃时系统制热量下降，能自动断开压缩机运行而开启辅助电加热器，任一冷暖型水源热泵空调压缩机组启动都能自动联动冷却塔，冷却塔控制应在一楼值班房设有自动和手动控制及显示。

3.3 安装要求：空调送风管道采用双面镀锌板外包合众难燃 B1 级橡塑材料保温(其他管道保温相同)，其厚度、制作及安装均应符合《通风与空调工程施工质量验收规范》(GB 50243—2016)；主机安装应由下端角钢架支撑吊装；

3.4 应有完善的控制、保护功能；

3.5 具有良好的电磁兼容性，无电磁干扰；

3.6 结合各自品牌特点按以上功能要求完善设计电路图，作为技术指标评标依据之一。

三、其他相关要求

1.投标文件的货物明细表中要求标明所提供系统机组的外形尺寸、质量、单个机组的尺寸和质量；要求说明室内、外机组对安装场地的要求；设计的报价表能清楚地反映价格。

2.要求针对采购人施工设计图(电子文档)的设备需求出具投标纸质文件还要附上电子文档。

3.要求标明设备质保期限和售后服务内容。

4.要求根据现场勘测，提供现场安装及设备配置方案(特别是消防排烟部分)。

5.要求提供系统测试、验收、竣工等方案资料。

6.项目验收时，承建方应将系统的所有技术资料、用户手册、项目施工工程的所有资料、系统应用手册等项目档案资料整理成册交与建设单位，对系统进行全面测试并起草完成对任务进行分解的详尽的项目验收报告，以便考核；建设方组织专家组按照听取项目建设情况报告、项目建设有关问题质询、现场勘查和测试等程序进行验收；专家组要根据验收情况形成书面验收意见，对工程中尚存在的问题要提出改进意见或整改措施，最终能通过相关职能部门验收。

7.维修服务响应时间在 4 h 内。

11

第5篇　商务条款及要求

一、交货时间、地点及验收

1.交货时间：签订合同后 15 日内。

2.安装完毕时间：签订合同后 45 个工作日内（与装修进度一致）。

3.交货地点：××市××人武部办公楼（××路 126 号）。

4.验收：安装调试完毕后现场验收。

二、报价方式

人民币报价。

三、包装和运输

所有设备必须用坚固的新木箱或专用包装箱包装,适合长途运输,防潮、防震、防锈、耐粗暴搬运,其所有包装费、运输费及相关的保险费均由供方承担。

四、售后服务内容

1.所有设备必须为原装正品,所有设备及配件按生产厂家规定质保,但最低不少于 24 个月。

2.所有设备均由供方负责免费安装和调试。

3.投标人有更优惠的售后服务承诺可以在"三、售后服务内容"表中提出。

4.供方应在使用地提供该设备的维修点地址、联系电话和联系人,并要求有足够的技术力量及充足的备品备件。

五、付款方式及期限

见第 3 篇。

六、合同签订

1.在宣布中标单位 10 个工作日内,供需双方签订采购合同。

2.招标文件、中标方的投标文件及评标过程中的有关澄清文件均作为合同附件。

3.其他未尽事宜,待中标后供需双方协商确定。

12

第6篇 投标文件格式

一、唱标报告

项目编号:××××××-××××-G001

项目名称:××人武部办公楼中央空调设备及安装

投标人全称							
序号	投标货物名称	型号规格	数 量	投标总价/万元	设备交货期	安装调试期	交货地点
1							
2							
⋮							
投标总价		人民币(大写):					
备注:							

说明:1.唱标报告在开标大会上当众宣读,务必填写清楚,准确无误。

2.投标总价应含设备费、配件费、安装调试费、技术资料及技术服务费、人员培训费、合同货物相关的税费、运杂费、保险费、包装费及与货物有关的供方应纳的所有费用。

3.该表可以根据设计图需求自行设计制定表格。

投标人:　　　　　　　　　　　　　　　　法人授权代表:

　(公章)　　　　　　　　　　　　　　　　　(签字)

　　　　　　　　　　　　　　　　　　　　　年　　月　　日

13

二、分项报价明细表

序号	品　名	型号配置及主要参数	单　价	数　量	合　计
总　计	人民币(大写):				

注:此表须根据投标总价的组成分项详细填列,表格可扩展,也可由投标方根据货物明细情况自行设计
　　表格填写。

投标人(公章):　　　　　　　　　　　　　　　　　　　　法人授权代表(签字):

14

三、详细售后服务内容

四、优惠条款

（投标人根据实际情况自行填写）

15

五、投标货物与设计图招标货物技术规格
参数、商务要求差异表(有的提供)

项目编号:×××××-××××-G001

合同包号	货物名称	招标货物主要参数	投标货物主要参数	其他说明
合同包号	货物名称	招标货物商务要求	投标货物商务实际	其他说明

注:1.投标方根据实际情况填写,没有差异就不填此表。
    2.投标方也可自行设计表格填写。

16

六、投 标 函

××政府采购中心：

　　我方收到＿＿＿＿＿＿＿＿＿＿＿＿＿＿＿＿＿＿（招标项目名称）招标文件,经详细研究,决定参加该精密空调设备招标项目的投标。

　　1.愿意按照招标文件中的一切要求,提供招标货物及相关技术、安装服务,投标总价为人民币大写:＿＿＿＿＿＿＿＿＿＿＿＿＿＿＿＿＿＿＿＿＿＿＿＿＿＿＿,人民币(RMB)小写:＿＿＿＿＿＿＿＿＿＿。

　　2.该投标报价(综合单价)为闭口价。即在投标有效期和合同有效期内,该报价固定不变。

　　3.我方现提交的投标文件为:投标文件正本壹份,副本肆份。

　　4.如果我方投标文件被接受,我方将履行招标文件中规定的各项要求,按《中华人民共和国招标投标法》《中华人民共和国政府采购法》和合同约定条款承担我方的责任。

　　5.我方愿意提供招标人在招标文件中要求的所有资料。

　　6.我方理解,最低报价不是中标的唯一条件。

　　7.在招标过程中,我方若有违规行为,招标人可按招标文件和《中华人民共和国招标投标法》及《中华人民共和国政府采购法》之规定给予惩罚,我方完全接受。

　　8.若中标,本投标函将成为合同不可分割的一部分,与合同具有同等的法律效力。

　　9.我方同意按招标文件规定,交纳人民币1万元的投标保证金。

　　投标人名称(公章):

　　法人或法人授权代表签字:

　　地址:＿＿＿＿＿＿＿＿＿＿＿＿＿＿＿＿＿＿＿＿＿

　　电话:＿＿＿＿＿＿＿＿　　传真:＿＿＿＿＿＿＿＿＿

　　网址:＿＿＿＿＿＿＿＿　　邮编:＿＿＿＿＿＿＿＿＿

　　　　　　　　　　　　　　＿＿＿年＿＿月＿＿日

17

七、投标人关于资格的声明函

项目名称：＿＿＿＿＿＿＿＿＿＿

日　　期：＿＿＿＿＿＿＿＿＿＿

致：××政府采购中心

本投标人愿意针对上述设备进行投标。投标文件中所有关于投标人资格的文件、证明、陈述均是真实的、准确的。若有违背,本投标人承担由此而产生的一切后果。

特此声明！

法人或法人授权代表签字：＿＿＿＿＿＿＿＿＿＿

投 标 人 名 称（公 章）：＿＿＿＿＿＿＿＿＿＿

18

八、法定代表人身份证明书(格式)

 　　_____(法定代表人姓名)在_____(投标人名称)任_____(职务名称)职务,是_____(投标人名称)的法定代表人。

 　　特此证明。

(投标人全称)

年　月　日

(公　章)

 　　附:上述法定代表人住址:_____

 　　　　身份证号码:_____

 　　　　电　　传:_____

 　　　　网　　址:_____

 　　　　邮政编码:_____

19

九、投标人法定代表人授权委托书

项目名称：＿＿＿＿＿＿＿＿＿＿

日　　期：＿＿＿＿＿＿＿＿＿＿

致：＿×××政府采购中心＿

＿＿＿＿＿＿＿＿＿＿＿＿＿＿＿（投标人名称）是中华人民共和国合法企业，法定地址＿＿＿＿＿＿＿＿＿＿＿。

＿＿＿＿＿＿＿＿＿（投标人法定代表人姓名）特授权＿＿＿＿＿＿＿＿（被授权人姓名及身份证代码）代表我单位全权办理对上述项目的投标、谈判、签约等具体工作，并签署全部有关的文件、协议及合同。

我单位对被授权人的签名负全部责任。

在撤销授权的书面通知以前，本授权书一直有效。被授权人签署的所有文件（在授权书有效期内签署的）不因授权的撤销而失效。

被授权人签名：　　　　　　　　投标人法定代表人签名：

　职　务：　　　　　　　　　　　职　务：

投标人公章：

20

十、投标人授权代理人身份证明
（身份证、工作证等有效证件复印件）

十一、所投设备明细表、性能说明及现场安装方案
（投标人根据设计图自行编写投标文档，并附电子文档投标）

21

十二、投标人资质文件

投标人需要提供以下文件(未标明复印件的要提供原件)：

A.企业法人营业执照(复印件)。

B.企业税务登记证(复印件)。

C.银行信誉等级证明(复印件)。

D.投标人法人身份证明(身份证、工作证等有效证件复印件)。

E.设备代理商应提供设备制造商的授权函或代理协议书,二级代理商授权函和一级代理商所获得的设备制造商的授权函。

F.投标人与生产制造商的委托售后服务协议。

G.产品质量保证体系证书或产品售后服务承诺书。

H.设备安装的相关资质证明。

I.企业在××地区主要销售业绩。

J.质量认证、CCC 认证、荣誉证书等。

K.其他在招标文件中要求提供的材料。

L.投标人认为有必要提供与自己投标有关的材料。

22

附录3 某地源热泵空调工程室内部分气的预(决)算表　安装工程施工图预(决)算表(一)

单位:元

单位工程＿＿＿＿＿
分项工程＿＿＿＿＿

序号	定额编号	工程项目	单位	工程量	基价				总价				未计价材料费		
					合计	人工费	其中 材料费	机械费	合计	人工费	其中 材料费	机械费	数量	单价	金额
1	8-0088	镀锌钢管(管径)DN20	10 m	3	84.24	52.53	31.71		252.27	157.59	95.13		3×10.2	20	612.00
2	8-89	镀锌钢管(管径)DN25	10 m	5	100.03	63.15	35.60	1.38	500.65	315.75	178.00	6.90	5×10.2	19	969.00
3	8-91	镀锌钢管(管径)DN40	10 m	12	122.10	75.21	45.51	1.38	1 465.20	902.52	546.12	16.56	12×10.2	17	2 080.80
4	8-191	镀锌钢管(管径)DN50	10 m	6	85.10	57.12	16.84	11.14	510.60	342.72	101.04	66.84	6×10.2	15	918.00
5	8-192	镀锌钢管(管径)DN65	10 m	6	153.08	64.30	28.51	60.27	918.48	385.80	171.06	361.62	6×10.2	14	856.80
6	8-89	镀锌钢管(管径)DN25	10 m	30	77.02	48.58	27.38	1.06	2 310.60	1 457.40	821.40	31.80	30×10.2	20	6 120.00
7	8-91	镀锌钢管(管径)DN40	10 m	5	93.92	57.85	35.01	1.06	469.60	289.25	175.05	5.30	5×10.2	20	867.00
8	8-111	镀锌钢管(管径)DN50	10 m	5	65.46	43.94	12.95	8.57	327.36	219.70	64.75	42.85	5×10.2	15	765.00
9	8-112	镀锌钢管(管径)DN65	10 m	4	117.75	49.46	21.93	46.36	471.00	197.84	87.22	185.44	4×10.2	14	571.20
10	8-296	自动排气阀 DN25	个	4	15.92	5.96	9.96		63.68	23.84	39.84		2	105	210.00
11	8-238	橡胶软接头 K-STDN25	个	48	8.17	2.65	5.52		392.16	127.20	264.96		48×1.01	20	969.60
12	8-238	截止阀 J16T-16	个	48	8.17	2.65	5.52		392.16	127.20	264.96		48×1.01	25	1 212.00
13	8-253	电子除垢仪 DN50	个	1	112.92	10.82	90.94	11.16	112.92	10.82	90.94	11.16	1	3 000	3 000.00
14	8-253	蝶阀 DN50	个	4	112.92	10.82	90.94	11.16	451.68	43.28	363.76	44.64	4	190	760.00
15	1-792	管道泵	台	2	398.61	204.90	134.64	59.07	797.22	409.80	269.28	118.14			

序号	定额编号	项目名称	单位	数量	基价	人工费	材料费	机械费	合价	人工费	材料费	机械费	备注
16	10-25	压力表	只	4	16.09	11.48	4.03	0.58	64.36	45.92	16.12	2.32	压力表 4×45.60=182.40 仪表接头 4×18=72.00
17	10-1	温度计	支	2	5.48	4.64	0.84		10.96	9.28	1.68		2×162=324.00
18	8-253	止回阀 DN50	个	2	112.92	10.82	90.94	11.16	225.84	21.64	181.88	22.32	2×260=520.00
19	8-155	承插塑料排水管 ≤DN50	10 m	40	46.10	33.78	11.79	0.53	1 844.00	1 351.20	471.60	21.20	10.22×40×2=817.60
20	8-174	镀锌铁皮套管制作 ≤DN80	个	100	3.77	1.99	1.78		377.00	199.00	178.00		
									11 958.13	6 637.75	4 383.29	937.09	
21	8-178	管道支架制作安装	100 kg	40	790.91	223.89	184.61	382.41	31 636.40	8 955.60	7 384.40	15 296.40	40×106×3.48=14 755.20
22	8-547	玻璃钢膨胀水箱安装	个	1	113.62	70.44	2.10	41.08	117.62	70.44	2.10	41.08	膨胀水箱 1 个×4 000=4 000.00
23	8-251	截止阀 J41H-16,DN25	个	2	79.55	8.39	60	11.16	159.10	16.78	120.00	22.32	截止阀 2×66.00=132.00
24	11-1898	橡塑发泡管保温 φ133 以下	m³	2	101.47	81.03	13.19	7.25	202.94	162.06	26.38	14.50	橡塑发泡管 2×1.03×9 000=18 540.00 黏合剂 25×2×90=4 500.00
25	11-1890	橡塑发泡管保温 φ57 以下	m³	3	142.96	116.36	19.35	7.25	428.88	349.08	58.05	21.75	橡塑发泡管 3×1.03×9 000=27 810.00 黏合剂 25×3×90=6 750.00
		小计①							44 499.07	16 191.71	11 974.22	16 333.14	
		脚手架搭拆费							647.67	161.92	485.75		
		小计②							45 146.74	16 353.63	12 459.97	16 333.14	未计价 98 114.60
		未计价主材费							98 114.60				
		定额直接费合计							143 261.34	16 353.63	12 459.97	16 333.14	
26	9-237	水源热泵空调机	台	24	55.03	50.78	4.25		1 320.72	1 218.72	102.00		1×24×18 000=432 000.00
27	9-252	静压箱	10 m²	12	491.52	269.38	197.35	24.29	5 898.24	3 232.56	2 368.20	297.48	12×11.38×41.18=5 623.54
28	9-133	双层百叶风口 200×100	个	96	7.43	3.97	2.40	1.06	713.28	381.12	230.40	101.76	96×100=9 600.00

续表

序号	定额编号	工程项目	单位	工程量	基价 合计	基价 其中 人工费	基价 其中 材料费	基价 其中 机械费	总价 合计	总价 其中 人工费	总价 其中 材料费	总价 其中 机械费	未计价材料费 数量	未计价材料费 单价	未计价材料费 金额
29	9-133	双层百叶风口 100×100	个	24	7.43	3.97	2.40	1.06	178.32	95.28	57.60	25.44	24×100	2 400.00	
30	9-133	双层百叶风口 300×100	个	24	7.43	3.97	2.40	1.06	178.32	95.28	57.60	25.44	24×100	2 400.00	
31	9-88	防火调节阀 100×100	个	24	19.19	4.64	14.55		460.56	111.36	349.20		24×400	9 600.00	
32	9-06	短形风管制作安装周长<2 m	10 m²	145	393.14	146.61	207.35	39.18	57 005.30	21 258.45	30 065.75	5 681.10	11.38×145×41.18 =67 951.12		
33	9-133	单层百叶风口 200×100	个	72	7.43	3.97	2.40	1.06	534.96	285.84	172.80	76.32	72×100	7 200.00	
34	9-133	单层百叶风口 300×100	个	48	7.43	3.97	2.40	1.06	356.64	190.56	115.20	50.88	48×100	4 800.00	
35	9-133	单层百叶防水风口 100×100	个	24	7.43	3.97	2.40	1.06	178.32	95.28	57.60	25.44	24×150	3 600.00	
36	9-41	帆布软接头制作安装	m²	20	167.50	45.48	115.50	6.52	9 503.76	909.60	2 310.00	130.40			
37	11-1804	离心玻璃桶板保温	m³	21	452.56	370.56	29.75	51.87		7 789.74	624.75	1 089.27	1.2×21×504=12 700.80 黏合剂 25×21×25.2= 13 230.00		
		小计①							79 678.42	35 663.79	36 511.10	7 503.53	黏胶带 2×21×18.72=786.24		未计价 571 891.70
		脚手架搭拆费 人工费×3%其中人工占25%							1 069.91	267.48	802.43				
		系统调试费 人工费×13%其中人工占25%							4 636.29	1 159.07	3 477.22				
		小计②							85 384.62	37 090.34	40 790.75	7 503.53			
		未计价主材费							571 891.70						
		定额直接费合计							657 276.32	37 090.34	40 790.75	7 503.53			

安装工程施工图预（决）算表（二）

单位工程　　　　　　　　　　　　　　　　　　　　　　　　　　　　　单位:元
分项工程

序号	定额编号	工程项目	单位	工程量	基价				合计			总价			数量	单价	金额	未计价材料费					
					合计	人工费	其中 材料费	机械费	人工费	其中 材料费	机械费	人工费	其中 材料费	机械费				数量	单价	金额	数量	单价	金额
		一、定额直接费			800 537.66																		
		其中:(1)人工费			53 443.97																		
		(2)计价材料费			53 250.72																		
		(3)机械费			23 836.67																		
		(4)未计价主材费			670 006.30																		
		二、综合费　人工费×128.01%				68 413.63																	
		三、劳动保险费　人工费×20.07%				10 726.20																	
		四、计划利润　人工费×52.16%				27 876.37																	
		五、合计〈1〉　一+二+三+四				907 553.86																	
		六、工程定额编制管理费　五×1.3‰				1 179.82																	
		七、工程劳动定额测量费　五×0.3‰				272.27																	
		八、合计〈2〉　五+六+七				909 005.95																	
		九、税金　八×3.56%				32 360.61																	
		总计				941 360.56																	

附录4 某制药厂净化工程施工组织设计

1.工况介绍

(1)该工程建设单位:××制药厂。

(2)该工程为××制药厂 3~4 层净化空调和舒适空调工程,空面积约×××m²。

2.施工标准及验收规范(略)

3.施工工艺及施工方法

1)冷水机组的安装

(1)开箱检查:根据设备装箱清单、检查所装的文件、设备型号、规格、零配件、附件和专用工具等是否完整齐全。检查整机和零部件等外观有无缺损和锈蚀。检查设备充填的保护气体有无泄漏,油封是否完好。开箱检查后,必须采取保护措施,避免设备受损。

(2)查验设备基础,基础必须达到养护强度、表面平整、平面位置、尺寸、标高、预留孔洞及预埋件等均应符合设计要求。

(3)主机如在出厂前已进行过试运转和试验,无特殊情况,一般不需拆检机器内部。在对机器清洁度表示怀疑时,方可与供货厂家一起进行机器内部的拆洗工作。在安装就位时,机组内的压力应符合有关设备技术文件规定的出厂压力。

(4)主机底座必须放实,机组用垫铁校正水平,均匀地旋紧地脚螺栓,并复查机组安装的水平度,其纵向、横向水平度均不应超过设备安装说明书上的要求。

2)玻璃钢冷却塔的安装

(1)冷却塔在设备基础上组装,由供货厂家组装。

(2)管道与冷却塔碰管前,应对照图纸和设备安装说明书对冷却塔的安装质量进行验收,验收合格后,方能连接管道。

3)离心水泵的安装

(1)离心水泵的基础必须达到养护强度、表面平整、平面位置、尺寸、标高、预留孔洞及预埋件等均应符合设计要求。

(2)离心水泵在基础上就位时,应整体就位。

(3)离心水泵在校平校正时,不得进行配管。

(4)配管时,泵体接口和管道连接不得强行组合,且管道重量不得附加在水泵上。

(5)试运转前,应注油,填满填料,各阀门动作应灵活。

4)组合空调机的安装

(1)根据设备装箱水平清单,核对叶轮、机壳和其他部位的主要尺寸,进风口、出风口的位置等是否与设计相符,叶轮旋转方向应符合设备技术文件的规定,进风口、出风口应有盖板严密遮盖,检查各切削加工面,机壳的防锈情况和转子是否发生变形或锈蚀等。

(2)新风机组的进风管、出风管等装置应有单独的支撑,并与支吊架或建筑物连接牢固,风管与机组连接时不得强行组装。机壳不应承受其他机件的重量,防止机壳变形。

(3)新风机组运转前必须检查各安全措施,转动叶轮,应无阻碍和摩擦现象,叶轮旋转方向必须正确,滑动轴承最高温度不得超过 70 ℃,滚动轴承最高温度不得超过 80 ℃。

(4)新风机组和风管连接时,不得给机组附加应力。

5)工艺管道

(1)管道安装前,必须清除内部污垢和杂物,安装中断或完毕时,敞口处应临时封闭。

(2)管道经试压、检漏符合要求后,需进行水冲洗,直到将污浊物冲净为止。

(3)管道穿过基础、墙壁和楼板时,应设钢制套管,并应严格按有关规范执行。

(4)立管管卡安装,层高小于或等于 5 m,每层必须安装一个;层高大于 5 m,每层不得少于 2 个。

（5）阀门安装前,应做耐压强度试验,试验以每批(同牌号、同规格、同型号)数量中抽查10%,且不少于一个,如有漏、不合格的应再抽查20%,仍有不合格的则需逐个做强度和严密性试验。各种管道的水平坡度按设计要求。

（6）管道工艺流程(见下图)。

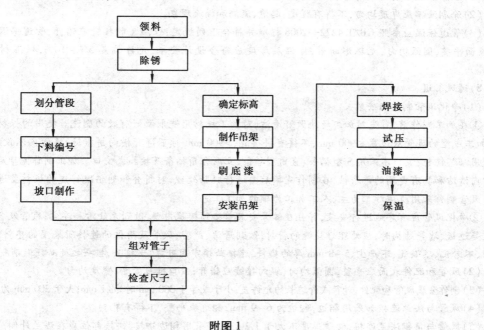

附图 1

6) 管道的焊接

（1）采用电焊管道焊接的对口形式及剖口形式,应符合附表1规定;采用氧-乙炔焊接应符合附表2的规定。

附表 1

剖口形式	接头尺寸			
	壁厚 δ/mm	间隙 C/mm	钝边 P/mm	坡口角度 α/℃
	≤4	1.5~2.5		
	>4~8	1.5~2.5	1.0~1.5	60~70
	>8~12	2.0~3.0	1.0~1.5	60~65

附表 2

剖口形式	接头尺寸			
	壁厚 δ/mm	间隙 C/mm	钝边 P/mm	坡口角度 α/℃
	<3	1.0~2.0		
	3~6	2.0~3.0	0.5~1.5	70~90

（2）管子对口的错口偏差,应不超过管壁厚度的20%,且不超过2 mm。

（3）用气加工剖口,必须除去坡口表面的氧化物,并打磨平整。

（4）管道焊接缝应有加强高度遮盖宽度，其加强高度应在 1~2 mm，其宽度应在 6~16 mm，且应遮盖剖口。

7）管道的防腐和保温

（1）在涂刷底漆前必须清除表面的灰尘、污垢、锈斑、焊渣等物。

（2）涂刷油漆应厚度均匀，不得有脱皮、起泡、流淌和漏涂现象。

（3）管道保温应参照 GB/T 4272—2008 标准并符合下列规定：保温瓦的接缝应错开，管道保温应粘贴紧密，表面平整，圆弧均匀，无环形断裂，保温层厚度应符合设计要求，允许偏差 5%~10%，保温材质按设计要求。

8）通风管道

（1）净化风管制作与安装

①在加工制作前，首先对加工场地做好清洁，对加工板材用洗剂做好有效的刷洗。使用的板材不能有锈蚀，加工成型的风管底边宽≤900 mm，不得有拼接缝，>900 mm 时不得有横向拼接缝，风管内不设加固，贴铆不使用抽芯铆钉；咬口不采用 S 型插条、直角型插条、立联合角插条及按扣式咬口。加工制作完毕后必须达到风管内清洁和具有更高的严密性，在制作完毕后要进行脱脂处理，对折叠和划伤脱锌皮的板材要进行油漆处理。风管制作采用机械加工为主、人工加工为辅的加工工艺。

②净化风管应有序地进行安装，并且在编号安装前必须擦拭内壁，做到无油污和浮尘；风管及各类设备在安装是过板、墙等结构时，应处理好接缝的密封，做到清洁、严密；风管及附件的连接所采用的垫料，均选用弹性强、不老化、不漏气、不产尘、5~8 mm 厚的垫料，连接必须牢固可靠，少接头，接头之处必须做消气处理。

（2）风管和配件表面应平整，圆弧均匀，纵向接缝应错开；咬口缝应紧密，宽度均匀。

（3）制作金属风管和配件，外径或外边长的允许差，小于或等于 300 mm 时为±1 mm；大于 300 mm 为±2 mm。

（4）风管与法兰连接如采用翻边，翻边为 6~9 mm，翻边应平整，不得有孔洞。

（5）风管与角钢法兰连接，管壁厚度不大于 1.2 mm，可采用翻边铆接，铆接部位应在法兰外侧。

（6）风管制作完毕后，要做严密性检测，在吊装前需做密封处理，保证其内表面不受外界污染，保证其洁净度。

（7）支、托、吊架的预埋件或膨胀螺栓，位置应正确，牢固可靠，埋入部分不得油漆，并应除去油污。

（8）风管水平安装时，支吊架间距不大于 3 m。

（9）垂直安装，间距不应大于 4 m，但每根立管的固定件不应少于 2 个。

（10）悬吊的风管应在适当处设置防止摆动的固定点。

（11）支、吊、托架不得设置在风口、阀门、检视口处，吊架不得直接吊在法兰上。

（12）风管水平安装水平度的允许偏差每米不应大于 3 mm，总偏差不大于 20 mm，风管垂直安装，垂直度允许偏差，每米不应大于 2 mm，总偏差不应大于 20 mm。

（13）风管的调节装置（多叶阀、蝶阀、插板阀），应安装在便于操作的部位。防火阀安装方向位置应正确，易熔件应在系统安装后装入。

（14）各类风口的安装应平整，位置正确，转动部分灵活，与风管的连接应牢固。

（15）安装柔性短管应松紧适当，不得扭曲。

（16）制作风管的弯管时，其弯曲半径应符合有关标准要求。

（17）制作风管和板材拼接时，采用咬口，其咬口形式可采用按扣式的形式。

（18）风管制作、安装流程图。

9）风管的防腐和保温

（1）法兰及支吊架涂底漆前，应清除表面的灰尘、污垢与锈斑，并保持干燥，油漆不应在低温或潮湿环境下操作。

（2）风管和部件经质量检验合格后方可进行保温，隔热层应平整密实，不得有裂缝、空隙等缺陷。

(3)保温层材料和厚度,及其包扎处理应符合设计要求。

(4)施工工艺参照 GB/T 4272—2008 标准。

10)净化工程电气安装

电路走向按照设计图纸沿墙暗敷,合理布置,电线钢管在暗埋前对丝头部分刷油漆做防腐处理。管与管之间设接地连线,管进箱盒时加锁紧螺母和塑料护口圈。

洁净区内照明全采用成套型双管理体制净化灯,局部设紫外线灯。洁净区内灯盒表面边沿和控制开关板边沿在安装完毕后,都必须做上胶密封处理。

11)洁净设备的安装与洁净室的装饰安装

(1)符合技术文件规定的设备才准予安装,安装前必须做好设备内外的清洁,做到无尘土及油污,严格保证洁净区内的洁净度。

(2)风阀的安装,必须做到阀体与地面垂直,活动阀板的转轴应基本保持水平;初、高效等过滤器安装必须做到严密不渗漏,同时还应做到过滤器的拆换方便。

(3)洁净室的装饰安装,其四周及顶板面将采用上色普通钢板,或彩钢板等其他材料,阴阳角及墙边采用磨砂铝型材料。

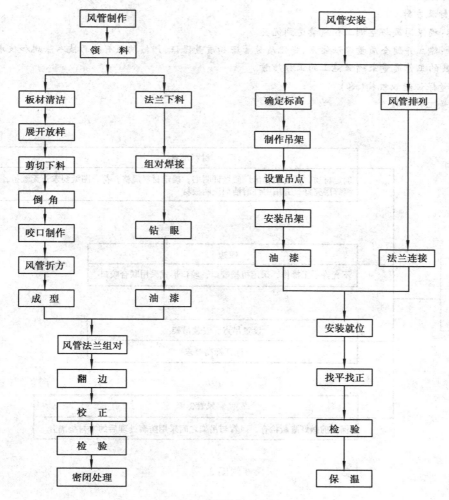

附图 2

①在不同材料相连接处,采用弹性材料密封时,应预留适当宽度和深度的槽口或缝隙。

②所有门、窗框、隔断应与主体结构相连,不应与设备支架(如风管吊杆及振动设备)和管线支架连接。

③建筑装饰及门窗均在正压面密封。

④洁净室墙面之间、墙板面与顶面和地面之间连接后均加磨砂铝材的阴阳角边条,边条安装完后均进行上胶做密封处理。

12)净化空调的测试

当净化空调风管、设备制作安装完毕,洁净室装饰安装完成后,需先按普通风管一样做风速、风量的测试和调试。当测试和调试完毕后,按净化空调进行测试。

(1)测试将采用垂直单向流的风量测定,测点≥10个点,间距<2 m;空气过滤将采用检漏仪和粒子计数器检漏,含尘浓度必须达到微粒≥0.5,则≥3.5×10^4粒/L,若微粒≥0.1,则3.5×10^6粒/L。

(2)合理确定洁净室的采样点,在所有门关闭的情况下,用尘埃粒子计数器进行静态测度洁净室的洁净度。

(3)测试达到设计洁净度的同时,室内的温度、湿度、压差及照明度均必须达到国家现行标准的规定,完善各种调试、测试的报告及测试记录。

4.技术、质量措施

(1)目标及方针

①目标:确保通风与空调工程质量达到优良。

②方针:建立并健全质量保证体系,强化质量管理和质量保证,严格按照有关的技术法规和技术标准组织施工,以优良的工作质量来确保施工的工程质量。

(2)质量保证组织机构(略)

(3)质量工艺流程

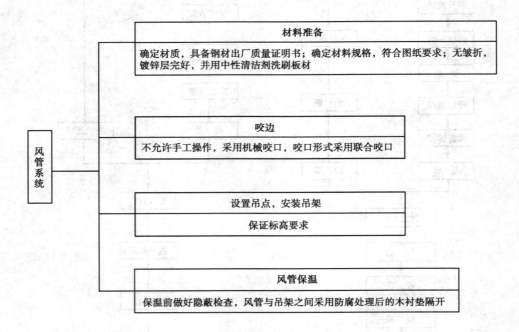

附图3

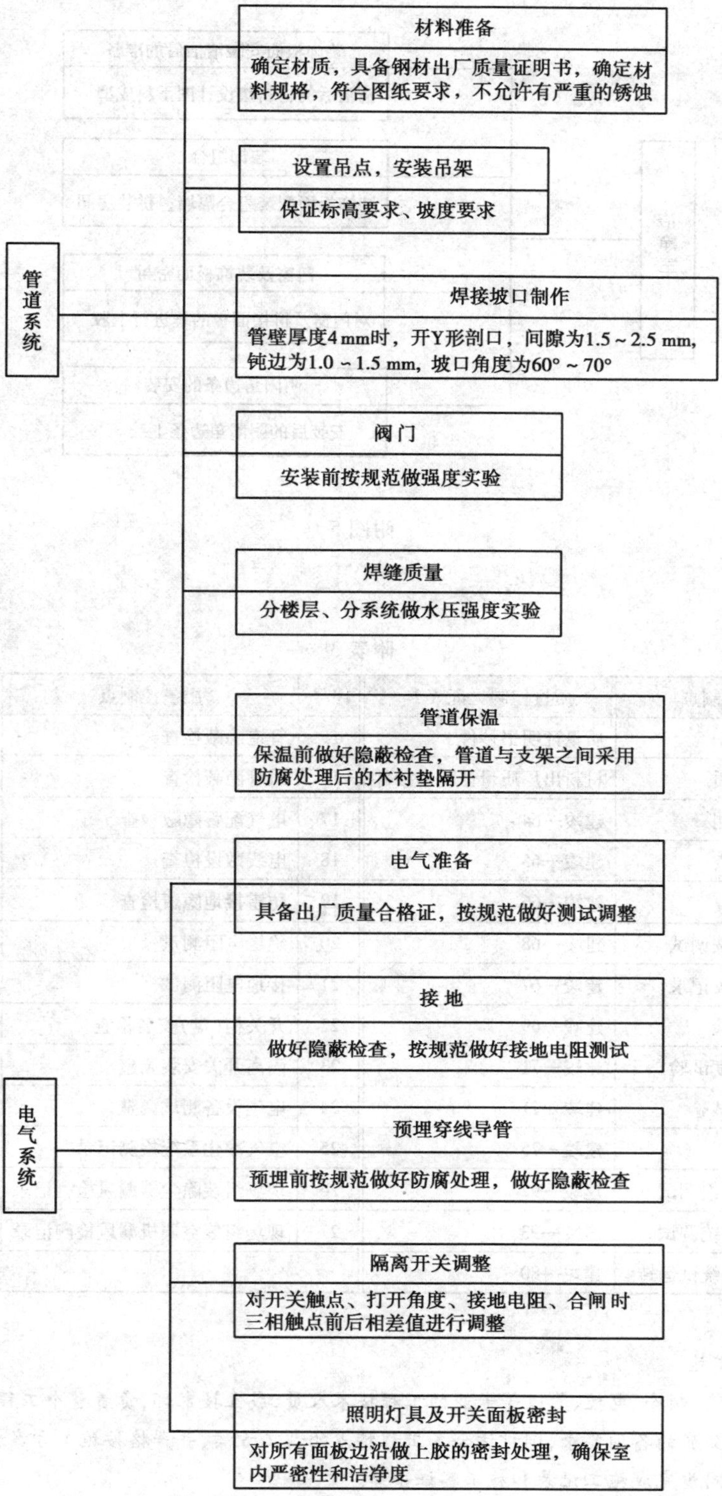

材料准备
确定材质，具备钢材出厂质量证明书，确定材料规格，符合图纸要求，不允许有严重的锈蚀

设置吊点，安装吊架
保证标高要求、坡度要求

焊接坡口制作
管壁厚度4mm时，开Y形剖口，间隙为1.5～2.5 mm，钝边为1.0～1.5 mm，坡口角度为60°～70°

管道系统

阀门
安装前按规范做强度实验

焊缝质量
分楼层、分系统做水压强度实验

管道保温
保温前做好隐蔽检查，管道与支架之间采用防腐处理后的木衬垫隔开

电气准备
具备出厂质量合格证，按规范做好测试调整

接 地
做好隐蔽检查，按规范做好接地电阻测试

电气系统

预埋穿线导管
预埋前按规范做好防腐处理，做好隐蔽检查

隔离开关调整
对开关触点、打开角度、接地电阻、合闸时三相触点前后相差值进行调整

照明灯具及开关面板密封
对所有面板边沿做上胶的密封处理，确保室内严密性和洁净度

附图 4

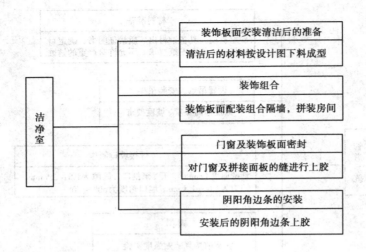

附图5

（4）质量控制点

附表3

序号	质量控制点	质量控制见证表卡	序号	质量控制点	质量控制见证表卡
1	钢材材质	质量证明书抄件	15	管道隐蔽检查	建竣—26
2	保温材料材质	材料出厂质量证明书抄件	16	风管隐蔽检查	建竣—26
3	设备基础复测	建竣—64	17	电气配管隐蔽检查	建竣—82
4	设备开箱检查	建竣—65	18	电线敷设检查	建竣—83
5	设备缺陷修复	建竣—66	19	防雷接地隐蔽检查	建竣—84
6	设备安装清洗调试	建竣—68	20	绝缘电阻测量	建竣—85
7	设备安装精校记录	建竣—67	21	接地电阻测试	建竣—86
8	阀门水压试验	建竣—69	22	开关柜（盘）安装检查	建竣—88
9	管道系统强度试验	建竣—71	23	隔离开关安装调整	建竣—89
10	系统抽真空试验	建竣—71	24	电气设备测试调整	建竣—91
11	系统吹洗	建竣—75	25	空气净化系统检测记录	
12	通风、空调机组调试	建竣—92	26	现场组装除尘器漏风检测记录	
13	通风、空调系统调试	建竣—93	27	现场组装空调机漏风检测记录	
14	通风、空调系统试运转	建竣—80			

（5）质量保证措施

①组织设备安装、制冷、电控、管道等专业的工程技术人员，成立技术部，负责整个工程的技术工作。

②落实施工图交底的各项要求，制订适合本工程特点的施工方案，并严格按施工方案施工。

③与施工进度同步完成施工记录和施工签证手续。

④指定专职的工程技术人员负责施工质量的检查和监督并做好内部自检。

⑤严格按照技术标准和施工规范组织施工。

⑥服从建设方、质检站的监督检查,出现质量问题立即整改。

5.施工进度计划及保证措施

(1)从甲方通知进场时间起计算,90天完成施工。风口及散流器、三速开关,安装时间随装饰进度进行。系统调试时间待装饰完成配电正常后进行。各楼层的施工顺序按建设方的要求进行安排。

(2)具体施工计划见施工总进度计划表

(3)工期保证措施

①配置足够施工机具,施工中利用机械化设备代替大量手工作业,从而保证质量,缩短工期。如风管下料采用特制板材下料机,替代手工剪切和电剪刀。采用弯头成型机替代手工制作。

②配置技术力量强的施工队伍,从数量、技术上给以充分保证。

③分组定任务施工,确保工期和质量。

④编制合理的设备、材料供应计划,选用优质产品确保施工质量,同时及时按计划供应材料、设备,确保工期顺利完成。

6.施工机具配置计划

附表4

设 备	数量	设 备	数量	设 备	数量
下料机	2台	台 钻	4台	水压试验机	1台
弯头机	2台	型材切割机	3台	电焊机	5台
拼板机	1台	电锤	4把	氧-乙炔切割装置	3套
咬口机	2台	手电钻	8把		
电动套丝机	1台	手动葫芦1.5T,5T	各2台		

7.施工人员配置计划

附表5

工 种	人数	工 种	人数	工 种	人数
管道工	7人	电 工	2人	油漆、保温工	8人
电焊工	6人	调试、钳工	5人	辅助工	若干
气割工	4人	土建、装饰工	1人		
通风工	8人	起重工	4人		

8.设备、材料供应计划

(1)工程设备及工程材料清单见材料表。

(2)根据施工进度计划,确定设备、材料按计划到现场,并专人保管,确保物资满足生产进度需要,从而确保工程顺利按工期完成。

9.文明施工及安全措施

(1)施工现场人员必须遵守建设方所制定的有关安全规定,严禁违犯。

(2)凡是安全施工问题没有解决,宁可暂停施工。

(3)不注意安全造成事故的责任人,将给予行政或纪律处分,严重的要报送司法部门追究刑事责任。

(4)尊重当地治安机关对安全工作的领导,尊重甲方安全部门的指导。

(5)工作人员离开现场前,应做全面检查,灭绝一切火源。

(6)氧气瓶和乙炔瓶应分开放置,最好相隔10 m以上。

(7)做到文明施工,现场环境、公共财物都必须爱护,不得造成不应有的损坏,若损坏,责任人必须赔偿。

(8)现场施工人员严禁在现场赌博或酗酒闹事,凡不遵守者,将给予严肃处理。

(9)安装使用的工具、材料不得随意放在风管顶部或脚手架上。

(10)使用电动机具,应事先检查有无漏电现象,断电装置应靠近操作部位,必要时需有人监护,便于拉闸。

(11)使用高凳或高梯作业,底部应有防滑措施,且有人监护。

(12)吊装设备及附件应首先检查吊装机具是否安全可靠,吊装物下严禁站人。

(13)安装用脚手架,使用前必须检查,脚手架是否有翘头现象,两端绑扎是否牢固,上、下架子不准跳,以免摔伤。

(14)光线不足的作业场所,应采取临时照明措施,建筑物中楼板的孔洞要牢固盖好,非必要时不得随意拆除,高空打孔洞、不戴手套,操作部位下面应有明显的防护措施。

(15)试机完毕后应切断通向设备的电源。

(16)随时清理现场杂物和垃圾,以保证现场通道畅通和安全。

(17)进入施工现场的人员必须戴安全帽。

附录5　某通风空调工程进度计划表
通风空调工程进度计划表

序号	分项、分部工程名称	单位	工程量	月			月			月		
				上	中	下	上	中	下	上	中	下
1	1层送风管安装	m²	1 114	▬								
2	2~6层风管安装	m²	5 170		▬▬							
3	地下餐厅,东、西、北楼风管安装	m²	1 704		▬▬							
4	地下1层、中庭排烟、抽风风管安装	m²	1 318		▬▬							
5	1层空调水管安装	m²	388			▬						
6	2~6层空调水管安装	m²	6 011				▬▬					
7	东、西、北楼水管安装	m²	216				▬▬					
8	地下一层水管及制冷主机设备安装	m²	1 056				▬▬					
9	末端设备安装	台	315					▬▬				
10	膨胀水箱、冷却塔及管道安装、试压								▬▬			
11	防腐、保温									▬▬		
12	系统调试										▬▬	

注:1.工期总日历天数为90天。

2.根据建设方的总体进度计划,我方可针对实际情况进行动态调整。

3.在实施过程中,我方将制订周密、详细的进度计划。

4.调试计划应根据现场条件的气候情况另行判定。

附录6 通风空调系统调试工艺流程图

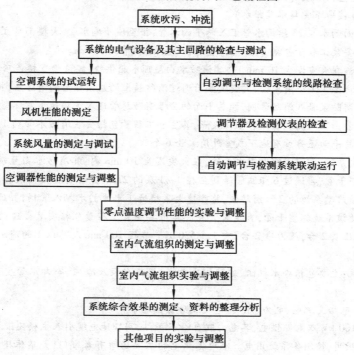

1.工程概况

1)工程简介

某商场位于市中心,是全国十大商场之一。本期工程为商场的主楼(营业大楼),是一座现代化的大型商业建筑。

本期工程预计造价1.2亿元,其中安装工程造价1890万元,建设资金主要由建设单位自筹和银行贷款解决。工程于××××年××月开工,计划××××年××月竣工,总工期为26个月,其安装工程预计××××年××月开工,实际安装工期为17个月。要求1,2层营业大厅必须在××××年××月达到初具营业条件,即安装单位将用7个月的时间完成安装工程总量的60%~70%,任务十分艰巨。

新建的商场营业大楼占地7 700 m²,大楼含地下1层及地上5层,地上1~3层为营业厅,4,5层为大楼管理设施及办公用房,建筑总面积35 438 m²,建筑高度23.85 m,建筑造型高低错落,变化多端,现代化气息浓厚,大楼中央大厅上有采光天棚,下有建筑小品装饰,楼顶设屋顶花园,大楼内设置电梯5台,每层营业厅设自动扶梯2台,建筑主体结构为金属混凝土框架结构,外门窗为铝合金门窗装茶色玻璃,外墙瓷砖饰面,营业厅地面分别采用花岗石、地面砖和水磨石,建筑标准较高。

2)主要工程内容

(1)管道部分 该大楼的管道工程,共包括生活给水系统、排水系统、雨水系统、消防给水系统、自动喷淋灭火系统及通风空调划入的空调循环冷却、冷冻水系统。

①生活给水系统:主楼生活用水由设在大集体楼地下室的2台生活泵(1用1备)从地下水池抽水,经总水平给水管引至主楼给水立管送至屋顶水箱,再由水箱中部流出,经设于5楼吊顶内的环型给水管,通过15组给水支管,由上而下分配到各用水点,主要工程量包括安装管道约1 500 m,阀门170余只。

②排水系统:主楼生活污水,由各排水点分别汇集于15组排水立管后,排入总平排水干管,进入城市污水

管道。其主要工程量包括安装铸铁排水管道约 1 230 m,各型洗涤盆 33 套,白磁大便器 82 套,潜水泵 5 台(用于电梯及已建大集体楼地下室集水井排水)。

③雨水系统:屋面雨水经 23 组雨水管汇入总平面雨水管,排至城市雨水管,大楼雨水立管为塑料管,埋地部分为铸铁管,其主要安装工程量包括 PVC 塑料管约 650 m,铸铁管约 350 m。

④消防给水系统:在火灾发生 10 min 内,其消防水由屋顶水箱供给,经设于 5 楼吊顶内的环型管和 18 组消防立管,由上而下送至 121 个消火栓,火灾发生后通过消防箱上的启按钮启动消防泵,将设于大集体楼地下水池的水,通过 2 台消防泵抽入消防管网,经总平面的 2 根消防总管送至主楼地下室环型消防干管,再通过该系统的 18 组消防立管由下而上反送到各个灭火点,其主要工程量包括安装消防水管约 1 735 m,阀门超过 50只,消防箱 121 个。总平面还另设有地下或室外消火栓 6 个。

⑤自动喷水灭火系统:为湿式喷淋灭火系统,在火灾发生 10 min 内,其消防水由屋顶水箱直接供至设于地下室的该系统环型干管,再通过 6 组立管送到主楼 1~3 层的 27 个自动喷淋灭火设防区,火灾发生后通过水流指示器及控制箱启动系统的 2 台消防泵,将已建大集楼地下水池的水抽入管网,并通过总平面的 2 根干管送到主楼地下室的该系统环型干管,直至灭火点。其主要安装工程量包括安装管道约 7 680 m,铸铁管约75 m,阀门 84 只,加压泵 2 台,压力罐 2 台,喷头 1 530 只。直径 100 mm 及其以上的消防水管(含给水管)均做防结露处理。

⑥空调冷水系统:主要包括冷水机组、玻璃钢冷却塔、循环水泵及冷冻、冷却水管安装,该系统设计尚未出图。

(2)电气部分　包括变配电、电力、照明、电气及防雷接地等。

①该工程采用 100 kV 双电源供电,其电力取自××开关站,用埋地电缆引入主楼变配电室,经降压至 380/220 V 供主楼动力、照明、控制各系统用电。双电源供电的主要场所有卷帘门,大集体楼地下泵房,消防控制中心,4 楼微机房、广播机房、增压泵、大厅排烟风机(预留),地下层集中控制照明及 1~3 层营业厅照明。

②电力部分包括空调系统、排烟系统、消防系统等动力用电,总负荷在 1 500 kW 以上。电力干线在竖井内支架明敷,支线及控制线在楼地面和吊顶内暗设。

③照明部分由地下层照明、1~3 层附房照明、1~3 层营业厅照明、4~5 层照明组成,配线方式与电力部分相同。

④防雷接地部分,其避雷带采用 φ10 镀锌圆条,沿屋面女儿墙敷设,利用建筑物主筋做引下线与室外水平接地体(40×4 镀锌扁钢)相连,接地电阻小于 4 Ω,微机站单独接地,接地电阻要求小于 2 Ω,本工程接零保护采用低压配电室引至各竖井,用 40×4 钢做专用保护接地线。

⑤电气部分的变配电室安装及 10 kV 室外电缆敷设,由市供电部门承担,大厅装饰灯由二次装修单位安装,其余均由安装单位承担。

电气安装主要工程量包括:

动力部分:穿线管理(敷)设约 6 028 m,电缆敷设约 4 040 m,配线约 18 641 m,动力配电箱安装 100 个。

照明部分:穿线管理(敷)设约 17 880 m,电缆敷设约 1 030 m,铜芯橡皮线约 7 612 m,铜芯塑料线约44 070 m,照明配电及开关箱 69 个,吊扇 120 只,灯具 1 527 套,开关插座 1 224 只。

(3)通风空调部分　主楼通风空调共设置 24 个空调通风系统,其中地下室设 5 个送风系统、6 个排风系统、1 个空调系统,1~3 层各设 4 个空调系统。除 1 层的 K-S-2、K-S-5 两个系统的机房设在地下层外,其余各系统的机房均设在系统所在楼层。4,5 层各设备用房。会议接待用房分别设置柜式空调器、分体式落地空调器及分体式挂壁空调器。各空调系统均采用上送风形式的机械送风和自然排风,所有送风机及水泵均设有减振装置,空调及送风系统设消声装置。各个系统的控制均同时采用就地控制和地下室控制集中控制,并与各个区域温感,烟感探测器连锁,各营业厅的空调风管均暗设在吊顶天棚内。

主要工程量包括,风管制作安装约 12 000 m²,卧式空调机组 13 组,柜式空调机 6 组,分体式空调器 34组,离心式水泵 13 台、离心风机 9 台、排风扇 6 台、消声器 25 个,各种风阀 66 个,因该系统的冷水系统及各营业厅空调系统正在设计中,其风阀、风口数量未最后确定,风管采用镀锌铁皮制作,全部空调风管采用超细玻璃棉毡保温,外缠涂胶玻璃丝布。

(4)弱电部分　按设计共设置电话系统、火灾自动报警系统、广播系统、监控电视系统、共用天线系统及计算机系统等6大系统。

①电话系统:该工程4楼设置电话总机室,装400门程控电话机1套,安装工程量除电话总机外,主要有电话178部,电话电缆约1 350 m、分机电缆约4 500 m、穿线管约4 000 m、封闭式电缆槽约400 m、箱盒373只。

②火灾自动报警系统:该系统由报警系统及消防联动控制系统组成。

报警系统设区域报警和集中报警,地下室及1~4层,每层设2个报警区,每区设区域报警器1台,大楼集中报警器设于地下层与1层之间的夹层内。

消防联动控制系统:主要包括防火卷帘门和防火释放器控制,防排烟系统及通风机控制、消防泵控制。

火灾自动报警系统主要安装工程量有:报警器11台、消防控制装置1台、延时控制器59只、各规格端子箱33只、转发器20只、防火门释放器6只、火灾感烟探头638只、火灾感温探头16只、火警专用电缆近60 000 m、铠装控制电缆约450 m、穿线钢管敷设约58 500 m。

③广播系统:4楼广播机房设置功率放大柜、6路前级增音机、输出控制柜,营业厅、地下室及4楼走道均设有扬声器,安装工作量除总机房设备外,还包括3 W天花扬声器205只,3 W壁挂式扬声器箱40只,广播专用电缆约4 000 m,穿线钢管敷设约3 500 m。

④监控电视系统:大楼监控中心及总经理室设录像机控制台,各营业部均设有监控电视摄像机,共设置摄像机37台(2台为彩色机),安装工程还包括:电缆约7 250 m,穿线管约6 500 m,除穿线管敷设由安装单位配合土建施工外,其余均由厂家安装。

⑤共用电视天线系统:共用电视天线的竖杆竖于5楼屋面,共装设5组电视接收天线,系统内设置录像机1台,除可同时收看5个频道电视节目外,还可以播放录像,供设在大楼内的家电维修部及营业部使用。主要安装工程量除电视天线、避雷器、滤波器、混合器、放大器、分支器、分配器外,还有射频同轴电缆敷设约500 m,穿线管敷设约500 m。

⑥计算机系统:由甲方自理,安装施工只配合土建进度埋(敷)设穿线管约4 500 m。

3)工程特点

(1)施工技术、质量要求高　该工程系统大型现代化商业建筑,内部设施完备,技术先进,装修水准高、土建、安装施工均须达到高质量,须保证建筑设施使用的可靠性、安全性,保证建筑、装饰、安装3者的整体美观与协调。

(2)工程地处市中心、施工场地狭窄　该工程处于市中心繁华区,材料进出场运输受限制,必须大量组织夜间运输;因施工场狭窄,搭设现场施工临时设施和安排现场加工制作场地困难,须考虑建立场外加工场地和材料设备中转库,这将增大二次搬运工作量。

(3)工程施工周期短　该工程地处商业贸易的黄金口岸区,施工期的长短将直接影响到甲方的经济效益,因此,要求大楼1,2层营业厅在××××年××月交付使用,加之该工程部分施工图纸出图较晚,且营业厅的装修图和暖通图系同期出图,进一步增加安装施工压力。要保证各种安装设施在1,2层营业期间达到使用功能,安装工程量必须完成60%~70%,但此间仅有7个多月的安装工期,必须采取有力的抢工措施,以保证工期。

(4)工程施工配合面广、量大、时间长　该工程电气部分设计(含强、弱电系统)缆线敷设几乎全部采用钢管配线,在楼地面、墙体及吊顶天棚内敷设,大量的预留预埋工作必须配合土建主体施工。设于吊顶内的穿线管敷设、箱盒安装,也必须紧密配合二次装修工作而进行。

(5)空调通风工程制作安装工作量大　该工程的空调通风工程共有24个系统,其中13个系统有空调要求,风管制作安装工程量达2 000 m²,必须提前组织好风管预制,方能保证施工进度。

4) 工程施工应遵守的技术标准、规范

①GB 50242—2016。

②GB 50231—2016。

③GB 50303—2015。

④GB 50243—2016。

⑤GB 50300—2013。

⑥GB 50242—2016。

⑦GB 50303—2015。

⑧GB 50243—2016。

⑨《建筑排水硬聚氯乙烯管道施工及验收规程》。

⑩"消除质量通病措施"。

⑪DB/510P0100l—88。

⑫《建筑安装工人安全技术操作规程》。

⑬JGJ 33—2012。

⑭JGJ 46—2012。

⑮其他。

商场主楼工程安装施工组织设计,是在工程施工图纸会审的基础上,根据甲方及上级对该工程工期要求,并按照土建施工组织设计的总体进度计划而编制。因甲方从工程使用的长远考虑,决定增加空调设施,其空调通风设计将分别在××××年6月底、7月底、9月初分3次出图,二次装修设计也将在9月份出图。届时,根据新出图纸,可能对工程施工组织进行调整;随施工条件变化,如土建进度、资金到位情况、材料设备到货情况、工程任务变化情况,届时将对该工程的施工组织进行调整。

本设计编制后,经公司及工程处有关人员共同讨论定稿,待报总公司总工程师及甲方审批后,作为指导本工程安装施工的技术文件,该工程我司各工种技术负责人,应依照本设计编制有关施工方案及调试方案,作为对本设计的具体化和补充。

2.施工部署

1) 施工部署原则

①集中力量保重点、保工期,在人力、物资、机具上给商场主楼施工以充分保证,各专业管理工作应协助、指导该项目施工班子组织好施工工作,搞好各方面的协调配合。

②按交工秩序,组织分段施工:以地下室及1,2层为重点作业段,3~5层为一般作业段,总平面施工为次重点作业段,分段组织施工,综合安排,在××××年××月达到营业条件所涉及的各安装工程及相关安装项目和安装进度。

③组织配合施工,穿插作业,重点部位抢工:该工程施工配合量大面广,暗设在楼地面、墙体内的管道、箱盒必须配合土建主体施工作业而进行,在二次装修的吊顶施工作业期间应配合组织安装抢工,组织穿插相关安装项目作业,组织内部各工种平行流水作业,以达到土建、安装,装修及内部各工种之间互创施工条件,确保1,2层营业厅按期投用,保证工程总体进度。

④推行先进施工方法和施工机具,提高机械化作业水平:安装施工作业中,应大量采用电、液动小型工具,通风管加工制作采用机械加工,垂直吊装尽量采用机械吊装,以提高机械作业水平和提高工效。

2) 施工组织

组建商场重建工程安装项目经理部,负责工程安装施工的组织和管理,其组成人员为:项目经理、项目工程师、电气工长、管道工长、暖通工长、设备工长、隔热保温工长、质安员、项目经理助理、成本员、材料机具员。

①本工程施工主体力量负责该工程电气动力、照明、防雷接地、给排水、雨水管、消防水管、通风空调等安装。

②自动化工程处负责该工程火灾自动报警系统、广播系统、共用天线系统、监控电视系统安装调试,及计算机系统、电话系统的预留预埋和穿管配线。

③变配电系统由供电部门安装,电梯由制造厂家安装,本组织设计未列入。

3）施工配合

（1）安装各工种之间的配合

①通风空调工程与管道、电气及弱电安装的配合:通风空调设计出图后,各工种本着小管道让大管道的原则,了解风管布置,确定和调整本工程管道、电气线路走向及支架位置,风管应尽早安装,以便给其他工种创造施工条件。

②隔热保温施工:按施工作业分段、分系统,管道安装后及时试压,合格后交保温施工。

③油漆施工配合:施工中各种管道、支架均先刷底漆,待交工前按统一色泽规定刷面漆,个别情况需全部漆完的由工长确定。

④设备安装与管道、电气的配合:设备到货后应尽快就位（含空调机、冷水机组、泵、风机）为管道配管与电气接线创造条件。

⑤设备试运转与空调调试的配合:设备试运转应由电工先将电机单试合格;设备试运转时以设备钳工为主,电气、弱电工种配合。空调调试以自动化工程处为主,组成有各工种参加的调试小组,统一安排试车调试工作。

⑥自动消防调试的配合:自动消防调试由管道和弱电配合进行,其自动喷淋系统及消火栓系统由管道为主确定调试操作方案,消防报警由弱电为主提出操作方案。

（2）安装与土建的配合

①预留预埋配合:预留人员按预留预埋图进行预留预埋,预留中不得随意伤损建筑钢筋,与土建结构有矛盾处,由工长与土建协商处理。在楼地坪内错、漏、堵塞或设计增加的埋管必须在未做楼地坪层前补埋,墙体上留设备进入孔,由设计确定或安装有关工种在现场与土建单位商定后由土建留孔。

②空调机房、电话机房、广播机房、消防控制中心施工配合。

a.以上各部位交付安装条件:土建湿作业及内粉刷作业完工,门窗安装完工,其中空调机房设备基础强度不小于70%,除预留的设备进入孔外,围护墙应砌完。

b.交付时间:电话机房,××××年5月;广播机房;××××年2月,消防控制中心,××××年11月;地下室空调机基础,××××年9月;1~2层空调机基础,××××年10月;3层空调机基础,××××年11月。

③卫生间施工配合。在土建施工主体时配合进行安装留孔,安装时由土建给定楼地坪标高基准;装好卫生器具及地漏后,再做地坪（土建施工不得损坏安装管口（孔））保护措施。

④暗设箱盒及大理石墙面上开关,插座安装配合。暗设箱盒安装,应随土建墙体施工而进行,布置在大理石墙面的开关插座,应配合大理石贴面施工进行。

⑤设备基础及留孔的配合。设备基础应尽早浇筑,未达到强度70%,不得安装设备。基础位置尺寸及留孔,由土建检查,安装复查,土建向安装办理交接记录。

⑥灯具、开关插座、面板安装配合。灯具、开关、插座盒安装应做到位置准确,施工时不得损伤墙面,若孔洞较大应先做处理,在粉刷（或贴墙纸）后再装箱盖、面板。

⑦施工用电及场地使用配合。因施工单位多、穿插作业多,对施工用电、现场交通及场地使用,应在土建的统一安排下协调解决,以互创条件为目的。

⑧成品保护的配合。安装施工不得随意在土建墙体上打洞,因特殊原因必须打洞时,应与土建协商,确定位置及孔洞大小,安装施工中应注意对墙面、吊顶的保护,避免污染。

通过工程建设指挥部与各施工单位协调共同搞好安装成品保护,土建施工人员不得随意扳动已安装好的管道、线路、开关、阀门,未交工的厕所不得使用。磨石地坪作业时不得利用。已安装的下水管排泥浆,不得随意取走预埋管道管口的管堵。

（3）安装与二次装修的配合

①风管安装与吊顶龙骨安装配合。由于暖通图与装修图同时出图，将在工期上给风管安装增大压力，为了与二次装修共同配合抢工期，制作安装风管应尽量按系统，作完一个安装一个。在安装秩序上，应先保1~2层风管安装，安装前应先做好吊点检查等准备工作，再集中力量突击安装，为吊顶龙骨安装的尽早投入创造条件。

②散流器安装与龙骨安装调整的配合。安装在吊顶上的散流器风口应随龙骨安装的调整而进行，以便对散流器风口进行固定。

③灯头盒、烟温感接线盒安装与吊顶施工的配合。灯头盒、烟温感接线盒及监测、广播扬声器应先在龙骨上固定（或确定孔位和孔的大小），再配管接线。烟温探头在吊顶完工后安装，其布局要与二次装修协调。

④喷淋系统与吊顶施工配合。喷淋系统干管，在吊顶龙骨施工前安装，支管安装与系统吹除，应在吊顶封面前进行，吊顶板面留喷头孔，由二次装修配合开孔，封面完工后再装喷淋头。

⑤凡吊顶风管设有阀门处，由二次装修在吊顶上设检修孔，其位置由双方在现场确定。

⑥在装修墙面上安装开关插座，应与装修工作配合进行。

（4）安装与建设单位的配合

①甲方供应的材料设备，由甲方按进度计划及时提供，其到货计划表待施工图到齐后，由项目班子提出。

②图纸资料及设计变更，由甲方按规定数量及时供应，安装与设计的有关事宜亦由甲方协调。

③甲方在施工过程中对安装质量进行监督，设备开箱检查、隐蔽验收、试车、试压应约请甲方人员参加和验收。

④甲方按进度及时解决工程进度款（通过总包）及设备订货款。

⑤由甲方与变配电房施工部门协调，最迟在××××年2月初通电。

3.施工进度计划

安装施工总体控制计划是以××××年3月1，2层营业厅达到营业条件，12月全部竣工交付使用为总目标的。在土建施工组织总设计指导下，结合设计出图时间、施工配合要求等具体情况进行综合安排，安装进度计划见表1，其计划实施应抓好以下几项工作：

①项目班子应在土建、安装总体进度计划指导下，由项目经理助理协助项目经理编制月、旬施工作业计划。由各专业工长向施工班组做好月、旬计划交底，使班组人员明确工作目标。

②项目经理应按时参加现场指挥部会议，正式安装期间项目班子每周组织召开有各工长，班长（含自动化工程处）参加的安装进度协调会，及时检查平衡工程进度及工序搭接的有关问题。公司按月召开生产会，以协调该工程与公司各部门及各单位有关劳动力、技术、质量、资金、供应等事宜。

③按建设单位和土建单位的规定参加工程指挥建设部有关协调会，及时做好施工配合有关事宜。二次装修施工吊顶期间，组织力量抢工，搞好安装与装修的配合施工，实现安装与土建、安装与二次装修同步进行，以保证总体计划实施。

4.施工程序及施工方法（要点）

1）管道安装

①自动喷淋系统：按本设计的施工分段，由下而上的秩序组织施工。即按地下层环形管及立管→1，2层立管、干管→3~5层立管、干管及5层环形管→屋顶水箱、增压泵、压力罐的秩序施工。

支管采取集中预制，在主管吹除后配合二次装修由下而上分层安装，在二次装修完工后安装喷头，其布局应保证喷头的防火保护范围，也应顾及吊顶的整体美观。安装前还应对喷头进行抽测试验，在喷头安装后，利用系统末端的试验阀门由下而上分层进行调试。屋顶水箱按设计位置就地组装；增压泵\压力罐用塔吊吊装人力就位，施工中应注意做好管口保护。

②消防给水系统：本系统管道仍按施工段由下而上分层施工，其施工秩序为：地下层环形管及立管→1，2层立管及支管→3~5层立管及5层环形管；消防箱安装应先装下部段后装上部段，施工中做好管口保护及消防箱保护。大于φ100的干管的防结露保温应在管道试压合格后进行。

③生活给水系统：由下而上先安装进屋顶水箱的给水立管，再由水箱出口向下施工环形管及各分支管，直

到用水点。

④排水系统(不含室外)、雨水系统采取由下而上的秩序施工。

⑤卫生设备在工程后期(即工程分段交工前)分两次安装。

⑥为保证总体进度,空调水管安装可先装主立管,在冷水机组、玻璃钢冷却塔及空调机组安装就位后再装支干管,冷却塔置于屋顶,可采用塔吊垂直吊运就位,管道保冷必须在管道试压合格后进行。

⑦总平给水管、消防水管施工应先安装布置在已建大集体楼地下室的泵房,再安装总平管道并与主楼伸出的管口连接。

⑧管道采用支吊架固定于预埋铁上,若预埋铁位置偏差较大,可采用金属膨胀螺栓固定支吊架。

2)通风空调系统安装

①风管制作以机械加工为主,手工制作为辅,采取场外预制。预制前先复核现场尺寸和设计尺寸,预制后先预装编号,再开风口,制作秩序按:地下室→1,2层机房→1层大厅→2层大厅→3层大厅及机房的顺序进行。风管预制作业按法兰和风管2条制作线、组织平行流水作业。风管法兰预制均以角钢中线在钢板平台上定位组焊,以保证其互换性。

②风管按自下而上的秩序分层进行安装,各层机房的风管在空调机组就位后安装,设于4,5层的分体式空调机组;在土建内装修及门窗完工后安装。风管按8~12 m长度设段,分段组装和吊装;防火阀、防烟阀可与风管段一同组装并随风管段吊装。消声器应先于风管吊装就位,为不使风管吊装产生捆扎变形,可采用特制的吊架(吊架尺寸由施工方案确定)。风管保温可在风管分段组装后进行,以减少高空作业和加快进度。

1,2层营业厅的风管应组织抢工安装,届时可暂停其他部位的风管安装,而确保营业厅风管安装与装修施工相衔接。风口、散流器安装应随吊顶龙骨的安装配合进行,风口、散流器布置应配合二次装修,保证大厅整体美观。

风管采用吊杆固定在预埋铁上,若预埋铁位置与设计风管位置有偏差,可用电锤钻在楼板上占孔固定吊杆,但吊杆在楼面伸出长度应小于楼地坪层厚度。

2,3楼营业厅空调机安装,可在预留的设备进入孔墙外搭设简易平台,用吊车将设备先吊在平台上,再用人力拖运到设备基础上。

3)电气安装

①防雷接地系统:防雷引下线应随建筑主体施工将柱内主筋焊连。屋面避雷网在女儿墙施工后安装,但要配合女儿墙施工埋设支架,注意将伸出屋面的金属件(设备、管道)与避雷网连接,其地下部分的接地扁铁,待土建拆除外架后安装。弱电部分的单独接地,在新建主楼和已有的商场临建工程之间的临时工地办公用房拆除后安装。

②照明系统:按土建施工秩序由下往上施工,暗敷于楼、地面及墙柱内的穿线管、接线盒,配合土建施工进度组织埋设,应尽量为土建施工创造条件;吊顶内暗设穿线管施工,应配合二次装修进行敷设,其配合方法为:吊顶龙骨安装前先敷设干管,吊顶龙骨调整后,将灯头盒固定在龙骨上(盒下口平齐龙骨下口),再敷设穿线管,以保证配管到位。

附表 6 安装进度计划表

分部工程	工程项目	xxxx年 1月	2月	3月	4月	5月	6月	7月	8月	9月	10月	11月	12月	xxxx年 1月	2月	3月	4月	5月	6月	7月	8月	9月	10月	11月	12月	备注
土建	主体施工	地下层				1~3层				4,5层																
土建	围护墙、内墙								地下层1,2层			3~5层														
土建	楼地面											地下及1,2层				3~5层										
土建	内粉刷												地下层及1,2层				3~5层									
土建	屋面工程																									
土建	外装修																									
土建	二次装修												1,2层						3层及收尾							
管道	预留预埋													装件								装件收尾				
管道	生活给水系统										地下层及1,2层								3~5层							
管道	消火栓系统										地下层及1,2层						3~5层									
管道	自动喷淋系统										地下层及1,2层			调试			3~5层			调试收尾						
管道	雨水管系统										地下层及1,2层															
管道	排水系统									地下层及1,2层				3~5层			3~5层									
管道	空调冷冻、冷却水系统									设备			地下层1,2层管道及保冷			3~5层管道及保冷						调试收尾				
电气	预留预埋																									
(强电)	防雷接地																									
(强电)	照明系统										地下层及1,2层								3~5层及收尾				装件、收尾			
(强电)	动力系统									地下层及1,2层			装件					接线调试			3~5层	收尾				

专业	系统	进度安排
电气（弱电）	预留预埋	
电气（弱电）	消防给水自动控制系统	调试
电气（弱电）	火灾自动报警系统	地下层及1,2层　3~5层　收尾　调试收尾
电气（弱电）	广播系统	地下层1,2层　3~5层　收尾
电气（弱电）	自动电话系统	
电气（弱电）	电视监视系统	1,2层　3层　调试
电气（弱电）	共用电视天线系统	调试
电气（弱电）	计算机系统	
通风空调	预留预埋	

续表

分部工程	工程项目	xxxx年 1月	2月	3月	4月	5月	6月	7月	8月	9月	10月	11月	12月	xxxx年 1月	2月	3月	4月	5月	6月	7月	8月	9月	10月	11月	12月	备注
通风空调	地下层通风系统								设备			风管及保温					风管		调试							
通风空调	1层空调系统									设备		风管及保温							调试							
通风空调	2层空调系统									设备			风管及保温	空气幕					调试							
通风空调	3层空调系统											设备			风管及保温			设备		调试						
通风空调	4,5层空调系统									设备		管道						设备		调试						
	大集体泵房:设备、管道																									
电气																										
	总平面:强电																									
弱电																										
管道																										

附表 7　用工计划表

工种	xxxx年												xxxx年												合计/元	备注
	1月	2月	3月	4月	5月	6月	7月	8月	9月	10月	11月	12月	1月	2月	3月	4月	5月	6月	7月	8月	9月	10月	11月	12月		
通风工							10	15	20	20	20	20	20	20	20	20	15	15	10	5					5 865	
电工			7	7	7	10	10	15	15	25	25	25	25	25	25	25	25	20	20	20	20	20	15	5	9 843	
管工			4	4	4	4	10	10	15	20	30	40	40	40	40	40	40	30	20	20	15	10	5	2	11 424	
弱电工			7	7	7	7	7	10	20	30	30	30	30	30	30	30	30	30	30	10	10	10	5	2	10 123.5	
焊工			1	1	1	1	4	6	6	8	8	8	8	8	8	8	6	6	4	4	4	3	2		2 677	
安装钳工							5	10	10	15	25	25	25	15	10	10	10	5	5						4 335	配合通风工
油漆工							2	2	2	4	4	4	4	4	4	4	4	4	4	2	2	2	1		1 351.5	
保温工								10	10		10	10	10	10	10	5	5								1 530	
普工										20	20	30	30	40	40	40	40	30	30	30	30	30	10	10	11 475	
合计			19	19	19	22	48	78	98	142	172	192	192	192	187	182	175	140	123	91	81	75	38	19	58 624	

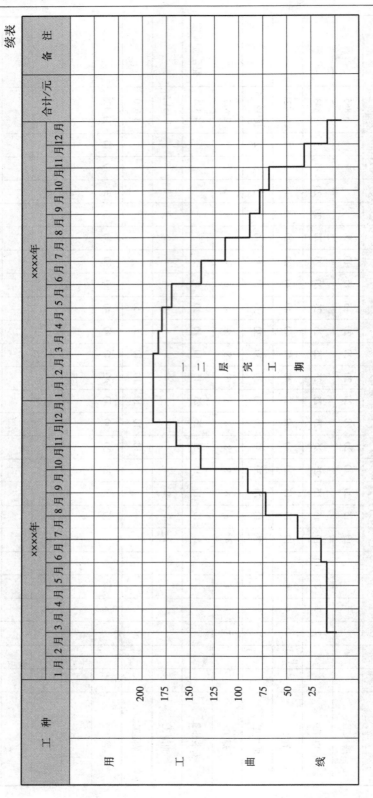

照明系统穿线、装件,应按1层→2层→3层→4、5层→地下层的施工秩序在土建内粉刷后进行,凡装设在大理石墙面上的电源插座,配合大理石贴面施工而进行(地下层与试车有关的照明,应在设备试运转前安装)安装。

所有灯具安装前应将其擦拭清洁,1,2层在中间交工前安装,地下室及3~5层在工程整体完工前安装,设备试运转需用的照明提前安装。

③动力系统:暗设钢管随照明系统同时敷设,待设备就位后穿线并连接设备,做试运转。耗能小的设备可在变配电系统正式通电前接临时电源试运转,大耗电量设备试运转须在变配电系统正式通电后进行。

4)弱电系统安装调试及空调调试

①共用电视天线系统:待主体断水,屋面的天线基座施工后,由上而下安装,暗设穿线管配合主体施工而进行,系统调试尽量在1,2层营业前进行。

②自动火灾报警系统及广播系统中,暗设于楼地面及墙体内的管、盒;配合土建主体施工而进行;敷设于吊顶内的依照本设计的强电部分施工方法和顺序进行施工;敷设于电缆井道的应先埋支架,后装线槽,再敷缆线;敷设于托盘的,其托盘安装应先敷设托盘支架,用金属膨胀螺栓固定支架,保证托盘水平,沿风管走向的支架应先于风管安装敷设。

广播扬声器配合二次装修进行安装,烟、温感探测器在装修贴面后安装,区域报警器、集中报警器均在土建内装修,门窗完工后安装调试,广播扬声器与烟、温感探测器安装,应顾及吊顶天棚的整体美观。

③火灾自动报警系统及自动消防系统调试,须在1、2营业厅交付使用前进行,空调调试安排在××××年夏季,但风量分配应在××××年2月前完成,各系统调试及空调调试均须另行制定调试方案。

④电话系统、监控电视系统、计算机系统只考虑按施工图纸配合土建主体施工预埋穿线管盒及缆线。

5.主要资源供应计划

1)劳动力需用计划

该工程施工计划用工61 000工日,其中电气14 600工日,通风16 700工日,管道14 500工日,弱电15 200工日。考虑抢工和提高工效因素,计划投入电工25人,通风工20人,管工40人,弱电30人,安装钳工15人,焊工8人,油漆工4人,其他辅助人员40人,加上现场管理人员,施工高峰期将达210人左右(用工计划见表7)。

2)施工机具

该工程安装工程量大、工期紧,为确保××××年3月达到1,2楼交付使用,将通过提高机械化作业水平来保证,因而施工机具需用量加大,各参建单位,应按本组织设计所提出的机具需用计划(见附表8),提前做好机械设备调度平衡和设备进场前的维护保养,保证施工用设备按计划做到完好进场,施工所需大型机具由项目施工班子提出需用计划,再由供销处配合工程处在公司范围内平衡或向外租用。

6.施工技术、质量、安全、降本措施

1)技术措施

(1)预留预埋措施

①为落实预留预埋工作,保证预留预埋质量,现场由自动化工程处组成弱电预留预埋组,工程处商场项目经理部组成综合预留预埋组,负责工程全部预留预埋工作。

②预留预埋必须弄清建筑轴线和标高,由各专业工长绘制预留预埋图,以保证预留预埋做到不漏不错,同时做好预埋件加工准备和预留预埋技术交底及质量、进度检查。

③为防止预埋管堵塞,应确定专人巡护。

(2)管道安装措施

①各系统至屋顶的主立干管不能一次接至顶层,须在2,3层间设分段接口,分2段施工,为防堵塞,应对分段接口做管堵保护。

附表 8　机具需用计划表

序号	机具名称	规 格	单位	数 量	需用时间
1	电焊机(交流)	B×3-300	台	9+(1)	7—10 月
2	电焊机(直流)	A×3-300-Ⅰ	台	2	10 月
3	电焊机交流轻便型	B×3-200-Ⅱ	台	1+(2)	7 月
4	剪板机	Q11-4×2 000	台	1	7 月
5	单平咬口机	SAF-7	台	2	7 月
6	联合咬口机	SAF-5	台	3	7 月
7	弯头联合角咬口机	SAF-6	台	2	7 月
8	折方机	2 000×1.5	台	1	7 月
9	液压铆接钳		只	4	8 月
10	曲线剪	回 TN-1 600	只	4	7 月
11	砂轮切割机		台	7+(1)	7 月
12	电动卷扬机	JJM-1	台	2	10 月
13	套丝机	TQ3	台	3+(1)	7—8 月
14	电台钻	Z512	台	5+(1)	7—8 月
15	砂轮机		台	3+(1)	7—8 月
16	冲击电钻	回 ZIJ10-20	只	9+(3)	8 月
17	手枪式电钻	φ6	只	2+(1)	8 月
18	角向磨光机	回 STMJ-125	只	2	9 月
19	拉铆枪		只	1	7 月
20	液压开孔器	HHD-8	只	2+(2)	8 月
21	手动液压接线钳	SYB16-240	只	2+(1)	10 月
22	射钉枪		把	6+(2)	8 月
23	电烙铁	45 W	只	1+(1)	10 月
24	电烙铁	75 W	只	4+(2)	10 月
25	电烙铁	100 W	只	2	10 月
26	电烙铁	500 W	只	2	10 月
27	手动式压泵	6 MPa	台	2	11 月
28	移动架轮(带轮)	φ250	套	3+(1)	11 月
29	双轮手推车		部	4	9 月
30	螺丝千斤顶	10 t	只	2	10 月
31	拉链葫芦	3~5 t	只	8	10 月
32	拉链葫芦	1 t	只	5	10 月
33	单门开口滑轮	0.5 t	只	4	10 月
34	双门闭口滑轮	2 t	只	4	10 月

序号	机具名称	规　格	单位	数　量	需用时间
35	钢丝绳	$\phi5$	m	200	10 月
36	钢丝绳	$\phi15$	m	400	10 月
37	空压机(移动式)	0.6 m³	台	1	11 月
38	铝芯线压接钳		把	4+(2)	10 月
39	链子钳	1 000 mm	把	4	9 月
40	低压行灯变压器		只	3	9 月
41	撬棍	600	只	6	10 月
42	撬棍	1,1.5 m	只	各2	10 月
43	滚筒	$\phi89\times10$	根	10	10 月
44	枕木	200 mm×160 mm×2 000 mm	根	20	10 月
45	水银温度计	0~100 ℃	只	5	12 月
46	水准仪	S3	架	2	7 月
47	钳工水平仪	200×0.04	只	1	10 月
48	方形水平仪	200×200×0.03	只	1	10 月
49	三用表	MF14500 型	只	2+(1)	10 月
50	兆欧表	500 V	只	2+(1)	10 月
51	兆欧表	2 500 V	只	1	10 月
52	钳型三用表	T302	只	1	12 月
53	地阻表	L-9	只	1	9 月
54	转速度	IZ-45	只	1	12 月
55	对讲机	1~5 km	对	1+(2)	12 月
56	安全带		根	10	7 月
57	安全帽(现场备用)		顶	15	7 月
58	手电筒	4.5 V	只	6+(2)	10 月
59	压管钳	2~5#	只	3+(1)	7—9 月
60	台虎钳	125~150 mm	只	4+(1)	7—9 月
61	钳 桌		张	4+(1)	7—9 月

　　②自动喷淋系统的吹除试压应在装修完工前分层,分支系统进行,为避免对 2 次装修造成意外污染,吹除试压作业前用丝堵封堵喷头接口,待两次装修完工时再拆除丝堵安装喷头。

　　③根据土建进度和交工秩序安排,各管道系统应制订分段试压措施,试压排水应引至室外,不得影响现场各施工单位的施工作业。

　　(3)风管制作安装措施

　　①风管制作及运输措施见本设计材料设备供应计划。

　　②预埋风管吊点,预埋铁错位处理措施见本设计 4.27②条。

　　③为提高机械作业水平,保证风管制作进度,拟再购置通风加工机械一套。

（4）建筑防雷措施

因土建外架不能在××××年雷雨季前拆除,所以,待屋顶避雷网安装后,需对接地电阻进行测试,若不能达到 4 Ω,根据差值大小,应加装临时接地装置以保建筑物安全。

（5）抢工措施

为保证1,2层尽早达到营业条件,而施工图纸出图晚,又须在××××年2月完成全部工程量的60%~70%,使部分设施具备使用功能,因此必须采用以下抢工措施:

①在××××年12月至××××年3月期间,抽调人员和设备加强本工程抢工力量,以便给二次装修创造施工条件。

②高峰施工期有条件地组织双班作业和加班作业。

③因楼层高,配合施工单位多,为加快进度和保证作业安全,1~3层营业厅安装采用高架小车进行施工作业。

2）质量保证措施

①层层落实各级(特别是项目管理班子)的质量责任制,建立在公司总工程师指导下,以项目工程师为首的,具有实效的项目工程质量保证体系(见附图6)。

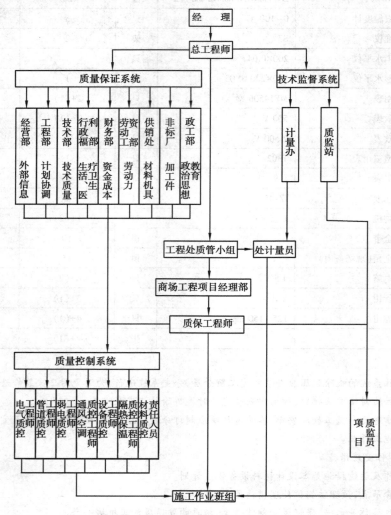

附图6　项目工程质量保证体系

②项目工程师组织各专业工长做好开工前技术准备,各专业工长按本组织设计及施工图纸,规范要求和工程具体情况,编制分项分部工程施工方案,向班组作业人员进行方案交底。

③严格按图纸施工,严守工艺操作规程,施工中的合理化建议,按技术管理程序上报,未经技术部门和设计部门审核同意,不得擅自变更和修改设计,严禁违章作业。

④与工程施工进度同步,各专业工长按公司企业标准《工程竣工资料整理与归档管理规定》搞好工程竣工资料收集整理。

⑤加强预留预埋工作管理,指定专人组织和管理预埋工作,保证埋管,埋铁和预留孔洞的准确性。严禁在墙、柱、板上随意开孔打洞,若因设计变更增加等原因必须打洞时,要征得设计单位和甲方工程监理同意,且要落实补强措施。隐蔽工程完工,及时会同甲方工程监理和质检站检查验收。

⑥班组应做好工序质量以保证工程整体质量,各专业工长应按分项工程向班组交代施工要求,项目质检员对工序质量实施监督检查。

⑦对班组及专业工长进行质量考核,分项工程达到优良,对班组结算实行优质优价;

分部工程达到优良,对责任工长给以质量优良奖,单位工程达到优良,给项目经理部以施工优质奖。

⑧项目工程师定期组织工程质量检查,公司质监和技术管理部门组织有关人员不定期对工程施工质量进行监督检查。

⑨工程材料设备必须达到质量合格,且具有合格证或材质证书。不合格的材料,设备不得发送现场,施工现场材料人员负责对进场材料、设备检查验收。

⑩施工所使用的计量器具必须是周检有效期内的合格器具,安装工程中所设置的仪表,安装前应送检合格,并由公司计量室提供保证。

⑪现场施工及作业人员必须虚心接受甲方及各级质监人员的监督,及时整改质量问题。

⑫加强质量意识教育,组织现场施工班组开展以"工期、质量、安全"为课题的质量控制小组活动,开展质量竞赛活动。

3)设备及安装成品保护措施

①设备保护。设备一般在安装前一周内运送现场,并做开箱检查,安装后试车前设专人巡护。

②消防箱安装后将箱门、附件拆下送库保管,交工前再安装复原。

③配电柜、箱安装后包扎塑料薄膜保护,柜箱钥匙交专人保管。

④电缆托盘安装后若有土建湿作业,应用塑料薄膜包扎、保护。

⑤对安装施工中的给排水、卫生器具、强弱电管应采取临时封堵措施;灯具、探头、广播、扬声器、摄像头等应在调试或交工前安装;对安装好的管道、电气线路、风管、设备采取必要的防表面污染措施。现场应组织成品保护小组,对安装成品、半成品、设备等进行巡护。

⑥安装期间,建筑墙面、天棚、梁柱严禁油漆污染,并由质监员进行监督。

4)安全文明施工重点

①目标:创文明施工现场,杜绝重伤死亡事故,轻伤事故小于24‰。

②建立以项目经理为组长,组成的现场专职质安员及各专业工长、施工班组长现场安全领导小组,负责施工现场安全及文明生产的管理、监督和协调工作。

③由项目施工班子抓好现场人员安全教育,搞好现场安全文明生产宣传,坚持安全喊话制度,增强职工的安全意识。

④由各专业工长搞好施工安全措施的制订、落实和交底工作,结合施工现场情况及施工工作内容,有针对性地组织职工学习《建筑安装工人安全技术操作规程》。

⑤现场安全领导小组定期(每周1次)组织现场安全文明生产检查,发现问题及时整改;公司及工程处将以该工程为重点,定期或不定期由主管领导(或部门)组织对该工程安全文明生产工作进行检查,协助项目班子抓好现场安全文明生产管理。

⑥由于该工程配合交叉作业面广、时间长,现场必须抓好防物体打击及防高压坠落措施。

⑦该工程施工工期紧、夜间作业多、施工机具使用量大,现场必须采取有效措施保证用电安全及机械操作安全。

⑧该工程参战单位多、人员杂,将建立安装现场保卫小组,落实防盗措施,并由公司保卫部门协助项目班子搞好治安,消防及保卫工作。

⑨因施工场地狭窄,现场应做好材料,设备进场计划,配合土建做好平面管理,保证施工道路畅通。管道、设备试压要有排水措施。

⑩落实安全文明生产奖罚制度。

5) 降低成本措施

(1) 经济指标　施工产值 21 890 万元;计划节约成本 95 万元。

(2) 节约措施及指标分解

①比质比价采购工程材料,计划节约材料费 38 万元。

②精细核算施工用料,实行限额发料,搞好计划用料,减少材料损失,计划节约材料费 14.25 万元。

③搞好机具设备管理、使用、维护,加强机具使用计划性,减少现场停置时间,降低机具使用费 3.8 万元。

④加强劳动力管理,合理安排人员进出场,加强劳动纪律,提高机械作业水平,计划降低人工费 5.7 万元。

⑤合理布置现场临设及施工用水、电管线,减少重复搭设,计划节约临设费 7.6 万元。

⑥精心施工,各分项(分部位)工程施工尽量一次到位,减少返工和重复作业,计划节约 11.15 万元。

⑦搞好成品保护及现场文明施工,减少工程竣工时的清理费用 3.8 万元。

⑧抓好完工检查及竣工资料收集整理和竣工图绘制,抓紧安装收尾,减少管理费支出 1.9 万元。

⑨合理开支办公行政费,计划节约管理费 0.95 万元。

⑩加强工具、仪器使用管理,按作业班组落实专人负责,减少丢失损坏,计划节约工具使用费 2.85 万元。

7.施工平面布置

1) 风管制作加工场地

该工程通风管道制作量多达 12 000 m²,采用镀锌铁皮制作,其加工制作及材料、半成品、成品堆放场地都很大。据初步测算,需型钢堆放场地 50 m²;法兰下料、组焊、钻孔场地 100 m²;法兰油漆堆放场地 200 m²;划线下料、成型、铆接、试装场地 300 m²;成品堆放场地 1 500 m²;其他用地 200 m²;合计需加工制作场地约 2 650 m²。

该工程施工场狭小、工期紧、参战单位多,同时配合施工作业面大,对场地的使用受到很大的限制,施工现场不可能布置这样大的风管加工场地,同时也为了避免施工中的相互干扰和施工过程中对成品、原材料的污染,拟设置场外加工场地,采用场外加工试装,现场安装。其加工制作平面布置见附图 7,同时,该场地也可作工程材料、设备的中转场地。

2) 场内外运输的组织

预计该工程各种安装材料及加工成品约达 500 t,各种设备 200 t,因施工现场没有堆放场地,拟采取场外堆放随用随送来解决,计划采用以下方法进行场内外运输的组织:

①由公司供销处负责成批的材料、设备提运及风管转运,其他小宗材料发送由工程处汽车自运。

②报请有关部门发给通行证,非超长物件白天运送,超长物件夜间运送,由项目班子安排专人收料。

③现场配四轮手推车用作现场小型材料零配件水平转运,垂直运输尽量采用土建单位设置的塔式起重机吊装,零星小件用人力(普工)转运。

3) 现场临时设施

①现场施工用电总计 60~70 kW,其电源由总包解决,在总包施工临时用电线路上装表搭接,或采用按预算的水电费一次向总包方拨付,超支或节约部分按工程量分摊的办法解决。

②安装施工用水量很少,亦在总包施工用水管取用。

③现场办公用房 16~20 m²,在总包设的临时办公用房中解决。

④因现场无空地搭设库房及班组用房,除在大楼西侧(靠已建大集体楼)作为金属材料暂存场地和在大楼北侧搭少量班组用房外,拟选用地下室夹层作为材料库房、地下室自行车库及大楼 4 层(局部)作为现场临时加工用房。

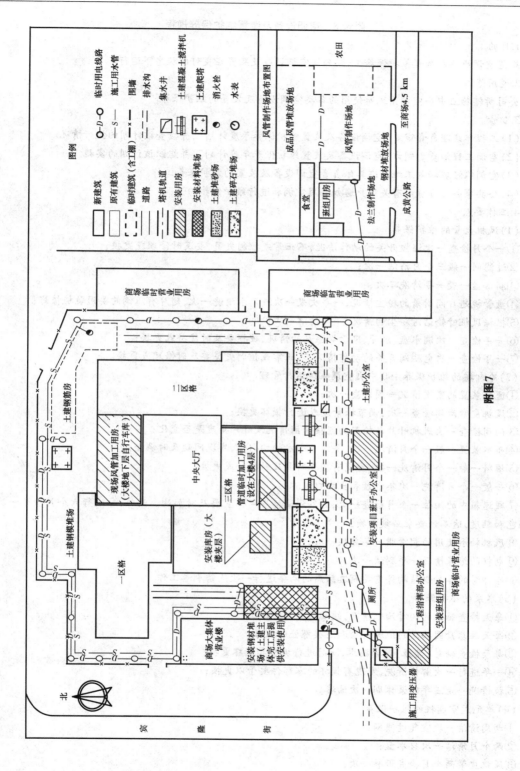

附图7

附录8　空调设备及装置维护保养规程

1.目的

规范空调设备及装置维护保养工作,确保空调设备及装置在良好的状态下运行。

2.适用范围

公司所辖物业中央空调系统所使用的各类空调设备及装置的维护保养。

3.职责

(1)工程部经理负责审定"空调设备及装置维护保养年度计划",并检查该计划的执行情况。

(2)空调工程师负责制订"空调设备及装置维护保养年度计划",并组织该计划的实施。

(3)空调维修班和电工维修班具体负责空调设备及装置的维护保养工作。

(4)公共事务部负责向有关用户通知停用空调和进行维护保养的情况。

4.工作要点

(1)风机盘管的维护保养

①一个月检查一次温控开关的动作情况,不正常或控制失灵,要及时修理或更换;

②过滤网一般三个月清洁一次;

③滴水盘一般一年清洗二次;

④盘管视翅片间附着的粉尘情况,一年吹吸一次或用水清洗一次,翅片有压倒的要用驰梳梳好;

⑤根据风机叶轮沾污粉尘的情况,一年清洁一次;

⑥一年检查一次滴水盘、水管、风管保温层的情况,破损要及时修补或更换;

⑦一年检查一次电磁阀开关的动作情况,不正常或控制失灵要及时修理或更换。

(2)冷却塔的维护保养 190 中央空调系统运行管理

①通风装置的紧固情况一周检查一次;

②风机皮带两周检查一次,调节松紧度或进行损坏更换;

③两周检查一次风机叶片与轮毂的连接紧固情况及叶片角度是否变化;

④布水装置一般一个月清洗一次,要注意布水的均匀性,发现问题及时调整;

⑤填料一般一个月清洗一次,发现有损坏的要及时填补或更换;

⑥一般一个月清洗一次集水盘和出水口过滤网;

⑦减速箱中的油位一个月检查一次,达不到油标规定位置要及时加油。此外,每运行六个月检查一次油的颜色和黏度,达不到要求必须更换;

⑧风机轴承使用的润滑脂一年更换一次;

⑨电机的绝缘情况一年测试一次;

⑩冷却塔的各种钢结构件需要刷漆防腐的两年进行一次除锈刷漆工作。

(3)水泵的维护保养

①每天检查轴承的润滑油位情况,缺油时要及时添加;

②每天注意紧固松动的地脚螺栓和连接螺栓的螺母;

③每天检查轴封(盘根)是否漏水,随时进行调整和损坏更换;

④一年进行一次解体清洗,发现有损坏的零部件要予以更换;

⑤视情况一至三年对泵体刷一次油漆。

(4)单元式空调机的维护保养

①两周清洁一次空气过滤网;

②两个月清洁一次接水盘;

③风机皮带两个月检查调整一次;

④三个月清洁一次蒸发器的翅片;

⑤风机轴承一年换一次润滑油；

⑥水冷冷凝器一年拆下端盖清洗一次；

⑦两个月清洁一次风冷冷凝器翅片及风扇叶片；

⑧一年检查一次室内机和风冷冷凝器风机电机的绝缘情况；

⑨三年更换一次风冷机型室内外机连接管保温层的包扎带；

⑩半年对空调机内外进行一次清洁并拧紧所有紧固件。

(5)风管系统的维护保养

①三个月检查一次各种风阀的灵活性、稳固性和开启的准确性，并进行必要的润滑和堵漏；

②三个月对送回风口进行一次清洁和紧固，带过滤网的风口要两周清洁一次过滤阀；

③半年检查一次风管保温层或保护层，脱落或破损的补好，开胶的重新粘好；

④一年检查一次风管系统的支承构件，损坏的要修复，松动的要紧固，锈蚀的要除锈刷漆；

⑤风管与风柜间的软接头两个月检查一次，有破损要及时修补。

(6)水管系统的维护保养

①两个月检查一次管道系统中的自动排气阀动作情况，对动作不灵的要修理或更换；

②水泵吸入口处的水过滤器要三个月拆开清洁一次；

③半年检查一次水管保温层或保护层，脱落或破损的要补好，开胶的要重新粘好；

④室内六个月、室外三个月给阀门加注一次润滑油，同时对不经常动作的阀门要手动几个来回，防止锈死；

⑤一年通断电检查一次电磁阀和电动压差调节阀；

⑥膨胀水箱箱内要一年清洁一次，并对箱体及钢结构基座进行一次除锈刷漆；

⑦一年检查一次水管系统的支承构件，损坏的要修复，松动的要紧固，锈蚀的要除锈刷漆。

(7)测控系统的维护保养

①半年对控制柜内外进行一次清洁，并紧固所有接线螺钉；

②检测器件(温度计、压力表、传感器等)和指示仪表一年校准一次，达不到要求的更换；

③一年清洁一次各种电气元器件(如交流接触器、热继电器、自动空气开关、中间继电器等)。

(8)冷水机组的维护保养(按年度)

①测量主电机绝缘电阻，检查其是否符合机组规定的数值；

②校正压力传感器；

③检查测温探头；

④检查各安全保护装置的整定值是否符合规定要求；

⑤清洁浮球阀室内部过滤网及阀体，手动浮球阀各组件，看其动作是否灵活轻巧，检查过滤网和盖板垫片，有破损要更换；

⑥手动检查导叶开度是否与控制指示同步，并处于全关闭位置；传动构件连接是否牢固；

⑦更换油过滤芯、油过滤网；

⑧更换干燥过滤器；

⑨不论是否已用化学方法清洗，每年必须采用机械方法清洗一次冷凝器中的水管；

⑩每三年清洗一次蒸发器中的水管；

⑪根据油质情况，决定是否更换新冷冻油。

(9)空调设备或装置因维护保养等原因需停用时，应由空调工程师填写"设备停用申请表"，经工程部经理批准后通知公共事务部，由公共事务部转告用户。

5.相关支持性文件和记录

(1)设备维护保养记录表

(2)设备停用申请表

参考文献

［1］张检身.建设项目管理指南［M］.北京：中国计划出版社,2002.

［2］齐维贵,王艳,等.智能建筑设备自动化系统［M］.北京：机械工业出版社,2010.

［3］高明远,杜一民.建筑设备工程［M］.北京：中国建筑工业出版社,2000.

［4］段常贵,等.燃气输配［M］.4 版.北京：中国建筑工业出版社,2011.

［5］谭红艳.燃气输配工程［M］.北京：冶金工业出版社,2009.

［6］陆耀庆.实用供热空调设计手册［M］.2 版.北京：中国建筑工业出版社,2008.

［7］林选才,等.给水排水设计手册：2 册［M］.2 版.北京：中国建筑工业出版社,2002.

［8］吴小莎,程同庆.安装工程施工组织设计实例应用手册［M］.2 版.北京：中国建筑工业出版社,2011.

［9］陈沛霖,岳孝方.空调与制冷技术手册［M］.2 版.上海：同济大学出版社,1999.

［10］邵志光,赵红涛.项目管理的历史与现实解析［J］.企业改革与管理,2006（2）.

［11］陆惠民,苏振民,王延树.工程项目管理［M］.南京：东南大学出版社,2002.

［12］闫文周,吕宁华.工程项目管理［M］.北京：清华大学出版社,2015.

［13］危道军.工程项目管理［M］.武汉：武汉理工大学出版社,2004.

［14］成虎.工程项目管理［M］.4 版.北京：中国建筑工业出版社,2015.

［15］胡志根.工程项目管理［M］.2 版.武汉：武汉大学出版社,2011.

［16］王辉.建设工程项目管理［M］.北京：北京大学出版社,2010.

［17］王卓甫,杨高升.工程项目管理——原理与案例［M］.3 版.北京：中国水利水电出版社,2014.

［18］何耀东.中央空调工程预算与施工管理［M］.北京：中国建筑工业出版社,2001.

［19］冯玉琪,王佳慧.最新家用商用中央空调技术手册［M］.北京：人民出版社,2002.

［20］龙恩深.冷热源工程［M］.3 版.重庆：重庆大学出版社,2013.

［21］贺平,孙刚.供热工程［M］.4 版.北京：中国建筑工业出版社,2009.

［22］卜增文.空调末端设备安装图集［M］.北京：中国建筑工业出版社,2000.

［23］BP 公司.BP 世界能源统计年鉴［G］.2017.

［24］国家能源局.水电发展"十三五"规划（2016—2020）发布稿［EB］.2016.

［25］国际能源署.2017 世界能源展望［EB］.2017.

［26］清华大学建筑节能研究中心.中国建筑节能年度发展研究报告［M］. 北京：中国建筑工业出版社,2017.

［27］国家统计局.中华人民共和国 2017 年国民经济和社会发展统计公报［EB］.2018.

［28］国家能源局.解决弃水弃风弃光问题实施方案.发改能源［2017］1942 号［EB］.2017.

［29］国家发展改革委 国家能源局.能源发展"十三五"规划.发改能源［2016］2744 号［EB］.2016.

［30］国家统计局.中国统计年鉴 2017［M］.北京：中国统计出版社.2018.

［31］住房和城乡建设部.建筑节能与绿色建筑发展"十三五"规划［EB］.2017.

［32］国家发展改革委.可再生能源发展"十三五"规划［EB］.2016.

［33］国家统计局.生物质能发展"十三五"规划.国能新能［2016］291 号［EB］.2016.

［34］王芳.建筑设计中的可再生能源的利用［J］.中国住宅设施,2016(3).

［35］住房和城乡建设部.既有居住建筑节能改造指南［EB］.2012.

［36］叶雁冰.我国既有公共建筑的节能改造研究［J］.2006(1).

［37］喻入海.既有大型公共建筑节能改造可行性研究［J］.低碳世界.2016(10).

［38］袁梦童.我国建筑节能经济激励政策研究［D］.重庆：重庆大学,2013.

［39］武涌,刘长滨,刘应宗,等.中国建筑节能管理制度创新研究［M］.北京：中国建筑工业出版社,2007.

［40］王莉,杨继瑞,孙建华.公共建筑节能经济激励政策研究［J］.社会科学研究,2015(3).

［41］龙惟定.建筑节能与建筑能效管理［M］.北京：中国建筑工业出版社,2005.

［42］涂逢祥.建筑节能［M］.北京：中国建筑工业出版社,2010.

［43］全国建筑业企业项目经理培训系列教材［M］.北京：中国建筑工业出版社,2002.

［44］刘晓杰,韩瑞.饭店设备运行与管理［M］.北京：化学工业出版社,2014.

［45］俞丽华,朱桐城.电气照明［M］.4 版.上海：同济大学出版社,2014.

［46］李天荣,龙莉莉,陈金华.建筑消防设备工程［M］.3 版.重庆：重庆大学出版社,2010.

［47］李天荣,龙莉莉,王春燕.城市工程管线系统［M］.2 版.重庆：重庆大学出版社,2005.

［48］郭福雁,黄民德,乔蕾.建筑电气控制技术［M］.哈尔滨：哈尔滨工程大学出版社,2014.

［49］阴振勇.建筑装饰照明设计［M］.北京：中国电力出版社.2006.

［50］武涌,刘长滨.中国建筑节能经济激励政策研究［M］.北京：中国建筑工业出版社,2007.

［51］清华大学建筑节能研究中心.中国建筑节能年度发展研究报告（2007）［M］.北京：中国建筑工业出版社,2007.

［52］龙惟定.建筑节能与建筑能效管理［M］.北京：中国建筑工业出版社,2005.

［53］武涌,刘长滨,刘应宗,等.中国建筑节能管理制度创新研究［M］.北京：中国建筑工业出版社,2007.

［54］付小平,杨洪兴,安大伟.中央空调系统运行管理［M］.3 版.北京：清华大学出版社,2015.